"十四五"时期国家重点出版物出版专项规划项目

空天推进技术系列丛书

不饱和聚酯树脂包覆层设计

Design of unsaturated polyester resin coating

杨士山　肖　啸　陈国辉　刘　晨　樊学忠　曹继平　李　旸　著

西北工业大学出版社

西安

【内容简介】 本书主要围绕不饱和聚酯树脂包覆层的工程化应用，重点开展不饱和聚酯树脂力学性能、耐烧蚀性能及推进剂的粘接性能等方面的研究。全书共分为8章。主要内容包括：第1章介绍了不饱和聚酯树脂包覆层发展的必要性和研究进展情况；第2章介绍了不饱和聚酯树脂的合成与改性；第3章介绍了不饱和聚酯树脂包覆层的配方设计准则；第4章研究了不饱和聚酯树脂包覆层的力学性能；第5章研究了不饱和聚酯树脂包覆层的热性能与耐烧蚀性能；第6章研究了不饱和聚酯树脂包覆层的粘接性能与相容性；第7章研究了不饱和聚酯树脂包覆层的工艺性能；第8章对不饱和聚酯树脂包覆层的发展前景作了展望。

本书适合高等学校相关专业的师生与空天领域的科研及工程人员阅读使用。

图书在版编目(CIP)数据

不饱和聚酯树脂包覆层设计 / 杨士山等著. — 西安 ：
西北工业大学出版社，2021.10
（空天推进技术系列丛书）
ISBN 978 - 7 - 5612 - 7997 - 7

Ⅰ．①不… Ⅱ．①杨… Ⅲ．①不饱和聚酯树脂-包覆
-研究 Ⅳ．①TQ323.4

中国版本图书馆 CIP 数据核字（2021）第 204373 号

BUBAOHE JUZHI SHUZHI BAOFUCENG SHEJI

不 饱 和 聚 酯 树 脂 包 覆 层 设 计

责任编辑：蒋民昌	策划编辑：蒋民昌
责任校对：朱晓娟	装帧设计：李 飞

出版发行：西北工业大学出版社
通信地址：西安市友谊西路 127 号　　邮编：710072
电　　话：(029)88491757，88493844
网　　址：www.nwpup.com
印 刷 者：陕西向阳印务有限公司
开　　本：710 mm×1 000 mm　　1/16
印　　张：18
字　　数：353 千字
版　　次：2021 年 10 月第 1 版　　2021 年 10 月第 1 次印刷
定　　价：80.00 元

如有印装问题请与出版社联系调换

 前 言

　　包覆层是固体推进剂装药的重要组成部分,主要起着控制推进剂燃烧面积,保证火箭发动机装药按照设计规律工作的作用。不饱和聚酯树脂包覆层具有力学性能优良、与推进剂相容性好、可室温固化且固化过程中无副产物、对推进剂药柱的尺寸和药型适应性强等优点,广泛应用于地空导弹发动机装药、燃气发生器装药、弹射装药及炮射导弹发动机装药等,已成为我国现阶段改性双基推进剂重要的包覆层品种之一。

　　本书试图将笔者以及西安近代化学研究所的科研人员近 10 年来在不饱和聚酯树脂包覆层技术领域开展的研究成果进行系统的总结,奉献给从事固体推进剂装药的科研和工程技术人员,为他们提供一部有借鉴作用的技术参考书。同时,本书也是一部对高等院校有关专业教师和研究生有所裨益的参考书。

　　本书主要围绕不饱和聚酯树脂包覆层的工程化应用,重点开展不饱和聚酯树脂的力学性能、耐烧蚀性能与推进剂的粘接性能等综合性能研究。本书共 8章:第 1 章介绍了不饱和聚酯树脂包覆层发展的必要性和研究进展情况;第 2 章介绍了不饱和聚酯树脂的合成与改性;第 3 章介绍了不饱和聚酯树脂包覆层的配方设计准则;第 4 章研究了不饱和聚酯树脂包覆层的力学性能;第 5 章研究了不饱和聚酯树脂包覆层的热性能与耐烧蚀性能;第 6 章研究了不饱和聚酯树脂包覆层的粘接性能与相容性;第 7 章研究了不饱和聚酯树脂包覆层的工艺性能;

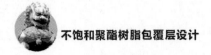

第 8 章对不饱和聚酯树脂包覆层的发展前景作了展望。

杨士山负责本书整体架构的策划以及全书内容的布局,并撰写了第 1 章和第 3 章;肖啸撰写了第 2 章,并负责全书的统稿工作;陈国辉撰写了第 7 章;刘晨撰写了第 6 章;樊学忠撰写了第 8 章;曹继平撰写了第 4 章;李旸撰写了第 5 章。

完成本书得到了各方面的支持和悉心帮助,其大部分内容是笔者与许多长期一起工作的同事的共同研究成果,在此,要特别感谢为丰富本书内容作出贡献的路向辉、李鹏、吴淑新、刘剑侠、史爱娟、王文涛、刘建利、周立生、魏乐等同事。

由于科学技术的快速发展和笔者的学识所限,书中不足之处在所难免,敬请读者不吝赐教。

著　者

2021 年 5 月

目 录

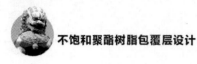

第 1 章

绪　论

　　不饱和聚酯树脂包覆层是改性双基推进剂装药包覆层的主要品种，在空地导弹发动机、燃气发生器等装药领域获得了广泛的应用。本章通过分析改性双基推进剂包覆的发展历程以及不饱和聚酯树脂包覆层的性能特点，介绍了不饱和聚酯树脂包覆层发展的必要性及其研究进展。

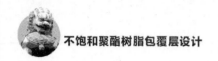
|1.1 改性双基推进剂包覆层发展历程|

1.1.1 改性双基推进剂

第二次世界大战以来,固体推进剂作为火箭、导弹动力能源,是国家战略能源的重要组成部分。固体推进剂涉及陆、海、空、火箭军及航空、航天等各个领域,是推动武器系统现代化高速发展的关键技术之一。纵观固体推进剂几十年的发展历程,先后发展出双基推进剂、复合推进剂及改性双基推进剂等品种。

在众多现役的固体推进剂型号中,改性双基推进剂具有能量高、密度大、特征信号低、燃烧性能优良、化学安定性好、制造工艺成熟、易实现批量化、满足自由装填等诸多优点,已成为行业的核心竞争技术。改性双基推进剂是20世纪50年代后期在双基推进剂和复合推进剂基础上发展起来的一种新型固体推进剂,主要品种有复合改性双基推进剂(CMDB)和交联改性双基推进剂(XLDB)。我国改性双基推进剂行业先后经历了技术引进、技术仿研、自主研制等阶段,已逐步形成了涵盖多军种、多用途的多种型号改性双基推进剂,为我国国防及军事现代化奠定了坚实的基础。

1.1.2 包覆层发展历程及其基本要求

固体推进剂装药包覆层一般由基体材料(基料或母体)、增强剂、耐烧蚀填料、阻燃剂以及其他功能填料组成。基体材料即粘接剂,通常采用高分子材料,如不饱和聚酯树脂、聚氨酯、三元乙丙橡胶、硅橡胶等。目前,美国战略导弹固体发动机使用最普遍、性能最优良的是三元乙丙橡胶包覆层。战术导弹发动机的种类繁多,随着武器装备的发展,对包覆材料性能的要求更加苛刻,三元乙丙包覆材料目前已难完全满足需求。国外根据不同发动机的工作特点,研制了不同的包覆材料和包覆工艺,提高了包覆层的抗冲刷能力。为提高炭化层的坚实度和抗冲刷能力,美国一些大公司进行了填充芳纶浆料和纤维的绝热材料研究,如美国 Atlantic 公司研制出了含 Kevlar 纤维的三元乙丙包覆层,该类包覆材料密度低、发烟量小,有很好的耐烧蚀性能。法国Thiokol 公司研制出了填充聚苯并咪唑纤维的包覆层配方。随后,耐烧蚀性能更好的聚对亚苯基苯并双噁唑纤维也被引入包覆材料的配方研制中。

我国固体推进剂包覆材料的研究跟踪了国外的研究历程,各种包覆材料的性能都接近或达到了国际先进水平。西安近代化学研究所在自由装填式装药的包覆层研究方面走在了国内的前列,研究和应用了不饱和聚酯、三元乙丙橡胶、室温硫化硅橡胶和聚氨酯等综合性能优良的包覆层,满足了我国同期固体发动机研究和生产的要求,发展趋势是研究和应用长时间、耐烧蚀、抗冲刷的绝热包覆层。

包覆层的基本作用主要有两个方面。其一,起到限燃的作用,即限制装药表面燃烧以控制药柱的燃烧面积,满足火箭发动机的内弹道性能。在火箭发动机的工作过程中,如果包覆层被破坏,则会破坏预定的推力方案,这不仅影响了火箭发动机原设计要求的工作性能,严重时还会使发动机燃烧室内压力过高,导致发动机爆炸。其二,起到绝热和缓冲的作用,这对壳体粘接式装药的火箭发动机尤为重要。包覆层使装药与发动机壳体两者紧紧粘接在一起,同时起到对发动机壳体的隔热作用,可防止高温燃气烧坏燃烧室壳体,防止因过热降低壳体强度和破坏发动机结构完整性。此外,包覆层还起到缓冲壳体

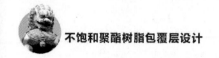

与推进剂之间的应力传递的作用,对于纤维缠绕壳体还将起到密封作用。

在现代固体火箭、导弹的设计中,包覆层已经成为固体火箭发动机装药的重要组成部分,它的性能决定着火箭发动机的工作性能和使用寿命。因此,对包覆层的性能提出了如下诸多要求:

(1)包覆层应具有较高的机械强度和较大的断裂延伸率,能够适应发动机在固化、贮存、运输、飞行和工作过程中的各种应力-应变关系,做到高温下不软,低温下不脆,不发生脆裂等现象。包覆层的线膨胀系数最好与推进剂接近,以降低因温度变化而产生的应力。

(2)包覆层与推进剂药柱之间粘接要牢固可靠,以保证推进剂在燃烧时不发生脱粘,保证装药始终按照特定的燃烧面燃烧。若包覆层材料与推进剂中的粘接剂结构相近,则其亲和力较强,可以不用粘接剂而获得良好的粘接性能,如双基推进剂采用纤维素衍生物作为包覆层时都能很好粘接。若包覆层材料与推进剂药柱的粘接性较差,则需借助于粘接剂,例如聚烯烃类材料作为双基推进剂的包覆层时就必须使用特殊的粘合剂。

(3)包覆层要发挥其限燃和绝热作用,应具有低导热系数、低密度,本身不燃或缓燃,有一定的耐热性和耐烧蚀性。目前用作包覆层的材料,绝大多数为高分子聚合物,推进剂燃烧时火焰温度可高达 $3\,600\sim3\,700$ K,而一般高聚物的热稳定温度低于 473 K,在推进剂火焰温度下不可能不燃,实际上要求在装药燃烧过程中包覆层不烧掉即可。

(4)包覆层与推进剂要有良好的物化相容性,即在长期贮存和使用中包覆层与推进剂保持各自的稳定性,不发生物理和化学的变化。

(5)包覆层自身安定性好,并且具有较好的耐老化性能,在贮存过程中不变质或变化很小,以延长装药的贮存寿命。老化是高聚物普遍存在的问题,在长期贮存过程中,高分子聚合物产生降解作用使包覆层强度降低,严重时出现材料的龟裂、变脆、变软、发粘等现象。此外,包覆材料包到推进剂药柱上面后,由于存在组分迁移和界面效应的影响,可加速材料老化行为的发展。

(6)包覆层材料能够在室温或较低的温度下实现固化。包覆层室温或低温固化一方面能够保证包覆过程中推进剂的安全性,降低因高温而引起的推进剂组分的分解、变化等风险;另一方面,可减少或消除因高温引起的收缩应力较大的问题,提高包覆层的力学性能。

(7)包覆层的工艺性能要好,易于加工。为了保证装药包覆层的质量,要求包覆层的加工工艺不要太复杂,工艺条件要易于控制,以保证大批生产时质量的稳定性。

除了以上一般的要求以外,不同用途的推进剂根据其应用环境的差异,对包覆层的技术要求仍存在各自特殊之处,在此不作赘述。

1.1.3 改性双基推进剂包覆层的基本类型

改性双基推进剂最早使用纤维素衍生物作为包覆材料,如硝化纤维素、醋酸纤维素、乙基纤维素等。醋酸纤维素在 20 世纪 50 年代前用得较多,后因它易吸收硝化甘油而逐渐被乙基纤维素所替代。随着推进剂能量水平的不断提高,随之发展起来的包覆材料包括热塑性/热固性树脂和橡胶弹性体。热塑性树脂包括聚乙烯、聚苯乙烯、甲基丙烯酸酯、醋酸纤维素、乙基纤维素、聚丙烯酸酯等;热固性树脂包括端羟基聚丁二烯、酚醛树脂、环氧树脂、不饱和树脂等;橡胶弹性体是最新发展起来的绝热包覆材料,主要包括聚硫橡胶、氯磺化聚乙烯、氯丁橡胶、丁苯橡胶、丁腈橡胶、三元乙丙橡胶、硅橡胶、聚氨酯弹性体和芳氧基聚磷腈橡胶。

1.1.4 改性双基推进剂包覆工艺

改性双基推进剂主要采用自由装填式装药包覆,即先将推进剂制成药柱,再对药柱进行包覆。因包覆材料物性的不同,改性双基推进剂包覆工艺也呈现多样化,国内外已实现应用的包覆工艺主要包括以下几种。

1. 注射包覆工艺

将整型后的推进剂药柱置于注射包覆模具内,然后利用注射包覆成型机将包覆层熔体注入包覆模具,冷却固化后实现对推进剂药柱包覆。注射包覆工艺适用于小型药柱的包覆,对装药形状的适应性较强,包覆质量和包覆效率较高。

2. 缠绕包覆工艺

推进剂药柱在整型之后被置于缠绕包覆机上,然后将浸胶的带条状包覆

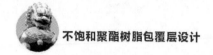

层材料缠绕在推进剂包覆面上,最后固化成型。缠绕包覆主要适用于大长径比圆柱形或截锥形推进剂药柱的表面包覆。该工艺可实现半自动化隔离操作,包覆效率较高。

3.浇注包覆工艺

在浇注包覆工艺中,包覆层胶料是具有一定流动性的胶液,可以浇注到包覆模具内,然后固化成型。浇注包覆工艺对药柱的形状适应性较强,工艺步骤较多,一般以机械半自动化操作为主。

4.涂覆包覆工艺

在已整型的推进剂包覆面上涂覆具有一定流动性的包覆层胶料,然后通过固化成型。涂覆方式有喷涂、刷涂、浸涂和滚涂等。该包覆工艺对装药的适应性较强,但周期较长。

5.预制包覆工艺

预制包覆工艺是指预先制备包覆层,然后利用粘合剂将包覆层粘贴于推进剂包覆面上。该包覆工艺适用于简单药型的平面或侧面包覆,目前以手工操作为主,工序较多,效率较低,质量一致性难以控制。

1.2 不饱和聚酯树脂性能特点

不饱和聚酯树脂固化物具有优良的力学性能、电绝缘性能和耐腐蚀性能,既可以单独使用,也可以和纤维及其他树脂或填料共混加工,可广泛应用于工业、农业、交通、建筑以及国防工业等领域,迄今仍然是树脂基复合材料中应用最广泛的热固性树脂之一。不饱和聚酯树脂的典型特性主要包括以下几个方面。

1.工艺性能好

不饱和聚酯树脂具有很宽的加工温度范围,在室温、中高温及高温条件下可采用不同的加工工艺实现固化成型,特别适合于现场快速成型不饱和聚酯树脂基复合材料制品。此外,不饱和聚酯树脂颜色浅、透明度高,可采用多种技术途径来改善它的工艺性能。

2.综合性能优良

不饱和聚酯树脂固化物的综合力学性能介于环氧树脂和酚醛树脂之间，具有良好的耐腐蚀性和电绝缘性能，且与纤维和填料共混加工可获得更加优良的综合力学性能。此外，不饱和聚酯树脂具有良好的耐热性能，其热变形温度在 60~120℃ 范围内。

3.原料易得，价格低廉

不饱和聚酯树脂所用原料比环氧树脂的原料来源更加广泛，价格更加低廉，易于实现工业化生产和规模化应用。

当然，不饱和聚酯树脂也存在自身的不足之处，主要包括以下两个方面。

1.固化时收缩率大

不饱和聚酯树脂在固化过程中的体积收缩率比环氧树脂和酚醛树脂的大，这将会影响树脂产品制件的尺寸精度和表面粗糙度。通常，为了降低不饱和聚酯树脂的固化收缩率，可通过加入聚乙烯、聚氯乙烯、聚苯乙烯、聚甲基丙烯酸甲酯或邻苯二甲酸二丙烯酯等热塑性聚合物来实现。此外，在不饱和聚酯树脂的成型过程中均会加入苯乙烯起交联单体的作用，但苯乙烯易挥发，有刺激性气味，长期接触对身体健康有较大的影响。

2.固化物脆性大

不饱和聚酯树脂一般是由不饱和二元酸和饱和二元酸及二元醇缩聚生成带有不饱和键的线性高聚物，然后再和含乙烯键的单体发生自由基共聚反应，得到体型高聚物。由于其分子链的交联密度高，分子链中缺少弹性段，固化物表现出硬、脆的特点，会使得产品制件的耐冲击、耐开裂和耐疲劳性较差。

1.3 不饱和聚酯包覆层发展必要性

改性双基推进剂是以硝化甘油（NG）增塑的硝化纤维素（NC）塑胶弹性体为粘接剂，加入氧化剂（高氯酸铵）、高能炸药（RDX、HMX）和金属燃料及其他功能添加剂所组成的多相混合物。改性双基推进剂比双基推进剂有更高的燃烧温度，用于改性双基推进剂的包覆体系应具有更高的粘接强度、更好的耐烧蚀性能和更加优良的综合力学性能。因此,在改性双基推进剂装药包覆设计和实施过程中,应根据改性双基推进剂成分特性及性能要求选择与之相适应的包覆层材料及包覆工艺。

从不饱和聚酯的分子结构可以看出,由饱和二元醇和二元酸反应所得到的聚酯分子链,呈严格线型生长的长链分子,它为不饱和聚酯提供良好的拉伸强度和柔韧性。同时,聚酯分子链中不饱和键增多时,树脂中的交联点增多,分子链支化度高,树脂固化后刚度增大,从而为不饱和聚酯提供良好的常温和高温强度和硬度。不饱和聚酯适合作为改性双基推进剂包覆层材料,主要体现在以下几点。

1. 粘接性

不饱和聚酯分子中含有的端羧基和端羟基,能够与推进剂中的 NC 等功能组分发生化学反应或静电吸附,从而在包覆层与推进剂药柱之间形成良好的粘接;不饱和聚酯为粘度适中的液体,易于和推进剂表面形成良好的相互浸润作用,有助于提高粘接性;不饱和聚酯在固化过程中不排出水分和其他副产物,从而对包覆层质量以及包覆层与推进剂之间的界面不产生影响;不饱和聚酯树脂固化物具有较高的力学强度,可以最大限度地减少包覆层在贮存及使用过程中开裂脱粘的可能性。此外,不饱和聚酯固化物透明度高,易于检测包覆层与推进剂之间的粘接情况。虽然改性双基推进剂中也含有 NG 和 NC,用某些不饱和聚酯就可能成功地进行包覆,但无论如何,铝粉及高氯酸铵的存在,降低了不饱和聚酯对推进剂的粘接强度,故而必须对不饱和聚酯进行改性或改变装药包覆结构。

2. 抗剪切性

改性双基推进剂和不饱和聚酯包覆层结构中均含有极性的羟基基团,二者相结合则会在界面处产生较强的界面吸附效应和分子间的相互作用力(即次价力),能够直接提高包覆层/推进剂界面的剪切强度。此外,目前所用改性双基推进剂药柱的线膨胀系数一般为 $0.8 \times 10^{-4} \, ℃^{-1}$ 左右,而不饱和聚酯的线膨胀系数为 $0.8 \times 10^{-4} \sim 1.1 \times 10^{-4} \, ℃^{-1}$,可保证不饱和聚酯包覆层随着推进剂药柱的热胀冷缩而自适应变形,最大限度地降低界面在热胀冷缩变化过程中受到的剪切应力。

3.工艺适应性

自由装填式装药包覆操作时先将推进剂制成药柱,再对药柱进行包覆。采用浇注工艺进行包覆层固化成型时,固化温度过高不仅会带来安全性问题,还会增加高温引起的收缩应力较大的问题。不饱和聚酯具有很宽的加工温度范围,在室温、中高温及高温条件下均可实现固化成型,符合固体推进剂装药工艺对宽环境加工性的要求。此外,随着近年来大口径、大装药量固体火箭发动机技术的不断发展,注射、缠绕、预制包覆等工艺因药柱尺寸的限制,无法满足大尺寸装药的工艺技术要求,而以不饱和聚酯包覆材料为代表的浇注成型工艺则受推进剂药柱和发动机尺寸的限制相对较少。

4.耐烧蚀性

包覆层在火箭发动机工作过程中,主要面对两方面的挑战,即高温（3 000 K 左右)气体的烧蚀,以及固体颗粒和高温燃气流对包覆层的冲刷。为了使包覆层燃烧过程中能产生坚固、稳定的炭盔,有效抵抗高温气体以及粒子流的冲刷,可以通过添加纤维、填料来提高包覆层的耐烧蚀性能。不饱和聚酯树脂粘度适中,可以根据不同推进剂的燃烧特点和发动机工作特性,在不影响胶料可施工粘度的条件下向配方体系中引入更多的纤维和填料来灵活调整包覆层的耐烧蚀性。

5.相容性

包覆层与推进剂的相容性要好,其中包括化学相容性和物理相容性。化学相容性是指包覆层的组分与推进剂组分之间不发生化学反应,物理相容性则主要指抗小组分迁移性。改性双基推进剂中所含的 NG、NC、RDX、HMX 等均与不饱和聚酯有良好的化学相容性,但不饱和聚酯由于分子结构和自身极性的限制,其抗 NG 迁移的能力相对较差,这也是制约不饱和聚酯树脂在改性双基推进剂包覆层领域广泛应用的瓶颈问题。目前,可以通过增加阻挡层、对不饱和聚酯进行结构改性来降低不饱和聚酯包覆层的 NG 迁移量,在此不做详述。

6.综合性能可调

可以通过改变所采用的交联单体及对单体比例的调整,合成不同规格和性能的不饱和聚酯,满足不同推进剂对不饱和聚酯包覆层在机械及热性能方面的使用要求。

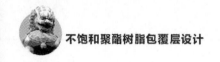

1.4 不饱和聚酯包覆层研究进展

由于不饱和聚酯有着良好的发展空间,世界各国都对不饱和聚酯包覆层进行了研究,并研制出了性能不错的不饱和聚酯包覆层配方,有的已应用于型号产品。例如,国外在"响尾蛇"地空导弹 R440 发动机、"麻雀 Ⅲ B"空空导弹燃气发生器、"霍特"反坦克导弹续航发动机和"迪兰达尔"目标侵彻弹火箭发动机等装药中都采用不饱和聚酯作为包覆层。

1.4.1 不饱和聚酯包覆材料合成研究进展

国外对于不饱和聚酯包覆层的研究起步较早,尤其以印度的研究最为深入。鉴于改性双基推进剂的主要成分 NG 和 NC 均为酯类化合物,而不饱和聚酯能和改性双基推进剂形成较强的粘接,所以印度的包覆层研究人员选择了不饱和聚酯作为包覆层进行研究。1980 年,印度的包覆层专家 J. P. Agrawl 发表《火箭推进剂的包覆》一文,详述了固体火箭推进剂的包覆,尤其是不饱和聚酯包覆材料及其特征、包覆层性能评价和包覆工艺探讨,初步阐述了 NG 或增塑剂从改性双基推进剂向包覆层的迁移机理和降低迁移量的途径。经过近几十年的研究,印度包覆层研究人员开发出一系列的不饱和聚酯,包括刚性的、半刚性的、柔性的、半柔性的和非常柔软的。他们对这些不饱和聚酯材料进行了结构和性能表征,研究了材料的凝胶时间、放热峰温、拉伸强度和延伸率、与推进剂的粘接性能、NG 迁移及耐热、阻燃性等。

通常,不饱和聚酯是由一步酯化反应合成的,但考虑到材料脆性、耐热性以及抗 NG 迁移性等因素,用于推进剂包覆材料的不饱和聚酯多是由两步酯化法合成的。这是因为两步法合成的不饱和聚酯具有较高的耐热性和更加规整的结构。其中,一些重要的不饱和聚酯、氯化聚酯和新型不饱和聚酯的合成及它们的突出特征见表 1.1 和表 1.2。

表 1.1　不饱和聚酯包覆材料的合成

树　脂	PG	DEG	PEG-200	MEXDIOL	IPA	AA	TCPA	MA	酯化过程
PR-3	1.4	—	—	—	1/3	—	—	2/3	两步法
SRUP-2	0.1	0.9	—	—	1/3	—	—	2/3	两步法
SFUPR-4	0.4	—	0.6	—	1/3	—	—	2/3	两步法
FUP-9	—	0.9	0.1	—	1/3	—	—	2/3	两步法
CP-1	1.5	—	—	—	—	—	0.5	0.5	两步法
CP-2	—	—	1.2	—	—	—	0.5	0.5	两步法
CPB-4	(CP-1):(CP-2)=40:60(质量比)								
CPM-9	0.9	—	0.1	—	0.5	0.5	两步法		
CPM-9S	用 30% 的苯乙烯代替 CPM-9 中 25% 的苯乙烯								
FCPM		0.9	0.1				0.5	0.5	两步法
NUP-7(Ⅰ)	—	—	—	12.0	2.0	5.0	—	5.0	两步法
NUP-7(Ⅱ)	—	—	—	12.0	2.0	5.0	—	5.0	三步法

注 1：PG 为丙二醇，DEG 为一缩二乙二醇，PEG-200 为相对分子质量为 200 的聚乙烯醇，MEXDIOL 为混合醇，IPA 为间苯二甲酸，AA 为己二酸，TCPA 为四氯钛酐，MA 为马来酸酐。

注 2：材料制备过程中醇过量 10%。

表 1.2　不饱和聚酯包覆材料的特性

	PR-3	SRUP-2	SFUPR-4	FUP-9	CPB-4
拉伸强度/(10^5 Pa)	300.0	166.5	76.3	112.0	58.2
延伸率/(%)	8.0	10.0	18.6	20.0	19.0
与推进剂的粘接强度/(10^5 Pa)	85.0	62.0	38.3	45.0	47.3
14 天后 NG 的吸收率/(%)	2.50	3.06	3.43	5.00	4.75
	CPM-9	CPM-9S	FCPM	NUP-7(Ⅰ)	NUP-7(Ⅱ)
拉伸强度/(10^5 Pa)	53.2	78.0	97.73	86.2	21.0
延伸率/(%)	42.5	30.0	24.83	28.7	35.2
与推进剂的粘接强度/(10^5 Pa)	28.5	38.0	49.5	24.5	14.5
14 天后 NG 吸收率/(%)	1.98	2.09	3.71	5.80	4.40

由表 1.1 和表 1.2 可见,包覆材料的拉伸强度和延伸率取决于醇或二元酸链段的长度。若要求高延伸率,则应使用长链的醇或二元酸,如聚乙二醇和己二酸等;若要求高拉伸强度,则应使用丙二醇或丙二醇与二乙二醇共用,此时包覆层与推进剂的粘接强度较高,NG 吸收率较低。

1994 年,Rakhshinda Panda 等人以丙二醇、邻苯二甲酸和马来酸酐为原料,首先经酯化反应合成了四种线性预聚物,然后通过松香酸中的羧基和四种预聚物中的羟基酯化反应制备出兼具醇酸树脂和不饱和聚酯结构特征的松香酸封端的不饱和聚酯预聚体,并对其进行了结构和性能表征,研究了材料的凝胶时间、放热峰温、拉伸强度和延伸率、与推进剂的粘接性能、NG 迁移及耐热、阻燃性等。结果表明,用该封端改性的不饱和聚酯作为改性双基推进剂的包覆材料,具有与推进剂药柱粘接性更强、耐酸性更好、NG 吸收率更低等优点,14 天后的 NG 吸收率均低于 5%。

宁柄全等用一缩二乙二醇作为长链二元醇,己二酸为长链二元酸,再配以蓖麻油或桐油改性制成柔性不饱和聚酯,也用于改性双基推进剂推进剂包覆层。牛宝祥等也用一缩二乙二醇作为长链二元醇制备了韧性不饱和聚酯,再与另一种柔性不饱和聚酯混合制成某型改性双基推进剂包覆层。

1.4.2　不饱和聚酯包覆层应用研究进展

在不饱和聚酯包覆材料应用方面,印度炸药研究与发展实验室对不饱和聚酯包覆层进行了静止发动机评价试验,并得出了相关重要结论:

(1)刚性不饱和聚酯(PR-3)和半刚性不饱和聚酯-2(SRUP-2)固化物由于脆性较大,仅适合作为 NG 或增塑剂阻挡层;

(2)半柔性不饱和聚酯(SFUPR-4)可直接用作包覆层材料,且包覆时不需要任何阻挡层,但其多用于快速评估装药结构的合理性;

(3)柔性不饱和聚酯(FUP-9)适合作包覆材料,且包覆时不需要阻挡层;

(4)非常柔软的不饱和聚酯(CPM-9)适合作包覆材料,但需要增加阻挡层。

该实验室研究人员用 CPM-9 作为包覆材料,用刚性快速固化的不饱和聚酯 Acrolite - 471 作阻挡层包覆了改性双基推进剂。发动机装药寿命预估试验表明,该装药具有 10 年的贮存期。另外,对于 FUP - 9 包覆的改性双基推进剂的寿命预估研究表明,FUP - 9 是一种应用前景广阔的不饱和聚酯包覆材料。

为了提高不饱和聚酯的抗 NG 或增塑剂迁移能力,J. P. Agrawl 等人用四氯酞酐取代间苯二甲酸,利用两步法合成了几种氯化不饱和聚酯(CP - 1、CP - 2、CPB - 4、CPM - 9 和 CPM - 9S)。其中,基于混合醇的氯化不饱和聚酯 CPM - 9S 已被该实验室用作某型号推进剂包覆层,且不需要增加抗 NG 或增塑剂的阻挡层,包覆的改性双基推进剂通过发动机静态评价试验,得到了所期望的压力-时间曲线。此外,同样基于混合醇的柔性氯化不饱和聚酯 FCPM 包覆层也已研究成功,综合性能优异,有望取代现有的不饱和聚酯和氯化不饱和聚酯。

为了满足某型改性双基推进剂装药弹道性能的要求,不饱和聚酯包覆层必须具有可靠的耐热、阻燃性。然而,不饱和聚酯作为脂肪族高分子材料,由于自身结构的限制,其耐热、阻燃性能欠佳。对此,研究人员采取了如下措施:①添加无机阻燃填料,如氢氧化铝、三氧化二锑、氧化钼、硼酸锌等;②在大分子链中引入阻燃元素,如氯、溴、硼、磷等。对前者,较多地研究了氢氧化铝和三氧化二锑对包覆材料性能的影响规律;对后者,尽管用硼和卤素作为大分子的组成部分已被广泛应用于聚合物的阻燃改性,但氯化聚酯在不添加阻燃性填料时阻燃性能并无明显提高。

通过印度在不饱和聚酯包覆材料研究方面所取得的成果可以看出,目前印度的改性双基推进剂包覆层仍然以改性不饱和聚酯为主要研究方向。他们认为较理想的不饱和聚酯包覆层应具有如下性能指标:①与推进剂的粘接强度(不用设置阻挡层)约为 5 MPa;②拉伸强度约为 8~10 MPa;③延伸率在 40%~50% 范围之间;④NG/增塑剂吸收率不大于 5%。

综上所述,改性双基推进剂是我国目前乃至未来相当长一段时间内固体推进剂的重点发展方向之一,改性双基推进剂包覆层材料、配方及工艺研究是改性双基推进剂装药的重要组成部分。鉴于不饱和聚酯在改性双基推进剂包覆层领域的性能和工艺优势,系统地开展改性双基推进剂不饱和聚酯包覆材料合成、配方设计及包覆工艺研究具有重要的实际意义和应用价值,可

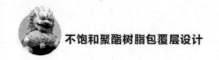

为改性双基推进剂不饱和聚酯包覆层装药在型号武器中的应用提供技术参考。

参 考 文 献

[1] 罗运军,刘晶如. 高能固体推进剂研究进展[J]. 含能材料,2007,15(4):407-410.

[2] 樊学忠. 固体推进剂的发展趋势[C]//战略前沿技术发展兵器科学家论坛论文集. 南京,2013,315-323.

[3] 樊学忠,李吉祯,刘小刚. 固体推进剂高能化研究现状及发展趋势[C]//中国宇航学会,2007,固体火箭推进剂24届年会论文集. 烟台,2007.

[4] 张瑞庆. 固体火箭推进剂[M]. 北京:兵器工业出版社,1991.

[5] 张以河,孙维钧,孙隆丞,等. 高分子材料在固体火箭包覆层中的应用[J]. 工程塑料应用,1994,22(5):37-41.

[6] 达文纳斯. 固体火箭推进技术[Z].北京:航天工业总公司第三十一研究所,1995.

[7] 詹惠安,郑邯勇,赵文忠,等. 固体推进剂包覆层的研究进展[J]. 舰船防化,2009,(3):1-5.

[8] PROEBSTER M. Filler-containing, low-smoke insulation for solid rocket propelants:DE,3544634[P],1987.

[9] SCHREUDER G H. Adhesion of solid rocket materials[J]. Rubber World, 1990,(11):928-931.

[10] WEIL E. Melamine Phosphates and Pyrophosphates in Flame-Retardant Coatings:Old Products with New Potential[J]. Journal of Coatings Technology, 1994, 66(839):75-82.

[11] 赵凤起. 印度固体火箭推进剂的包覆技术及其发展[J]. 飞航导弹,1993,(1):40-43.

[12] Choi S W, Ohba S, Brunovska Z, et al. Synthesis, Characterization

and Thermal Degradation of Functional Benzoxazine Monemers and Polymers Containing Phenylphosphine Oxide[J]. Polym Degrad Stab, 2006,91(5):1166-1178.

[13] 赵凤起. 国外无（少）烟聚氨酯包覆层研制情况[J]. 火炸药学报, 1993, 16(1):15.

[14] 甘孝贤, 张世约. 阻燃耐烧蚀聚氨酯包覆材料的研究[J]. 火炸药学报, 1994, (3):1-5.

[15] 赵凤起, 王新华. 应用于绝热包覆层中的填料及其选用的某些规律初探[J]. 火炸药学报, 1994, (1):34-38.

[16] 朱开金, 萧忠良. 推进剂包覆层用聚氨酯弹性体的合成及应用[J]. 火炸药学报, 2005,28(4):55-57.

[17] 边城, 张艳, 时艺娟, 等. 固体推进剂包覆技术研究进展[J]. 火炸药学报, 2019,42(3):213-222.

[18] 高潮, 甘孝贤, 邱少君. 环氧包覆材料的发展与现状[J]. 火炸药学报, 2004, (4):59-61.

[19] Evans G I, Gordon S. Combustion inhibitions:US, 4284592[P]. 1981.

[20] Parker B P, Bronson R E, Montgomery R, et al. Method of applying ablative insulation coatings and articles obtained thereform: US, 7198231[P]. 2007.

[21] 朱开金, 萧忠良. 推进剂包覆层用聚氨酯弹性体的合成及应用[J]. 火炸药学报, 2005,28(4):55-57.

[22] 史爱娟. 聚氨酯包覆层的现状和展望[J]. 火炸药学报,2002,25(3):17-19.

[23] 杨士山, 王吉贵, 李东林, 等. 碳氮杂环基乙烯基树脂的合成与表征[J]. 火炸药学报,2004,27(4):59-62.

[24] 李东林, 曹继平, 王吉贵. 不饱和聚酯树脂包覆层的耐烧蚀性能[J]. 火炸药学报,2006,29(3):17-19.

[25] 曹继平, 李东林, 王吉贵. 不饱和聚酯包覆含DNT双基推进剂的研究[J]. 火炸药学报,2006,29(4):41-46.

[26] 杨士山, 张伟, 王吉贵. 聚氨酯增韧不饱和聚酯包覆层的研究[J]. 现

代化工,2011,31(4):59-61.

[27] 杨士山. 粒铸 XLDB 推进剂衬层界面粘接技术及其作用机理研究 [D]. 西安:西安近代化学研究所,2011.

[28] 杨士山. 改性不饱和聚酯包覆层的合成与配方研究[D]. 西安:西安 近代化学研究所,2003.

[29] 路向辉,杨士山,刘晨,等. 填料对三元乙丙橡胶包覆层性能影响研究 [J]. 化工新型材料,2013,41(10):131-132.

[30] 肖啸. 环三磷腈基绝热包覆材料合成与性能[D]. 西安:西安近代化 学研究所,2012.

[31] 陈国辉. 纳米三氧化二铁对硅橡胶包覆层性能的影响[C]//NMCI, 2018,三亚.

[32] 陈国辉,李冬,李旸,等. 互穿网络对硅橡胶包覆层的补强研究[J]. 化 工新型材料,2014,42(5):191-225.

[33] 杨士山,张伟,王吉贵. 功能添加剂对不饱和聚酯树脂包覆剂粘度和 凝胶时间的影响[J]. 火炸药学报,2011,34(4):75-82.

[34] 李军强,肖啸,刘庆,等. 六(2,4,6-三溴苯氧基)环三磷腈对固体推进 剂三元乙丙橡胶包覆层性能的影响[J].火炸药学报,2019,42(3): 289-294.

[35] 李鹏,杨士山,李军强,等. 含有三醚和双酚 A 结构的聚萘酰亚胺的合 成与性能表征[J]. 化工新型材料,2019,47:41-44.

[36] 李鹏,李军强,杨士山,等. 三元乙丙包覆层流变硫化性能及注射成型 工艺研究[J]. 化工新型材料,2020,48(1):232-236.

[37] 李鹏,刘晨,杨士山,等. 六(4-羟甲基苯氧基)环三磷腈阻燃剂/聚酰 亚胺纤维对三元乙丙橡胶包覆层烟雾性能的影响[J]. 化工新型材 料,2019,47(7):107-110.

[38] 杨士山,张伟,王吉贵. 聚氨酯增韧不饱和聚酯树脂包覆层的研究 [J]. 现代化工,2011,31(4):59-61.

[39] 皮文丰,王吉贵. 包覆红磷在 UPR 包覆层耐烧蚀改性中的应用[J]. 火炸药学报,2009,32(3):54-57.

[40] 皮文丰,杨士山,曹继平,等. APP/层状硅酸盐填充 UPR 包覆层的耐

烧蚀机理[J]. 火炸药学报,2009,32(5):62-65.

[41] 曹继平,肖啸,杨士山,等. 自由装填推进剂用含醛基/烯丙基芳氧基聚磷腈包覆材料研究(Ⅰ):制备、硫化特性及力学性能[J]. 火炸药学报,2019,42(5):504-510.

[42] 曹继平,肖啸,杨士山,等. 自由装填推进剂用含醛基/烯丙基芳氧基聚磷腈包覆材料研究(Ⅱ):耐热、耐烧蚀性能及应用[J]. 火炸药学报,2019,42(6):577-582.

[43] 李冬,王吉贵. 聚磷腈材料及其在固体火箭发动机绝热层中的应用探讨[J]. 化学推进剂与高分子材料,2008,6(2):20-23.

[44] 杨士山,陈友兴,武秀全,等. 聚合物熔体混合状态的超声波表征[J]. 塑料工业,2010,38(3):50-56.

[45] 刘晨,李鹏,路向辉,等. 不同形态纳米粒子对 PET 纳米复合物熔融结晶行为的影响[J]. 化工新型材料,2013,41(10):115-117.

[46] 李冬,杨士山,王吉贵,等. 中空微球对硅橡胶基绝热材料性能的影响[J]. 化工新型材料,2012,40(1):81-83.

[47] 陈国辉,李军强,杨士山,等. OPS 化合物对不饱和聚酯树脂包覆层性能影响的研究[J]. 化工新型材料,2019,47(11):125-127.

[48] ZHOU L S, ZHANGG C, YANG S S, et al. Thesynthesis, curing kinetics, thermal properties and flame rertardancy of cyclotriphosphazene-containing multifunctional epoxy resin[J]. Thermochimica Acta. 2019,(680):178348.

[49] 史爱娟,刘晨,强伟. 纳米填料对不饱和聚酯树脂包覆层性能影响[J]. 化工新型材料,2017,45(3):122-123,127.

[50] 吴淑新,刘剑侠,邵重斌,等. 不饱和聚酯树脂包覆层在固体推进剂中的应用[J]. 化工新型材料,2020,48(3):6-8.

[51] 杨士山,潘清,皮文丰,等. 衬层预固化程度对衬层/推进剂界面粘接性能的影响[J]. 火炸药学报,2010,33(3):88-90.

[52] 陈国辉,常海. 硅橡胶包覆层的研究进展[J]. 含能材料,2005,13(3):200-202.

[53] 赵凤起,王新华,鲍冠苓. 短纤维补强硅橡胶包覆材料的研究[J]. 固

体火箭技术,1997,20(4):61-64.

[54] 赵凤起,王新华,鲍冠苓,等. 硅橡胶包覆材料的增强研究[J]. 推进技术,1994,15(4):77-83.

[55] 赵凤起,王新华. 填料对室温硫化硅橡胶包覆层材料性能的影响[J]. 兵工学报,1997,5(1):5-8.

[56] 王吉贵,李东林,张艳. 硅橡胶包覆层与双基推进剂粘接性能的研究[J]. 火炸药学报,2000,8(4):55-57.

[57] 李东林. 包覆层与推进剂表/界面相互作用的研究[D]. 西安:西安近代化学研究所,1991.

[58] 赵凤起. 双基系固体推进剂硝化甘油向包覆层的迁移及抑制技术[J]. 固体火箭技术,1993(2):69-73.

[59] 曹继平,姜振,任黎,等. 俄罗斯固体推进剂装药注射包覆工艺研究进展[J]. 飞航导弹,2016(4):78-84.

[60] Куценко Геннадий Васильевич Козьяков Алексей Васильевич,Васильева Ирина Анатольевна,СПОСОББРОНИРОВАНИЯ ТВЕРДОТО ПЛИВНОГО ЗАРЯДА. 2009.

[61] Летов Б П,Красильников Ф С,Пупин Н А и др. СПОСОБ БРОНИ РОВАНИЯ ЗАРЯДОВ БАЛЛИСТИ - ТНОГО ТВЕРДОГО РАКЕ ТНОГО ТОПЛИВА. 2005

[62] Куценко Г В,Козьяков А В,Летов Б П. и др. СПОСОБ БРОНИР ОВАНИЯ ТВЕРДОТОПЛИВНЫХ ЗАРЯДОВ. 2003.

[63] 谈炳东,许进升,贾云飞. 短纤维增强 EPDM 包覆薄膜超弹性本构模型[J]. 力学学报,2017,49(2):317-323.

[64] 吴淑新,姚逸伦,史爱娟,等. 聚氨酯在固体推进剂包覆层中的应用[J]. 化学推进剂与高分子材料,2010,8(6):14-16.

[65] 李瑞琦,姜兆华,王福平,等. 推进剂与硅橡胶包覆层间粘接性能研究[J]. 材料科学与工艺,2003,11(3):265-267.

[66] 芮久后,王泽山. 端面粘贴包覆火药界面粘接强度研究[J]. 火炸药学报,2002(1):1-3.

[67] 董宾宾,郭效德,杨雪芹,等. 低温等离子体技术应用在固体推进剂包

覆领域的探索研究[J]. 固体火箭技术,2015,38(3):387-391.

[68] 李玲. 不饱和聚酯树脂及其应用[M]. 北京:化学工业出版社,2012.

[69] 陈国辉,周立生,杨士山,等. 磷腈阻燃剂对不饱和聚酯树脂包覆层性能影响[J]. 工程塑料应用,2020,48(4):129-133.

[70] 周菊兴,董永祺. 不饱和聚酯树脂:生产及应用[M]. 北京:化学工业出版社,2000.

[71] 沈开猷. 不饱和聚酯树脂及其应用[M]. 北京:化学工业出版社,2005.

[72] 尹若祥,铁鑫,陈明强. 双环戊二烯改性不饱和聚酯树脂研究进展[J]. 热固性树脂,2004,19(4):29-35.

[73] 尹彦兴. 双环戊二烯在不饱和聚酯生产中的应用[J]. 热固性树脂,2002(2):27-29.

[74] 王年谷,廖学贤. 国内外不饱和聚酯树脂的现状及进展[J]. 热固性树脂,1996(2):52-58.

[75] 曾黎明. 低固化收缩率不饱和聚酯树脂的合成与性能研究[J]. 纤维复合材料,2000(3):3-4.

[76] 吴良义,王永红. 不饱和聚酯树脂国外近十年研究进展[J]. 热固性树脂,2006,21(5):32-38.

[77] 杨波,苏建伟. 不饱和聚酯树脂合成工艺及成型工艺进展[J]. 辽宁化工,2017,46(6):623-625.

[78] 张凤彦. 不饱和聚酯树脂的新进展[J]. 河北化工,2006,(3):57-58.

[79] 张文君,朱春宇. 不饱和聚酯树脂改性研究进展[J]. 热固性树脂,2007,22(4):41-46.

[80] 练园园,冯光炷,廖列文. 不饱和聚酯树脂改性研究进展[J]. 广东化工,2009,36(10):78-80.

[81] 凌绳. 不饱和聚酯树脂及其成型工艺进展[J]. 热固性树脂,1996(1):49-52.

[82] 祝晚华,刘琦焕,范春娟. 不饱和聚酯树脂改性研究新进展[J]. 绝缘材料,2011(2):34-38.

[83] AGRAWAL J P, VENUGOPALAN S, ATHAR J, et al. Polysiloxane - Based Inhibition System for Double - Base Rocket Propellants[J]. Journal of

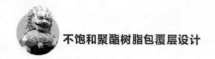

Applied Polymer Science，1998，69：7 – 12.

[84]　AGRAWAL J P，KULKARNI K S. Comparative Study of Unsatu-
rated Halo and Nonhalo Polyesters and Inhibition of Double – Based
Rocket Propellants[J]. Journal of Applied Polymer Science，1993，
50：1655 – 1664.

[85]　AGRAWAL　J P，KULKARNI K S. Tetrachlorophthalic Anhydride –
Based Flame – RetardantChloropolyesters for Inhibition of Double – Based
Propellants[J]. Journal of Applied Polymer Science，1986，32：5203 – 5214.

[86]　AGRAWAL J P，CHOWK M P，SATPUTE R S. Study on mixed
glycols – based semi – flexible unsaturated polyester resins for inhibi-
tion of rocket propellants[J]. British Polymer Journal，1982，14(1)：
29 – 34.

[87]　AGRAWAL J P，CHOWK M P，SATPUTE R S，et al. The role of
alumina trihydrate filler on semiflexible unsaturated polyester resin –
4 and inhibition of double – base rocket propellants[J]. Propellants，
Explosives，Pyrotechnics，1985，10(3)：77 – 81.

第 2 章

不饱和聚酯树脂的合成与改性

本章介绍了不饱和聚酯树脂的合成反应、固化交联过程以及不饱和聚酯树脂结构与性能的关系,分析了几种典型的不饱和聚酯树脂和乙烯基树脂的合成过程及物化性质,并对不饱和聚酯树脂的改性研究进展进行了综述。

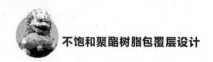

|2.1   概   述|

不饱和聚酯树脂是由主链上含有不饱和双键的、相对分子质量为 1 000～3 000的线性预聚物和共聚单体组成的二元混合物。线性预聚物的合成是由不饱和二元酸、饱和二元酸及二元醇通过缩合聚合反应生成带有不饱和双键的线性低聚物。在此过程中,不饱和聚酯树脂低聚物的化学结构对不饱和聚酯树脂材料的结构、种类和固化物的性能起着决定性作用。将不饱和聚酯树脂低聚物与交联单体混合制成不饱和聚酯树脂,并加入引发剂、促进剂及增塑剂,使树脂发生交联固化反应,成型为特定形状的不饱和聚酯树脂材料制品。

|2.2   不饱和聚酯树脂的合成|

2.2.1   线性预聚物的合成

不饱和聚酯树脂的合成过程是典型的缩合聚合反应,聚合机理属于逐步聚合，即先形成二聚体、三聚体、四聚体等低聚物，随着反应时间的延长，低聚物之间继续相互缩聚，相对分子质量逐渐增加，直至相对分子质量达到设计值。

以邻苯型不饱和聚酯树脂低聚物的合成为例，分析不饱和聚酯树脂线性低聚物的反应过程。邻苯型不饱和聚酯树脂低聚物一般是由顺丁烯二酸酐、邻苯二甲酸酐和饱和二元醇进行缩合聚合制备的，反应过程如下。

（1）由于顺丁烯二酸酐活性比邻苯二甲酸酐大，故顺丁烯二酸酐首先与饱和二元醇进行缩合反应形成相应的不饱和二元酸中间体。

$$\text{HO-R-OH} + \underset{\text{（顺丁烯二酸酐）}}{\bigcirc} \xrightarrow[-H_2O]{\triangle} \underset{\substack{\text{CH}\\|\\\text{COOH}}}{\text{HC}}-\overset{O}{\overset{||}{C}}-O-R-O-\overset{O}{\overset{||}{C}}-\underset{\substack{\text{CH}\\|\\\text{COOH}}}{\text{CH}}$$

生成的不饱和二元酸仍具有一定的活性，可以继续和二元醇反应，形成三聚、四聚体，故反应体系中是二聚体、三聚体和四聚体的混合物。

$$\underset{\substack{\text{CH}\\|\\\text{COOH}}}{\text{HC}}-\overset{O}{\overset{||}{C}}-O-R-O-\overset{O}{\overset{||}{C}}-\underset{\substack{\text{CH}\\|\\\text{COOH}}}{\text{CH}} + \text{HO-R-OH} \longrightarrow$$

$$\text{HO-R-O-}\overset{O}{\overset{||}{C}}\text{-CH=CH-}\overset{\overset{O}{\overset{||}{C}}-O-R-O-\overset{O}{\overset{||}{C}}}{|}\text{-CH=CH-}\overset{O}{\overset{||}{C}}\text{-O-R-OH}$$

$$\text{HO-R-O}\left[\overset{O}{\overset{||}{C}}\text{-CH=CH-}\overset{\overset{O}{\overset{||}{C}}-O-R-O-\overset{O}{\overset{||}{C}}}{|}\text{-CH=CH-}\overset{O}{\overset{||}{C}}\text{-O-R-OH}\right]_2$$

（2）缩聚反应体系中缩聚单体的反应活性不仅受自身分子结构的影响，而且取决于反应浓度。反应浓度越大，反应速率越高。在缩聚反应初期，不饱和二元酸的浓度和反应活性较大，反应产物以不饱和二元酸分子结构为主。随着反应程度的进行，不饱和二元酸有效浓度降低，而活性较小但浓度相对较大的饱和二元酸随即逐渐参与反应，形成饱和二元酸结构缩合产物。

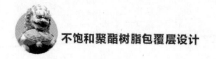

因此,反应体系中以不饱和二元酸形成的酯化结构中间体和饱和二元酸形成的酯化结构中间体为主。

（3）不饱和聚酯树脂低聚物大分子间发生裂解和酯交换反应,使各种大分子链的组成结构之间逐渐实现一定程度的均匀化。但大分子的裂解和酯交换反应可控程度差,导致不饱和聚酯树脂低聚物的结构均匀度相对较低,分子链结构复杂,很难用化学结构式准确表达。为了方便表征,可用如下结构表示不饱和聚酯树脂低聚物的重复结构单元。

2.2.2 常用二元酸结构及参数

不饱和聚酯树脂预聚物的合成中涉及两种二元酸,即不饱和二元酸和饱和二元酸,合成过程中两种二元酸混合使用。不饱和二元酸的作用是为不饱和聚酯树脂预聚物后继交联反应提供反应官能团,饱和二元酸则是用来调节双键含量,控制不饱和聚酯预聚物的固化交联密度,降低不饱和聚酯树脂预聚物的结构规整性,增加与交联单体的相容性。

1. 不饱和二元酸(酐)

合成不饱和聚酯树脂预聚物通常所用的不饱和二元酸包括顺丁烯二酸(酐)和反丁烯二酸(酐),其中顺丁烯二酸(酐)的使用范围较广,反丁烯二酸(酐)使用较少。除顺丁烯二酸(酐)和反丁烯二酸(酐)外,其他不饱和二元酸如己二烯二酸、二氢己二烯二酸、甲基顺丁烯二酸、甲基反丁烯二酸等也可用于不饱和聚酯树脂预聚物的合成。随着所用酸分子链长的增加,不饱和聚酯树脂预聚物的柔韧性会相应提高,但强度随之下降。常用的不饱和二元酸(酐)列于表2.1。

表 2.1　常用的不饱和二元酸(酐)

不饱和二元酸	结构式	相对分子质量	熔点/℃
顺丁烯二酸	HOOC　COOH C=C H　H	116.07	138～139
顺丁烯二酸酐	O　O　O	98.06	52.8
反丁烯二酸	H　COOH C=C HOOC　H	116.07	287
顺,顺-己二烯二酸	HOOC　COOH C=CH－CH=C H　H	142.11	194～195
反,反-己二烯二酸	H　COOH C=CH－CH=C HOOC　H	142.11	300
甲基顺丁烯二酸	HOOC　COOH C=C H₃C　H	130	161(分解)
甲基反丁烯二酸	H₃C　COOH C=C HOOC　H	130	—

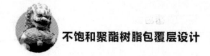

2. 饱和二元酸

在不饱和聚酯树脂预聚物合成中,饱和二元酸起着调节不饱和双键含量,改善不饱和聚酯树脂预聚物在乙烯类交联体中溶解性的作用。常用的饱和二元酸有邻苯二甲酸(酐)、间苯二甲酸、对苯二甲酸、己二酸、癸二酸和庚二酸等。饱和二元酸分子链越长,不饱和树脂柔性越大。如果饱和二元酸中含有卤素,则可用来制备阻燃性不饱和聚酯树脂预聚物。常用的饱和二元酸(酐)列于表 2.2。

表 2.2　常用的饱和二元酸(酐)

饱和二元酸	结构式	相对分子质量	熔点/℃
邻苯二甲酸酐	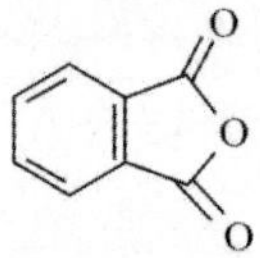	148.11	131
间苯二甲酸	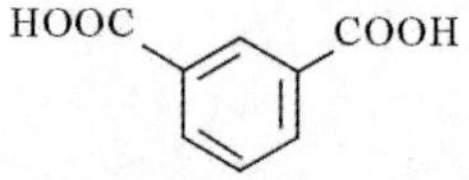 HOOC—COOH	166.13	345～348
对苯二甲酸	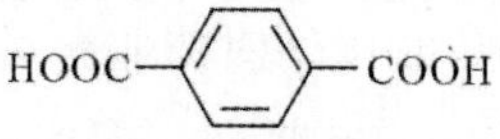 HOOC—COOH	166.13	348～421
纳狄克酸酐	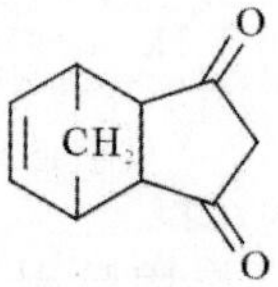 CH₃	164.16	162～165
四氢苯酐	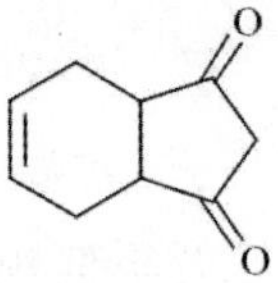	152.16	98～102
氯茵酸酐	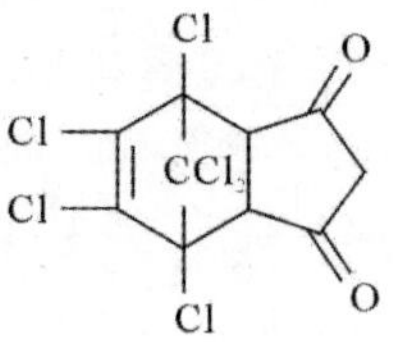 Cl CCl₃ Cl	370.81	240～241

续表

饱和二元酸	结构式	相对分子质量	熔点/℃
六氢苯酐		154.17	34~38
四氯邻苯二甲酸酐		285.88	254~255
己二酸	$HOOC(CH_2)_4COOH$	146.14	152
癸二酸	$HOOC(CH_2)_8COOH$	202.25	134
庚二酸	$HOOC(CH_2)_5COOH$	160.17	104~105

3. 饱和酸和不饱和酸的比例对不饱和聚酯树脂性能的影响

饱和二元酸和不饱和二元酸的比例对树脂的性能影响较大。例如，以顺丁烯二酸酐、邻苯二甲酸酐和 1,2-丙二醇为原料合成通用型不饱和聚酯树脂预聚物时，1,2-丙二醇的主要作用是改善不饱和聚酯树脂预聚物的柔顺性，邻苯二甲酸酐顺丁烯二酸酐则是用来调节不饱和双键的密度，控制固化物的交联密度；顺丁烯二酸酐的主要作用是引入不饱和双键，为后继固化交联反应提供活性官能团。若增加顺丁烯二酸酐用量，会使不饱和聚酯树脂预聚物分子链中的不饱和双键数量增加，固化反应时间缩短，但固化物的柔韧性间隙，耐热性提高，耐冲击性降低。若降低顺丁烯二酸酐的用量，则不饱和聚酯树脂固化时间延长，折射率和粘度可能会增加。

2.2.3　常用二元醇结构及参数

二元醇在不饱和聚酯树脂预聚物合成过程中起到调节预聚物主链柔顺性、对称性和结晶性以及不饱和聚酯树脂预聚物与交联单体苯乙烯的相容性的作用。此外，二元醇的用量大小也影响着不饱和聚酯树脂的固化时间、固化物的耐热性、耐腐蚀性。通常,可用于不饱和聚酯树脂预聚物合成的醇主要有一元醇、二元醇和多元醇。一元醇的作用是控制预聚物分子链长度和端基结构;二元醇可调节不饱和双键的数量,控制不饱和聚酯树脂的性能;多元醇则可以赋予不饱和聚酯树脂低聚物主链上更多的羟基和支链结构。值得注意的是,在预聚物合成过程中,多元醇的用量至关重要。多元醇用量过多,则会生成过多的体型缩聚结构,从而导致合成过程中产生凝胶现象。常用的二元醇列于表2.3。

表2.3 常用的二元醇

二元醇	结构式	相对分子质量	沸点/℃
乙二醇	$HO-CH_2CH_2-OH$	62.07	197.6
1,2-丙二醇	$H_3C-CHCH_2-OH$（OH）	76.09	188.2
一缩二乙二醇	$HO-CH_2CH_2OCH_2CH_2-OH$	106.12	245
一缩二丙二醇	$H_3C-CHCH_2OCH_2CH-CH_3$（OH、OH）	139.16	232
新戊二醇	$HO-CH_2CCH_2-OH$（CH₃、CH₃）	104.15	210
丙烯醇	$CH_2=CH-CH_2-OH$	58.08	97
氢化双酚A	HO⬡C(CH₃)(CH₃)⬡OH	240.37	230~234

1.乙二醇

乙二醇属于分子结构对称的二元醇,用其合成的不饱和聚酯树脂预聚物具有明显的结晶倾向,可造成不饱和聚酯树脂预聚物与苯乙烯的相容性较差。因此,在实际应用过程中,需要将乙二醇与其他醇联合使用,如乙二醇与1,2-丙二醇联合使用,可以破坏不饱和聚酯树脂低聚物分子链的对称性,改善不饱和聚酯树脂预聚物与苯乙烯的相容性。

2.1,2-丙二醇

1,2-丙二醇是不饱和聚酯树脂预聚物合成过程中最常用的二元醇,可与大多数二元酸发生缩合聚合反应。由于1,2-丙二醇结构中含有不对称性的甲基结构,可降低不饱和聚酯树脂预聚物分子链的规整性,从而降低不饱和聚酯树脂预聚物的结晶性,提高不饱和聚酯树脂预聚物与苯乙烯的相容性。

3.一缩二乙二醇和一缩二丙二醇

一缩二乙二醇和一缩二丙二醇均属于长链醇,且分子链中含有醚键,可在一定程度上提高分子链的柔顺性,降低不饱和聚酯树脂预聚物的结晶性。此外,分子链中的醚键对不饱和聚酯树脂预聚物的表面氧阻聚问题也有一定程度的改善。但醚键的引入会提高不饱和聚酯树脂固化物对水的敏感性,降低固化物的性能。

4.新戊二醇

新戊二醇分子结构对称,由新戊二醇合成的不饱和聚酯树脂的耐水和耐酸碱性优越,主要用于耐化学、耐腐蚀性不饱和聚酯树脂的合成。然而,由新戊二醇合成的不饱和聚酯树脂预聚物与苯乙烯混合后稳定性较差,通常需要将新戊二醇与其他醇联合使用,可改善不饱和聚酯树脂低聚物与苯乙烯的溶解性能。

|2.3 不饱和聚酯树脂的固化交联|

2.3.1 不饱和聚酯树脂交联引发过程

不饱和聚酯树脂的固化交联反应属于自由基聚合机理,可通过引发剂、光、辐射引发自由基聚合反应。通常,引发剂、光、辐射等可引发产生初级自由基,初级自由基与不饱和聚酯树脂预聚物或交联单体形成单休自由基,随即形成链增长反应。当分子链增长到一定长度时即发生凝胶反应,树脂则由粘流态转变为凝胶态,直至转变为不熔(不溶)的具有体型交联结构的固体。

不饱和聚酯树脂固化交联过程如下：

1. 初级自由基的形成

可用于不饱和聚酯树脂固化反应的引发剂可分为偶氮类引发剂、过氧化物类引发剂、氧化-还原引发体系等。

(1)热分解引发引。发剂在加热条件下分解产生自由基。不同的引发剂有不同的热分解温度，如常用的偶氮二异丁腈分解温度为 $64\,℃$，半衰期为 10 h；过氧化二苯甲酰的分解温度为 $70\,℃$，半衰期为 13 h。

偶氮二异丁腈的热分解过程如下：

$$\underset{\underset{CN}{|}}{\overset{\overset{CH_3}{|}}{H_3C-C}}-N=N-\underset{\underset{CN}{|}}{\overset{\overset{CH_3}{|}}{C}}-CH_3 \xrightarrow{64\,℃} \underset{\underset{CN}{|}}{\overset{\overset{CH_3}{|}}{H_3C-C}}\cdot + N_2$$

过氧化二苯甲酰的热分解过程如下：

$$\phi-\overset{\overset{O}{\|}}{C}-O-O-\overset{\overset{O}{\|}}{C}-\phi \xrightarrow{70\,℃} 2\,\phi-\overset{\overset{O}{\|}}{C}-O\cdot \longrightarrow 2\,\phi\cdot + 2CO_2$$

(2)氧化-还原引发。通过氧化还原反应产生自由基，活化能低，可在常温下引发不饱和聚酯树脂交联固化。如过氧化环己酮-环烷酸钴的氧化还原引发体系，其引发过程如下：

$$\left[\text{环己烷结构}-(CH_2)_7-\overset{\overset{O}{\|}}{C}-O\right]_2 Co \rightleftharpoons \left[\text{环己烷结构}-(CH_2)_7-\overset{\overset{O}{\|}}{C}-O\right]_2 + Co^{2+}$$

$$\text{(过氧化环己酮二聚体)} + Co^{2+} \longrightarrow \text{(自由基产物)} + Co^{3+}$$

$$\text{(过氧化环己酮二聚体)} + Co^{3+} \longrightarrow \text{(自由基产物)} + Co^{2+} + H^+$$

$$ROOH + Co^{2+} \longrightarrow RO\cdot + OH^- + Co^{3+}$$

(3)光引发。光敏剂吸收光能可分解产生自由基引发聚合。通常，光敏

剂是含羰基的化合物,如甲基乙烯基酮和安息香。在紫外光照下安息香分解过程如下:

$$
\text{(结构式)} \xrightarrow{hv} \text{(结构式)}
$$

(4)辐射引发。辐射引发是以高能射线引发不饱和聚酯树脂固化的方法。辐射引发不需要添加引发剂,体系中的单体和溶剂都有可能吸收辐射能而分解产生自由基。辐射引发不受温度限制,聚合物中无引发剂端基残留,是一种用于不饱和聚酯树脂固化的理想方式。

2. 单体自由基的形成

初级自由基可进攻单体生成单体自由基,从而引发不饱和聚酯树脂和交联单体的固化反应。初级自由基可以进攻不饱和聚酯树脂预聚物,也可以进攻交联单体,生成不同的单体自由基。以邻苯型不饱和聚酯树脂低聚物和苯乙烯组成的交联体系为例,单体自由基的形成过程如下:

(1)初级自由基进攻苯乙烯产生单体自由基:

$$
R_1 \cdot + \text{(苯乙烯结构式)} \ CH=CH_2 \longrightarrow \text{(结构式)} \ \dot{C}H-CH_2-R_1
$$

(2)初级自由基进攻不饱和聚酯树脂预聚物产生单体自由基:

$$
\text{(预聚物结构式)} \xrightarrow{R_1 \cdot} \text{(产物结构式)}
$$

值得注意的是,不饱和聚酯树脂预聚物中有多个不饱和双键,因此形成的单体自由基可能有多个活性位点。

2.3.2 不饱和聚酯树脂固化交联过程

不饱和聚酯树脂的固化交联过程具有自由基聚合反应慢引发、快增长和快终止的特点。自由基产生、引发反应后,不饱和聚酯树脂快速由起始的粘流态转变为不能流动的凝胶态,直至转变为不熔(不溶)的具有体型交联结构的固体。不饱和聚酯树脂固化交联过程可分为链引发、链增长和链终止三个过程。

1.链增长过程

(1)苯乙烯单体自由基引发苯乙烯进行链增长:

(2)不饱和聚酯树脂预聚物单体自由基引发不饱和聚酯树脂预聚物进行链增长:

(3)苯乙烯单体自由基引发不饱和聚酯树脂预聚物进行链增长：

$$R_1-CH_2-CH\cdot + \text{HOOC}+CH=CH \cdots \cdots +OH$$

$$\rightarrow \text{HOOC}+CH=CH \cdots \cdots +OH$$

(4)不饱和聚酯树脂预聚物单体自由基引发苯乙烯进行链增长：

$$CH_2=CH + \text{HOOC}+CH=CH \cdots \cdots +OH$$

$$\rightarrow \text{HOOC}+CH=CH \cdots \cdots +OH$$

2.链终止过程

(1)苯乙烯自由基自终止：

$$R_1+CH_2-CH)_n CH_2-CH\cdot \rightarrow R_1+CH_2-CH)_n CH_2-CH \text{—} CH-CH_2+CH-CH_2)_n R_1$$

(2)苯乙烯自由基与不饱和聚酯树脂链自由基终止：

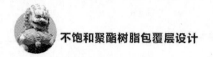

（3）不饱和聚酯树脂链自由基自终止：

由此可见，不饱和聚酯树脂固化交联过程中涉及多种复杂的链增长和链终止反应,固化交联网络中分子链的排列规整度较差,无法用具体的结构式来表达。聚苯乙烯在交联网络中的链接数较少,且与不饱和聚酯分子链之间的聚合度也是不定的。此外,不饱和聚酯分子链中也有未交联的双键,固化后的树脂中也有未反应的苯乙烯。

2.3.3 不饱和聚酯树脂固化交联单体

不饱和聚酯树脂预聚物分子链中含有不饱和双键,自身可以发生自由基聚合而形成交联产物。然而,得到的交联产物性能较差,且产率较低。为了提高不饱和聚酯树脂固化物的综合性能,通常需要将不饱和聚酯树脂预聚物与交联单体共聚才能获得优良的性能。交联单体是指自身含有不饱和双键,且可与不饱和聚酯树脂预聚物发生共聚反应的化合物。交联单体在共聚体系中主要起两方面作用:一是使不饱和聚酯树脂预聚物由线型转变为体型交联结构;二是降低不饱和聚酯树脂的粘度。

从自由基聚合以及共聚反应机理上讲,凡是能够与不饱和聚酯树脂预聚物发生共聚反应的含有不饱和双键的烯烃类化合物均可作为不饱和聚酯树脂预聚物的交联单体。但是综合考虑交联单体固化工艺的可操作性、原料的来源和价格以及固化物性能等因素,目前最常用的交联单体是苯乙烯,此外还有乙烯基甲苯、丙烯酸、丙烯酸乙酯、甲基丙烯酸、甲基丙烯酸甲酯、邻苯二甲酸二烯丙酯和三聚氰酸三烯丙酯等。

1. 苯乙烯

苯乙烯是不饱和聚酯树脂固化交联反应最常用的交联单体。苯乙烯反应活性高,其用量对不饱和聚酯树脂固化物的性能影响较为明显。如苯乙烯的用量占树脂的 15%～20%(质量分数)时,树脂固化后脆性和硬度较大,但强度较低;若将苯乙烯用量提高至 30%～35%(质量分数),可获得高强度的树脂固化物;当苯乙烯用量提高至 40%以上时,树脂固化物的强度又呈现下降的趋势。

2. 乙烯基甲苯

乙烯基甲苯可分为间位乙烯基甲苯和对位乙烯基甲苯,工业上常用的为二者的混合物。乙烯基甲苯的反应活性比苯乙烯高,固化反应速率快,固化

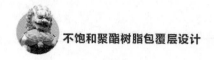

时间短,固化物容易开裂。但采用乙烯基甲苯作为固化交联单体得到的不饱和聚酯材料,其体积收缩率较苯乙烯体系低。

3.丙烯酸乙酯

丙烯酸乙酯作为交联单体使用时所得不饱和聚酯树脂固化物强度较低,易挠曲。因此,在实际应用时常将丙烯酸乙酯与苯乙烯混合使用。

4.甲基丙烯酸甲酯

甲基丙烯酸甲酯与不饱和聚酯树脂预聚物共聚倾向小于苯乙烯,经常与苯乙烯配合使用。其缺点是树脂挥发性较大,体积收缩率较大。

5.三聚氰酸三烯丙酯

三聚氰酸三烯丙酯的熔点为 27.3℃,在过氧化物引发剂和加热下易与不饱和聚酯树脂预聚物发生共聚。由于三聚氰酸三烯丙酯分子结构中含有碳氮杂环,固化物的耐热性和耐化学性则会明显提高。

2.4 不饱和聚酯树脂结构与性能的关系

不饱和聚酯树脂的性能由其分子结构决定,不同的基团起不同的作用。例如,不饱和双键是不饱和聚酯树脂交联固化的基础,苯环赋予不饱和聚酯树脂的耐热性和力学性能等。因此,不饱和聚酯树脂的结构与性能的关系对于不饱和聚酯树脂的应用研究有着重要的指导意义。

2.4.1 不饱和聚酯树脂预聚物分子结构对性能的影响

1.不饱和聚酯树脂预聚物与交联单体的相容性

不饱和聚酯树脂预聚物与交联单体的相容性好坏是衡量不饱和聚酯树脂能否规模化应用的关键指标。从溶剂相容性准则考虑,不饱和聚酯树脂预聚物与交联单体必须满足溶解度参数相近、极性相似等准则。除此之外,不饱和聚酯树脂预聚物分子主链的结晶性能是影响其与交联单体相容性的主要因素,结晶性强,会导致不饱和聚酯树脂预聚物与交联单体的相容性较差。若不饱和聚酯树脂预聚物分子主链具有较高的结构对称性,则分子链容易紧密、有序排列而增加结晶的可能性。要降低不饱和聚酯树脂预聚物的结晶能力,必须尽可能地避免主链中多个柔性-CH_2-基团直接相连。同时,也可以在分子主链上引入取代基以破坏分子主链结构的对称性。值得注意的是,在分子主链上引入羟基、异氰酸酯基等极性基团,则会增加结晶性,降低不饱和聚酯树脂预聚物与交联单体的相容性。此外,在不饱和聚酯树脂预聚物合成过程中,通过控制不饱和双键的异构化程度,也可提高不饱和聚酯树脂与交联单体的相容性。

2. 综合力学性能

不饱和聚酯树脂固化物的综合力学性能与不饱和聚酯树脂预聚物主链的分子结构、交联单体的分子结构、预聚物与交联单体的配比及固化物的交联密度密切相关。不饱和聚酯树脂预聚物分子主链结构中不饱和双键的数量较多时,固化物的交联密度大,强度高;但若不饱和聚酯树脂预聚物主链结构中不饱和双键的数量超出一定范围时,固化物由于交联密度过高而呈现脆性;若不饱和聚酯树脂预聚物主链结构中不饱和双键数量过少,固化物交联密度低,强度低。因此,不饱和聚酯树脂预聚物分子主链结构中的不饱和双键数量要适宜,才能赋予材料较好的力学强度。

不饱和聚酯树脂固化物的力学性能还与主链的柔顺性有关。主链柔顺性好,固化物的韧性好。但在不饱和聚酯树脂预聚物分子主链中不能引入过多的柔性基团,特别是连续的-CH_2-基团,引入过多的柔性基因将导致不饱和聚酯树脂固化物强度较低。在预聚物分子主链结构中引入刚性的苯环或脂环结构,则固化物的强度会相应提高。此外,不饱和聚酯树脂预聚物分子主链的支化度也会对固化物的力学性能产生影响。若主链上含有侧基或支链,固化物的强度较无侧基或支链结构时的强度低。此外,交联单体的结构与不饱和聚酯树脂固化物的力学性能也有关系。当使用二乙烯苯、邻苯二甲酸二烯丙酯和三聚氰酸三烯丙酯等多官能度化合物为交联单体时,由于官能度的增加,不饱和聚酯树脂固化物交联密度增加,固化物力学强度相应提高。

3. 耐腐蚀性

从不饱和聚酯树脂的合成反应机理可知,二元酸和二元醇缩合聚合生成不饱和聚酯树脂低聚物的同时,也生成了大量的酯基。而酯基的水解稳定性较差,在酸性或碱性条件下,酯基能够发生水解反应生成相应的酸或醇。因此,酯基是不饱和聚酯树脂分子结构中易受侵蚀的薄弱环节之一。此外,不饱和聚酯树脂低聚物的端羟基和短羧基在碱性环境中也会发生反应,使得固化物的耐水、耐碱性能变差。因此,不饱和聚酯树脂耐腐蚀性能与不饱和聚酯树脂低聚物的分子结构关系密切。

从不饱和聚酯树脂的分子结构上来看,脂肪族酯基的耐碱性腐蚀能力较差。若在不饱和聚酯树脂低聚物分子主链中引入芳香结构,例如利用间苯或对苯结构的二元酚替代乙二醇或丙二醇,可以降低碱和水分子对主链的渗透性。此外,若二元酚的分子链长大于乙二醇或丙二醇,单位链节上的酯基数目减少,同时增加单位链节上的芳香族结构,则耐化学腐蚀和耐水解的能力提高。另外,通过端基封锁的方法可以提高不饱和聚酯树脂低聚物端羟基或端羧基的稳定性。例如,可以用环氧树脂作为扩链剂,利用环氧基与羟基和羧基的反应原理,对不饱和聚酯树脂低聚物的端羟基和端羧基进行封端反应,形成嵌段共聚物,借以提高不饱和聚酯固化物的耐碱性能,改善不饱和聚酯固化后的表面粗糙度。此外,提高不饱和聚酯树脂的固化温度,使最高固化温度高于使用温度 $10\sim20℃$,使得固化物的固化程度进一步提高,有利于改善不饱和聚酯树脂的化学稳定性。

4. 阻燃性

由不饱和聚酯树脂的元素组成可知,不饱和聚酯树脂主要由碳和氢元素构成,致使其固化物的阻燃性较差,且燃烧时会产生大量的有害浓烟。为了赋予不饱和聚酯树脂优良的阻燃性能,通常可以通过化学改性的手段向其分子结构中引入一定量的阻燃性元素。例如,含卤素的不饱和聚酯树脂的极限氧指数可达 40% 以上,达到难燃材料的标准。然而,含有卤素的不饱和聚酯树脂在燃烧时会产生大量的有毒有害气体,对生态环境和人类健康造成危害。因此,发展环境友好型的不饱和聚酯树脂成为不饱和聚酯树脂阻燃改性技术的关键和趋势。

目前,发展无卤阻燃性不饱和聚酯树脂的主要途径就是将磷、氮等元素引入不饱和聚酯树脂的分子主链中。磷元素的阻燃机理为:一方面,在燃烧过程中会促进有机基团分解而形成熔融碳化膜,阻隔氧气、氢气的传播和热量的传递,从而阻止燃烧反应的进一步发生;另一方面,磷元素在燃烧过程中会生成自由基 PO·,会捕获因不饱和聚酯树脂热分解生成的自由基 H· 和自由基 OH·,从而抑制或阻断燃烧链式反应的进行。因此,可采用苯磷酸二烯丙酯、异丁烯基磷酸二烯丙酯部分或完全替代苯乙烯来获得具有良好阻燃性的不饱和聚酯树脂。氮元素的阻燃机理为:一方面,含氮化合物在热分解过程中吸收热量,带走大部分热量,从而降低聚合物的表面温度;另一方面,含氮化合物的分解会产生氨气和氮气等不燃性气体,不仅能够稀释空气中的氧气和聚合物热分解产生的可燃性气体的浓度,而且能与空气中的氧气发生反应生成氮氧化合物,消耗燃烧区域内的氧气,从而达到阻燃的目的。

将磷、氮元素引入不饱和聚酯树脂分子结构中,或者在不饱和聚酯树脂固化配方体系中添加含磷、氮元素的阻燃性添加剂,均可以提高不饱和聚酯树脂的阻燃性能。值得注意的是,含磷化合物本身具有一定的毒性,且含磷化合物的生产过程产生的废水和废气以及含磷不饱和聚酯树脂固化物的废弃物均对环境和人类健康造成一定的危害。而氮元素对环境和人体健康的影响较小,含氮阻燃性不饱和聚酯树脂成为目前国内外研究的热点。但是,由于不饱和聚酯树脂中氮元素的含量较低,取得的阻燃效果往往不佳。

5. 耐热性

不饱和聚酯树脂的结构决定了不饱和聚酯树脂固化物的耐热性。从实际应用角度来讲,不饱和聚酯树脂的实际使用温度远低于其玻璃化转变温度,以保证材料具有足够的强度和模量。因此,对于不饱和聚酯树脂固化物耐热性的评价,仅仅给出温度条件是不能描述在实际使用过程中材料手段的环境影响,往往需要将"温度""时间""环境"和"性能"进行集成和综合,才能客观且真实地反映材料的使用指标。

通常,提高不饱和聚酯树脂固化物的耐热性可采用三种途径:①向不饱和聚酯树脂低聚物分子主链中引入芳环等刚性基团或化学键能大的结构,如 Si—O 键等;②调整饱和酸和不饱和酸的比例,适当提高加不饱和聚酯树脂低聚物分子链中不饱和双键的密度;③采用多官能度的交联剂,借以提高不饱和聚酯树脂固化物的交联密度。此外,还可以采用互穿聚合物网络技术(IPN),将第二相聚合物与不饱和聚酯树脂形成互穿网络结构,从而提高不饱和聚酯树脂材料的耐热性。

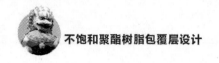

2.4.2 不饱和聚酯树脂固化物分子结构对性能的影响

不饱和聚酯树脂在固化过程中会发生一系列复杂的物理和化学变化,而物理、化学变化的本质在于分子链的运动。因此,不饱和聚酯树脂固化物中分子链的机构、分子链的运动规律直接影响了不饱和聚酯树脂固化物的性能。由于不饱和聚酯树脂是由不饱和聚酯树脂低物和交联剂组成,且不饱和聚酯树脂低聚物具有一定的相对分子质量分布。因此,不饱和聚酯树脂低聚物分子主链和侧基结构、相对分子质量大小及分布规律及交联剂的分子结构共同影响着不饱和聚酯树脂固化物的性质。

1. 不饱和聚酯树脂固化物分子链段运动特征

根据不饱和聚酯树脂固化机理及过程现象可以看出,不饱和聚酯树脂在固化过程中主要经历了两种类型的分子链运动:

(1)整链移动即在固化反应初期,由于交联反应程度较低,不饱和聚酯树脂低聚物与交联剂能够进行分子链整链移动,在宏观上表现为不饱和聚酯树脂粘度低、流动性好。但是随着交联反应程度的增加,不饱和聚酯树脂的流动性受到限制,且会随着交联密度的不断提高而逐渐消失。

(2)链段运动。不饱和聚酯树脂具有典型的高分子结构特征,其主链具有一定的柔顺性,可以在保持主链质量中心不变的情况下,一部分链段相对于另一部分链段发生相对运动。由于链段不是一个结构单元,链段的长短随内旋转的难易程度和外界条件而变化。分子链段柔顺性大,内旋转容易;反之,则内旋转较难。例如,主链中含有饱和碳碳单键和醚键时,链段柔顺性大,内旋转容易;当主链中含有碳碳双键、苯环、环状结构等时,链段柔顺性小,内旋转较难。此外,侧基的极性和体积大小对分子链的内旋转也有明显的影响。侧基极性大,体积大,则分子链的柔顺性小,链段内旋转受限。

2. 分子链段运动对时间的依赖性

根据高分子链段运动与时间的关系原理可知,当外力作用于不饱和聚酯树脂固化物时,由于分子间作用力和交联约束作用的限制,不饱和聚酯树脂分子运动从静态平衡达到与外力相适应的新的动态平衡需要较长的松弛过程。但由于不饱和聚酯树脂的运动单元较多,不同单元的松弛过程和松弛时间不同,在给定的时间和外力作用下,有些单元的运动是观察不到的。因此,不饱和聚酯树脂固化物的物理性能与外力条件和作用时间有密切的关系。

3. 分子链段运动对温度的依赖性

由高分子链段运动时-温等效原理可知,升高温度或者延长外力作用时间对于聚合物的分子链段运动是等效的,对于观察同一个松弛过程也是等效的。不饱和聚酯树脂的运动依赖于环境温度,温度升高会增加分子链段热运动的能力。此外,温度升高可导致不饱和聚酯树脂固化物的体积发生膨胀,增加了分子间的自由空间。当自由空间增加到某种运动单元所需的空间大小且分子链段热运动能量积累到一定水平时,该运动单元便可发生运动。因此,不饱和聚酯树脂固化物的物理力学性能不仅与外作用力时间有关,也与环境温度有关。

|2.5 典型不饱和聚酯树脂的合成与性能|

不饱和聚酯树脂预聚物的通式可用如下形式表示:

$$H \left(O-R_1-O-\overset{O}{\overset{\|}{C}}-R_2-\overset{O}{\overset{\|}{C}} \right)_x O-R_1-O-\overset{O}{\overset{\|}{C}}-R_3-\overset{O}{\overset{\|}{C}} \right)_y OH$$

其中,R_1、R_2 和 R_3 分别为二元醇、不饱和二元酸及饱和二元酸的骨架结构。由于 R_1、R_2 和 R_3 分别具有多种结构,且各个结构之间又具有多种组合方式,因此不饱和聚酯树脂预聚物的种类繁多。不饱和聚酯树脂预聚物主链结构的多样性可赋予不饱和聚酯树脂不同的性能,可满足不同树脂制品的性能要求。

2.5.1 通用型不饱和聚酯树脂

(1)原料与合成:乙二醇或丙二醇(R_1)、邻苯二甲酸酐(R_2)与顺丁烯二酸酐(R_3)。其中,R_1、R_2 和 R_3 的摩尔比为 2.20∶1.00∶1.00,在 160~210℃熔融缩聚(反应后期加入阻聚剂对苯二酚)得到相应的不饱和聚酯树脂低聚物。然后加入交联剂苯乙烯单体,于 70~95℃下经混合得到通用型不饱和

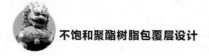

聚酯树脂。

（2）反应式：

$$HO-C-HC=CH-C-O-CH_2-CH_2-O-C \quad C-O-CH_2-CH_2 \}_n OH$$

（3）物化性质：不饱和聚酯树脂通常与玻璃布或玻璃纤维制成玻璃钢。它一般具有工业上所要求的物理、机械、电和耐化学药品性。由于树脂品种牌号不同和成型方法不同，其物化性质也存在较大差异。表2.4所示为采用手糊成型工艺制得的玻璃钢的主要性能指标。

表2.4　手糊成型工艺制得的玻璃钢的主要性能指标

性　能	数　值
拉伸强度/MPa	196～294
弯曲强度/MPa	264.6～519.4
冲击强度/($kJ \cdot m^{-2}$)	147～176.4
马丁耐热/℃	≥120
体积电阻率/($\Omega \cdot cm^{-3}$)	10^{14}
表面电阻率/Ω	5×10^{12}
介电常数	<6
介电损耗角正切值/(10^6 Hz)	0.01～0.03
击穿电压强度/($MV \cdot m^{-1}$)	13.8～29
耐电弧性/s	120～160
吸水率/(%)	0.5

2.5.2　韧性不饱和聚酯树脂

(1)原料与合成:一缩二乙二醇或一缩二乙二醇与乙二醇的混合物(R_1)、顺丁烯二酸酐(R_2)与邻苯二甲酸酐(或间苯二甲酸、己二酸)(R_3)。按适当配比投料经熔融缩聚(反应后期加入阻聚剂对苯二酚)得到相应的不饱和聚酯树脂低聚物,然后加入交联剂苯乙烯单体后混合得到韧性不饱和聚酯树脂。

(2)反应式:

$$\text{HO}-\text{CH}_2\text{CH}_2-\text{O}-\text{CH}_2\text{CH}_2-\text{OH} + \quad + \quad \longrightarrow$$

$$\text{HO}-\overset{O}{\underset{\|}{C}}-\text{HC}=\text{CH}-\overset{O}{\underset{\|}{C}}-\text{O}-\text{CH}_2-\text{CH}_2-\text{O}-\text{CH}_2-\text{CH}_2-\text{O}-\overset{O}{\underset{\|}{C}}\overset{O}{\underset{\|}{C}}-\text{O}+\text{CH}_2-\text{CH}_2-\text{OH}\Big]_n$$

(3)物化性质:适于室温低压成型,亦可热压成型。该品种树脂性能接近通用型不饱和聚酯树脂,其特点是铸塑料具有较好的韧性,例如美国 Vibrin 151 型不饱和聚酯树脂固化物的延伸率达到 5%,从而提高冲击强度。

2.5.3　耐化学性不饱和聚酯树脂

1.间苯二甲酸型不饱和聚酯树脂

(1)原料与合成:丙二醇或乙二醇(R_1)、反丁烯二酸(R_2)与间苯二甲酸(R_3)。制备过程分两步:首先取配料比中之二元醇与间苯二甲酸在反应釜中酯化,反应物达到要求的酸值后,加入反丁烯二酸缩聚得到不饱和聚酯树脂低聚物,再加入阻聚剂对苯二酚和交联剂苯乙烯后制得粘稠的液体树脂。

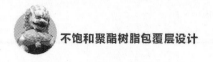
（2）反应式：

$$HO-CH_2CH_2-OH + \begin{matrix}HOOC-CH\\ \| \\ HC-COOH\end{matrix} + \begin{matrix}COOH\\ \\ COOH\end{matrix} \longrightarrow$$

$$HOOC\begin{bmatrix}CH\\ \| \\ HC\end{bmatrix} \begin{matrix}O\\ \| \\ C-O-CH_2CH_2O-C\end{matrix} \begin{matrix}O\\ \| \\ C-O-CH_2CH_2O\end{matrix}\end{bmatrix}_n H$$

（3）物化性质：①在大气中室温固化，表面不发粘；②对玻璃纤维具有良好的浸润能力；③对钢的粘接性能好；④有较高的热变形温度，根据不同的不饱和度与苯乙烯含量，其热变形温度可达 70～120℃；⑤耐水性好，吸水率为0.25％，其玻璃纤维（硅烷处理）层压制品在沸水中 48 h 后，弯曲强度保持率大于 80％；在室温下对多种有机溶剂、盐类和低浓度的酸、碱均有良好的耐腐蚀性；⑥具有较好的介电性能；⑦20℃下断裂伸长率为 1.1％。

2. 双酚 A 型不饱和聚酯树脂

（1）原料与合成：双酚 A、环氧丙烷、顺丁烯二酸酐、丙二醇。首先将双酚A 与环氧丙烷在碱性环境中经开环反应得到端羟基中间体（R_2），然后加入丙二醇（R_1）和顺丁烯二酸酐与邻苯二甲酸酐混合物（R_3）进行缩聚反应得到不饱和聚酯树脂预聚物，最后加入苯乙烯交联剂和对苯二酚阻聚剂经掺和后即得树脂制品。

（2）反应式：

1）第一步：

$$HO-\begin{matrix} \\ \end{matrix}-\begin{matrix}CH_3\\ \| \\ C\\ \| \\ CH_3\end{matrix}-\begin{matrix} \\ \end{matrix}-OH + (m+n)H_3C-\begin{matrix}CH-CH_2\\ \diagdown O \diagup\end{matrix} \longrightarrow$$

$$H\begin{bmatrix}CH_3\\ \| \\ O-CH-CH_2\end{bmatrix}_m O-\begin{matrix} \\ \end{matrix}-\begin{matrix}CH_3\\ \| \\ C\\ \| \\ CH_3\end{matrix}-\begin{matrix} \\ \end{matrix}-O\begin{bmatrix}CH_3\\ \| \\ CH_2-CH-O\end{bmatrix}_n H$$

2）第二步：

$$R_2 + HO - CH_2CH_2CH_2 - OH + \text{(maleic anhydride)} + \text{(phthalic anhydride)} \longrightarrow$$

$$HO \left[\begin{array}{c} O \\ \| \\ C \end{array} - CH = CH - \begin{array}{c} O \\ \| \\ C \end{array} - O - R_2 - O - \begin{array}{c} O \\ \| \\ C \end{array} - \begin{array}{c} O \\ \| \\ C \end{array} - O - CH_2CH_2CH_2O \right]_n H$$

（3）物化性质：此树脂的特点是耐化学腐蚀性能良好，耐各种有机溶剂、酸、含氧酸及低浓度的碱，比间苯二甲酸型不饱和聚酯树脂的耐化学腐蚀性更加优异。此外，此类树脂耐热性较高，铸塑料热变形温度为 140℃（1.82 MPa），可在 90℃下长期使用，120℃下短期使用。

3. 双酚 A 与对苯二甲酸混合改性型不饱和聚酯树脂

（1）原料与合成：双酚 A、对苯二甲酸、反丁烯二酸。首先将双酚 A 和对苯二甲酸在草酸亚锡催化下进行酯化反应得到中间体 R_2，然后加入反丁烯二酸经酯化反应得到不饱和聚酯树脂低聚物，最后加入阻聚剂对苯二酚和交联剂苯乙烯制成树脂。

（2）反应式：

1）第一步：

$$HO - \text{Ar} - \begin{array}{c} CH_3 \\ | \\ C \\ | \\ CH_3 \end{array} - \text{Ar} - OH + HOOC - \text{Ar} - COOH \longrightarrow$$

$$H \left[O - \begin{array}{c} O \\ \| \\ C \end{array} - \text{Ar} - \begin{array}{c} O \\ \| \\ C \end{array} - O - \text{Ar} - \begin{array}{c} CH_3 \\ | \\ C \\ | \\ CH_3 \end{array} - \text{Ar} - O - \begin{array}{c} O \\ \| \\ C \end{array} - \text{Ar} - \begin{array}{c} O \\ \| \\ C \end{array} - O - \text{Ar} - \begin{array}{c} CH_3 \\ | \\ C \\ | \\ CH_3 \end{array} - \text{Ar} \right]_n OH$$

$$R_2$$

2）第二步：

（3）物化性质：此树脂固化物的热变形温度为118℃，断裂伸长率为115%，在100℃ 10%氢氧化钠水溶液中浸渍100 h后，物理性能无变化，呈现出良好的耐化学腐蚀性。

4. 对苯二甲酸型不饱和聚酯树脂

（1）原料与合成：将对苯二甲酸[或含对苯二甲酸的酯，如聚对苯二甲酸乙二酯（PET）和聚对苯二甲酸丁二酯（PBT）]、二元醇和顺丁烯二酸酐经酯化反应制得。如果其中对苯二甲酸是它的对应酯类，则必须先使其在加热和催化剂存在下，用二元醇通过酯交换和断链，生成相对分子质量不等的二元醇或酯二醇。然后在醇解产物中加入顺丁烯二酸酐使之进一步发生酯化反应生成不饱和聚酯树脂预聚物。最后加入阻聚剂对苯二酚和交联剂苯乙烯制成不饱和聚酯树脂。

（2）反应式：

1）对苯二甲酸：

$$HO-R_1-OH+HOOC-R_2-COOH+HOOC-R_3-COOH \longrightarrow$$

2）聚对苯二甲酸乙二酯：

第一步：

$$\text{HO}\!-\!\overset{O}{\underset{}{C}}\!-\!\text{C}_6\text{H}_4\!-\!\overset{O}{\underset{}{C}}\!-\!\text{O}\!-\!(\text{CH}_2\!-\!\text{CH}_2\!-\!\text{O})_n\!\text{H} + \text{HO}\!-\!\text{R}_1\!-\!\text{OH} + \text{HO}\!-\!\text{R}_2\!-\!\text{OH} \longrightarrow$$

$$\text{HO}\!-\!(\text{R}_1\!-\!\text{O}\!-\!\overset{O}{\underset{}{C}}\!-\!\text{C}_6\text{H}_4\!-\!\overset{O}{\underset{}{C}}\!-\!\text{O}\!-\!\text{R}_1\!-\!\text{O})_n + \text{HO}\!-\!(\text{R}_1\!-\!\text{O}\!-\!\overset{O}{\underset{}{C}}\!-\!\text{C}_6\text{H}_4\!-\!\overset{O}{\underset{}{C}}\!-\!\text{O}\!-\!\text{R}_2\!-\!\text{O})_n +$$

$$\text{HO}\!-\!(\text{R}_2\!-\!\text{O}\!-\!\overset{O}{\underset{}{C}}\!-\!\text{C}_6\text{H}_4\!-\!\overset{O}{\underset{}{C}}\!-\!\text{O}\!-\!\text{R}_2\!-\!\text{O})_n$$

第二步：

$$\text{HO}\!-\!(\text{R}_1\!-\!\text{O}\!-\!\overset{O}{\underset{}{C}}\!-\!\text{C}_6\text{H}_4\!-\!\overset{O}{\underset{}{C}}\!-\!\text{O}\!-\!\text{R}_1\!-\!\text{O})_n\text{H} + \text{(环戊烯二酮)} + \text{HO}\!-\!\text{R}_2\!-\!\text{OH} \xrightarrow{-\text{H}_2\text{O}}$$

$$\text{HO}\!-\!(\text{R}_1\!-\!\text{O}\!-\!\overset{O}{\underset{}{C}}\!-\!\text{C}_6\text{H}_4\!-\!\overset{O}{\underset{}{C}}\!-\!\text{O}\!-\!\text{R}_1\!-\!\text{O})_n\overset{O}{\underset{}{C}}\!-\!\overset{H}{\underset{}{C}}\!\!=\!\!\overset{}{\underset{H}{C}}\!-\!\overset{O}{\underset{}{C}}\!-\!\text{O}\!-\!\text{R}_2\!-\!\text{OH} +$$

$$\text{HO}\!-\!(\text{R}_1\!-\!\text{O}\!-\!\overset{O}{\underset{}{C}}\!-\!\text{C}_6\text{H}_4\!-\!\overset{O}{\underset{}{C}}\!-\!\text{O}\!-\!\text{R}_2\!-\!\text{O})_n\text{H} + \text{(环戊烯二酮)} \xrightarrow{-\text{H}_2\text{O}}$$

$$\text{HO}\!-\!(\text{R}_1\!-\!\text{O}\!-\!\overset{O}{\underset{}{C}}\!-\!\text{C}_6\text{H}_4\!-\!\overset{O}{\underset{}{C}}\!-\!\text{O}\!-\!\text{R}_2\!-\!\text{O})_n\overset{O}{\underset{}{C}}\!-\!\overset{H}{\underset{}{C}}\!\!=\!\!\overset{}{\underset{H}{C}}\!-\!\overset{O}{\underset{}{C}}\!-\!\text{O}\!-\!\text{R}_2\!-\!\text{O}\!-\!\overset{O}{\underset{}{C}}\!-\!\overset{H}{\underset{}{C}}\!\!=\!\!\overset{}{\underset{H}{C}}\!-\!\overset{O}{\underset{}{C}}\!-\!\text{R}_1\!-\!(\text{O}\!-\!$$

$$\text{HO}\!-\!\text{R}_1\!-\!\text{OH} + \text{(环戊烯二酮)} \xrightarrow[-\text{H}_2\text{O}]{}$$

$$\text{HO}\!-\!(\text{R}_1\!-\!\text{O}\!-\!\overset{O}{\underset{}{C}}\!-\!\overset{H}{\underset{}{C}}\!\!=\!\!\overset{}{\underset{H}{C}}\!-\!\overset{O}{\underset{}{C}}\!-\!\text{R}_2\!-\!\text{O}$$

$$\downarrow$$

$$\text{TM}$$

此反应一直进行到全部物料消耗殆尽,生成不饱和聚酯低聚物。

(3)物化性质：此类树脂浇注料的弯曲强度为 $850\sim1\,000\ \text{kgf/cm}^2$,冲击强度 $9.36\ \text{kgf}\cdot\text{cm/cm}^2$,热变形温度为 $106℃$,其玻璃钢弯曲强度为 $3\,200\sim4\,000\ \text{kgf/cm}^2$,冲击强度为 $500\sim600\ \text{kgf}\cdot\text{cm/cm}^2$,马丁耐热 $190℃$。耐热

性可与双酚 A 型耐腐蚀不饱和聚酯树脂相媲美,其耐酸碱腐蚀性高于通用树脂。

2.5.4　自熄性不饱和聚酯树脂

(1)原料与合成:乙二醇(R_1)、顺丁烯二酸酐(R_2)和四氯邻苯二甲酸酐(R_3)或一缩二乙二醇(R_1)、顺丁烯二酸酐(R_2)和四溴邻苯二甲酸酐(R_3)。

(2)反应式:

(3)物化性质:此树脂具有较好的自熄性,并具有较高的热变形温度和介电性能,特别是具有较好的耐化学腐蚀性。如美国的 Hefron 92 铸塑料热变形温度达 104℃,室温弯曲强度为 471.38MPa,其玻璃层压板按 ASTM - 84 - 50T 法测试为低燃级到不燃级。长时间对水、盐酸、冰醋酸、烧碱、氢氟酸、硝酸、芳香族与脂肪族溶剂均有较好的耐腐蚀能力。

2.5.5　低烟难燃性不饱和聚酯树脂

(1)原料与合成:乙二醇或丙二醇(R_1)、顺丁烯二酸酐(R_2)和四溴邻苯二甲酸酐(R_3),按一定配比进行缩聚得到不饱和聚酯树脂低聚物,然后加入阻聚剂对苯二酚和交联剂苯乙烯制成树脂,最后加入消烟剂(水合氧化铝、氧化锑、醋酸铁等)得到低烟难燃性不饱和聚酯树脂。

(2)反应式:

（3）物化性质：由于加入某些无机消烟剂，在燃烧过程中能促进碳的生成，降低了烟雾的产生。因此，此类树脂具有低毒、低发烟性，引火时间为 90 s，发烟性为 279 烟粒/英尺^2/分。

2.5.6　耐高温不饱和聚酯树脂

（1）原料与合成：乙二醇（R_1）、顺丁烯二酸酐（R_2）与邻苯二甲酸酐（R_3）按比例混合后经熔融缩聚得到不饱和聚酯树脂预聚物。然后以三聚氰酸三烯丙酯代替苯乙烯作为交联剂，并加入阻聚剂混合后得到耐高温型不饱和聚酯树脂。

（2）反应式：

交联剂三聚氰酸三烯丙酯的化学结构式如下：

$$OCH_2-CH=CH_2$$

（结构式：三嗪环，取代基为 $OCH_2-CH=CH_2$、$CH_2=CH-CH_2O$、$OCH_2-CH=CH_2$）

（3）物化性质：此类树脂适用于热固化低压成型，其玻璃钢在 260℃下有良好的力学强度，并且在 260℃下保持 200 h 后性能无显著下降。然而，此类树脂对固化工艺条件要求较为严苛，且固化时间较长。

2.5.7　低收缩不饱和聚酯树脂

（1）原料与合成：不饱和聚酯树脂由于固化收缩率较大，常造成制品的尺寸精度较低或表面平滑性差。因此，可采用加入聚甲基丙烯酸酯、聚苯乙烯、邻苯二甲酸二烯丙酯等聚合物的苯乙烯溶液，以微米级的粒子分散于反应活性很高的不饱和聚酯树脂低聚物中制得低收缩不饱和聚酯树脂。由于固化时会释放大量的反应热，聚合物液滴急速膨胀，可补偿不饱聚酯树脂的固化收缩率。

（2）反应式：

$$HO-R_1-OH_2+HOOC-R_2-COOH+HOOC-R_3-COOH \longrightarrow$$

$$H \left[O-R_1-O-\overset{O}{\overset{\|}{C}}-R_2-\overset{O}{\overset{\|}{C}} \right]_x \left[O-R_1-O-\overset{O}{\overset{\|}{C}}-R_3-\overset{O}{\overset{\|}{C}} \right]_y OH$$

其中，交联剂为苯乙烯，添加的聚合物结构式如下：

$$\left[CH_2-\overset{CH_3}{\underset{COOCH_3}{C}} \right]_n 或 \left[CH-CH_2 \right]_n 或 （邻苯二甲酸二烯丙酯结构式）$$

（3）物化性质：此类树脂具有较低的收缩率，其他性能和通用型不饱和聚酯树脂类似。具体性能如下：拉伸强度 27.44～34.30 MPa，拉伸弹性模量为 10.78～13.72 GPa，压缩强度 137.2 MPa，线膨胀系数 $18×10^{-5}$/℃。

|2.6　乙烯基酯树脂的合成与性能|

乙烯基酯树脂（Vinyl Ester Resins）是 20 世纪 60 年代发展起来的一类高性能树脂品种。乙烯基酯树脂作为不饱和聚酯树脂家族中重要的一员，是国际公认的高度耐腐蚀的不饱和聚酯树脂。乙烯基酯树脂是以脂环族或脂肪族或芳香族有机化合物为基本骨架，其端基或侧基则含有两个或两个以上不饱和双键的低聚物。乙烯基酯树脂合成时通常采用环氧树脂低聚物和含不饱和双键的一元酸通过开环加成聚合反应将不饱和双键结构引入到环氧树脂骨架，其固化工艺与不饱和聚酯树脂相似，而主体化学结构又与环氧树脂相近，兼具不饱和聚酯树脂和环氧树脂的性能特点。

标准型双酚 A 环氧乙烯基酯树脂的结构式如下：

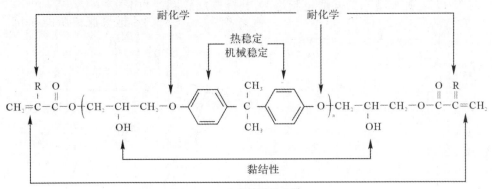

自由基固化交联

乙烯基酯树脂具有环氧树脂和不饱和聚酯树脂的双重特点。一方面，乙烯基酯树脂分子链两端的不饱和双键极其活泼，即使在常温下也可通过自由基聚合反应机理使乙烯基树脂迅速固化，很快达到使用强度；由于分子链端的甲基可以保护酯基，酯基的数量较不饱和聚酯树脂低聚物分子链中的酯基少得多，其固化产物具有优良的耐腐蚀性和耐水解性。另一方面，乙烯基酯树脂分子链中含有较多的仲羟基，可以改善对玻璃纤维的浸润性和粘接性，提高了层合制品的力学强度，并可与其他官能团进行反应，改善树脂性能；此外，乙烯基酯树脂固化时由于在分子链两端交联，所以分子链在应力作用下

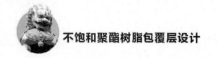

可以伸长,以吸收外力和热冲击,表现出耐微裂或开裂特性。

2.6.1 乙烯基酯树脂低聚物的合成

乙烯基酯树脂是由环氧化合物和含双键的不饱和一元酸经开环加成反应得到的不饱和聚酯树脂低聚物。在合成乙烯基酯树脂时,可以通过改变环氧化合物的种类就可以得到不同结构和性能的乙烯基酯树脂。常用的可用于合成乙烯基酯树脂的环氧化合物主要包括环氧缩水甘油醚、环氧缩水甘油胺、环氧缩水甘油酯、酚醛环氧树脂以及脂环族环氧树脂等。常用的不饱和一元酸主要包括丙烯酸和甲基丙烯酸。环氧基与羧基在催化剂(如四丁基溴化铵、四乙基溴化铵、三苯基磷等)催化作用下发生酯化反应,生成同时含有侧羟基、酯基和端乙烯基的乙烯基酯树脂低聚物,其中侧羟基为乙烯基酯树脂的改性提供了活性反应位点。

以双酚 A 型乙烯基酯树脂为例,其合成反应原理如下:

乙烯基酯树脂的合成工艺如下:

不同结构的乙烯基酯树脂的合成工艺条件各不相同,但遵循的反应机理一致,即在催化剂作用下环氧树脂的环氧基开环形成羟基,再与相应羧酸的羧基发生酯化反应。因此,乙烯基树脂的合成工艺可归纳为:将环氧树脂加入配置有机械搅拌、冷凝装置的反应釜中,升温至特定温度后加入阻聚剂对苯二酚,然后缓慢加入不饱和一元酸,并在一定温度下恒温反应至酸值降低至某特定范围得到乙烯基酯树脂低聚物。经冷却后与交联剂苯乙烯混合得到乙烯基酯树脂产品。

2.6.2　乙烯基酯树脂的固化

乙烯基酯树脂的固化方式与不饱和聚酯树脂一致,属于自由基聚合机理,可通过引发剂、光、辐射引发自由基聚合反应在常温、高温下均可实现固化。通常,常温引发大多采用引发剂-促进剂氧化还原体系,主要包括过氧化环己酮-环烷酸钴体系、过氧化苯甲酰－N,N-二甲基苯胺体系、过氧化苯甲酰-过苯甲酸叔丁酯体系等。

高温固化体系是在热的作用下使引发剂产生自由基而引发树脂固化交联。常用的高温引发剂有过氧化二异丙苯、过氧化二烷基和过氧化二叔丁基。

光引发固化体系是在光的激发作用下产生自由基而引发树脂固化交联,光引发固化可分为直接光引发固化和间接光敏固化,其基本原理在此不作赘述。

2.6.3　乙烯基酯树脂的分类与性能

乙烯基酯树脂合成过程中采用的原料、合成工艺和方法不同,致使乙烯基酯树脂的结构、性能以及应用方向存在较大差异。按分子结构和性能划分,可将乙烯基酯树脂划分为标准型双酚 A 环氧乙烯基酯树脂、富马酸改性双酚 A 环氧乙烯基酯树脂、阻燃环氧乙烯基酯树脂、耐高温酚醛环氧乙烯基酯树脂、高交联密度酚醛环氧乙烯基酯树脂、柔性乙烯基酯树脂、橡胶改性环氧乙烯基酯树脂、聚氨酯改性环氧乙烯基酯树脂、低苯乙烯挥发乙烯基酯树脂、低收缩乙烯基酯树脂等。

1. 标准型双酚 A 环氧乙烯基酯树脂

标准型双酚 A 环氧乙烯基酯树脂是由丙烯酸或甲基丙烯酸与双酚 A 环氧树脂通过反应合成的乙烯基酯树脂,具体分子结构如下:

标准型双酚 A 环氧乙烯基酯树脂是目前应用最广泛的乙烯基酯树脂，也是乙烯基酯树脂中牌号最齐全的一类。标准型双酚 A 环氧乙烯基酯树脂分子链两端的双键化学活性高，使其能够在常温和高温下快速固化。当采用甲基丙烯酸酯为原料时，连接酯基的甲基可以对酯基起保护作用，提高其耐水解性。标准型双酚 A 环氧乙烯基酯树脂结构中酯基的含量较少，具有较高的耐化学腐蚀性。表 2.5 所示为国外标准型双酚 A 环氧乙烯基酯树脂的典型性能。

表 2.5　国外标准型双酚 A 环氧乙烯基酯树脂的典型性能

牌　号	拉伸强度/MPa	拉伸模量/GPa	延伸率/(%)	弯曲强度/MPa	弯曲模量/GPa	热变形温度/℃
Derakane 411	83	2.9	7~8	148	3.4	102
Hetron 922	86	3.2	6.7	141	3.5	105
Ripoxy 806	79	—	3.2	135	3.1	110
Atlac 430	95	3.6	6.1	150	3.4	105
Dion 9100	80	3.4	5.0	95	3.3	100

国内的牌号有上海富晨公司的 Fuchen 854、Fuchen 879、Fuchen 880，华东理工大学华昌公司的 AE 系列和台湾上纬公司的 Swancor 901。

2.富马酸改性双酚 A 环氧乙烯基酯树脂

富马酸改性双酚 A 环氧乙烯基酯树脂指的是甲基丙烯酸(或丙烯酸)、富马酸与双酚 A 环氧树脂进行开环酯化反应而得到的产物，其结构式如下：

其与标准型双酚 A 环氧乙烯基酯树脂的区别在于分子结构中引入了富马酸的结构,在固化过程中不仅可以通过分子链端部的不饱和双键与苯乙烯进行自由基共聚交联,而且富马酸双酯的双键也能够参与自由基共聚交联反应,从而提高了产品的交联密度。从严格意义上讲,富马酸改性双酚 A 环氧乙烯基酯树脂不属于乙烯基酯树脂,而是乙烯基酯树脂与双酚 A 不饱和聚酯树脂中的一个过渡品种,这种树脂具有交联密度高、脆性大、收缩率高等特点,但由于树脂中酯基的含量比标准型双酚 A 环氧乙烯基酯树脂高 40%～50%,因此其耐碱性相对较差。

3. 阻燃环氧乙烯基酯树脂

阻燃环氧乙烯基酯树脂一般采用溴化环氧树脂合成。由于树脂中含有溴,因此,阻燃环氧乙烯基酯树脂既具有与标准型双酚 A 环氧乙烯基酯树脂相同的耐化学性,同时又赋予树脂自熄性。含溴的阻燃环氧乙烯基酯树脂品种很多,按溴含量可分为高溴化树脂(含溴量为 48%～50%)和低溴化树脂(含溴量为 20%～24%)两类。常见的含溴阻燃环氧乙烯基酯树脂有四溴双酚 A 型、溴化酚醛型和二溴季戊二醇型,其中四溴双酚 A 型阻燃环氧乙烯基酯树脂的化学结构式如下:

$$CH_2=C-C-O+CH_2-CH-CH_2-O \cdots Br \cdots CH_3 \cdots Br \cdots O \cdots CH_2CH-CH_2O-C-C=CH_2$$

表 2.6 所示为几种品牌溴化阻燃环氧乙烯基酯树脂的典型性能。

表 2.6　几种品牌溴化阻燃环氧乙烯基酯树脂的典型性能

牌　号	拉伸强度 /MPa	拉伸模量 /GPa	延伸率 /(%)	弯曲强度 /MPa	弯曲模量 /GPa	热变形温度 /℃
Derakane 510A-40	85	3.4	4～5	150	3.6	113
Hetron FR992	90	3.45	6.5	145	3.6	108
Vipel K022	80	3.4	2.9	147	3.8	119
Dion FR9300	75	3.51	4.0	151	3.6	110
Atlac 750	90	3.6	4.0	155	3.7	110
Ripoxy S-550	74	3.2	3.0	105	3.3	108

续表

牌　号	拉伸强度 /MPa	拉伸模量 /GPa	延伸率 /(%)	弯曲强度 /MPa	弯曲模量 /GPa	热变形温度 /℃
Swancor 905	76～90	3.4～3.7	4.5～5.5	124～138	3.5～3.9	108～112
Fuchen 892	50	3.12	2.0	100	3.3	105

4.耐高温酚醛环氧乙烯基酯树脂

将酚醛环氧树脂引入乙烯基酯树脂的骨架结构中,可以得到热稳定性较高的乙烯基酯树脂。如以甲基丙烯酸和酚醛多环氧树脂为原料合成的耐高温乙烯基酯树脂,其化学结构式如下:

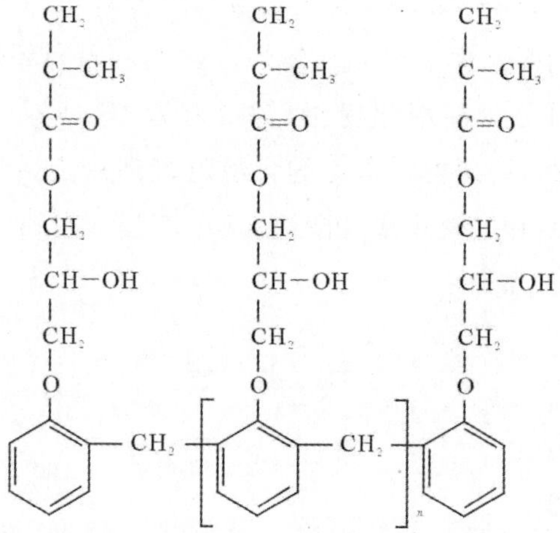

固化后的酚醛环氧乙烯基酯树脂,交联密度高,耐热性好,可以延长使用寿命并且具有优良的耐腐蚀性,特别对含氯溶液或有机溶剂耐腐蚀性好。表2.7所示为几种品牌酚醛环氧乙烯基酯树脂的典型性能。

表 2.7　几种品牌酚醛环氧乙烯基酯树脂的典型性能

牌　号	拉伸强度 /MPa	拉伸模量 /GPa	延伸率 /(%)	弯曲强度 /MPa	弯曲模量 /GPa	热变形温度 /℃
Derakane 470-300	85	3.6	3～4	130	3.8	150
Hetron 980-35	88	3.3	4.5	152	3.5	132
Vipel F085	77	3.7	3.3	148	3.7	149

续表

牌　号	拉伸强度 /MPa	拉伸模量 /GPa	延伸率 /(%)	弯曲强度 /MPa	弯曲模量 /GPa	热变形温度 /℃
Dion 9400	72	3.7	3.0	125	3.6	135
Atlac 590	90	3.5	4.0	155	3.6	140
Ripoxy H－630	69~79	—	2.5~3.0	130~140	3.4~4.0	140~150
Swancor 907	76~90	3.4~3.7	2.5~3.0	124~145	3.7~4.1	146~150
Fuchen 890	72	3.45	2.73	122	3.99	130

5.高交联密度酚醛环氧乙烯基酯树脂

对酚醛环氧乙烯基树脂进行改性,提高树脂的交联密度,使其具有优良的耐酸、耐溶剂腐蚀和抗氧化性能。经过改性后的酚醛环氧乙烯基酯树脂适用于各种高温、强腐蚀环境。表 2.8 所示为国内外部分牌号的高交联密度酚醛乙烯基酯树脂的典型性能。

表 2.8 国内外部分牌号的高交联密度酚醛乙烯基酯树脂的典型性能

牌　号	拉伸强度 /MPa	拉伸模量 /GPa	延伸率 /(%)	弯曲强度 /MPa	弯曲模量 /GPa	热变形温度 /℃
Hetron 970－35	78	3.7	2.4	111	3.9	149
Dion 9700	73	3.36	3.3	146	3.46	160
Ripoxy H－600	74	—	2.5	135	3.7	151
Swancor 977	76	3.6	2.1	117	3.9	154

6.橡胶改性环氧乙烯基酯树脂

将橡胶引入环氧乙烯基酯树脂分子结构中,不仅可以提高树脂的韧性,还可增加粘性,降低放热温度,并降低收缩率。例如,通过物理共混的方法将液体丁腈橡胶引入环氧乙烯基酯树脂中,使丁腈橡胶均匀分散在环氧乙烯基酯树脂中,固化后丁腈橡胶一般以颗粒状分布于树脂中,当受到外力作用时,颗粒状的丁腈橡胶可以有效地引发银纹并阻碍银纹发展成为裂纹,或通过剪切带的产生,消耗大量的外部能量,从而起到增韧的作用。橡胶改性环氧乙烯基酯树脂具有优异的耐冲击性能及较高的断裂延伸率,拓宽了应用领域,但其耐化学腐蚀性稍逊与传统的双酚 A 环氧乙烯基酯树脂。表 2.9 所示为几种橡胶改性环氧乙烯基酯树脂的典型性能。

表 2.9　几种橡胶改性环氧乙烯基酯树脂的典型性能

牌　号	拉伸强度 /MPa	拉伸模量 /GPa	延伸率 /(%)	弯曲强度 /MPa	弯曲模量 /GPa	热变形温度 /℃
Derakane 8084	72	3.2	11	117	3.0	79
Swancor 980	66	3.2	11	110	3.0	79

7. 聚氨酯改性环氧乙烯基酯树脂

该类型的乙烯基酯树脂是通过异氰酸酯(如 TDI)对环氧乙烯基酯树脂进行改性而成,兼有链内不饱和性和链端的不饱和性,其分子结构如下:

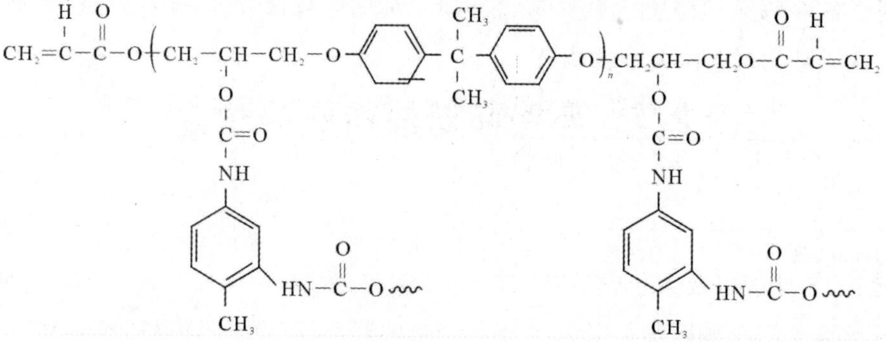

和传统的双酚 A 环氧乙烯基酯树脂相比,聚氨酯改性环氧乙烯基酯树脂具有优异的耐腐蚀性、柔韧性和加工工艺性能。氨酯键的引入,提高了树脂与纤维的相容性,并能保持树脂表面良好的气干性,适用于缠绕等各种加工工艺。表 2.10 所示为几种聚氨酯改性环氧乙烯基酯树脂的典型性能。

表 2.10　聚氨酯改性环氧乙烯基酯树脂的典型性能

牌　号	拉伸强度 /MPa	拉伸模量 /GPa	延伸率 /(%)	弯曲强度 /MPa	弯曲模量 /GPa	热变形温度 /℃
Atlac 580	83	3.5	4.2	153	3.6	115
Fuchen 820	82	3.2	4.3	115	3.7	115

续表

牌　号	拉伸强度/MPa	拉伸模量/GPa	延伸率/(%)	弯曲强度/MPa	弯曲模量/GPa	热变形温度/℃
Dion 9800	80	3.3	4.2	145	3.2	115

8.低苯乙烯挥发乙烯基酯树脂

由于苯乙烯有刺激气味,且与人体的器官疾病有关,所以保护工作环境、防止污染、提高劳动生产效率是乙烯基酯树脂行业发展的一个重要课题。不含苯乙烯单体的乙烯基酯树脂配方是用二乙烯基体、乙烯基甲基苯、α-甲基苯乙烯来取代苯乙烯单体。低苯乙烯挥发乙烯基树脂的配方是并用上述单体与苯乙烯,例如使用邻苯二甲酸二烯丙酯、丙烯酸共聚物等高沸点乙烯基单体,或者把二环戊二烯及其衍生物引入乙烯基酯树脂骨架,实现低粘度化,最终使乙烯基酯树脂体系中的苯乙烯含量降低。

2.7　不饱和聚酯树脂的改性

不饱和聚酯树脂是热固性树脂的主要品种之一,因其具有良好的力学性能、工艺性能以及生产原料来源广泛、价格低廉等特点,在工业、农业、交通、建筑等民用领域以及军用装备等特殊领域被广泛应用。但是不饱和聚酯树脂一般存在韧性较差、强度低、收缩率大、阻燃性和耐烧蚀性差等缺点。因此,为了满足各个领域的应用需求,有必要对不饱和聚酯树脂进行改性,主要包括增韧增强改性、低收缩性改性、阻燃改性、耐热改性、耐介质改性以及不饱和聚酯复合材料改性等。本章将详细介绍不饱和聚酯树脂改性研究的新进展。

2.7.1　增韧改性

不饱和聚酯树脂固化物存在脆性大、模量低、抗冲击性不足等缺陷,限制了不饱和聚酯树脂的应用范围。因此,必须对其进行增韧改性。通常,热固性树脂增韧增强主要采用 3 种途径:引入大分子柔性链以增加交联网络中链段运动能力;基于第二相材料如弹性体和刚性粒子增韧;用热塑性树脂互穿网络技术改善热固性树脂的韧性。经过多年的技术发展,不饱和聚酯树脂的增韧研究已由最初的弹性体直接增韧发展到活性弹性体增韧、刚性粒子尤其是纳米增韧增强、互穿聚合物网络和化学结构改性增韧增强等。目前,不饱和聚酯树脂增韧技术主要集中在弹性体增韧、刚性粒子增韧、互穿网络增韧和化学结构改性增韧等方面。

2.7.1.1 弹性体增韧

弹性体(如液体橡胶增韧不饱和聚酯树脂)的研究历史已久。影响弹性体增韧不饱和聚酯树脂的主要因素包括不饱和聚酯树脂的结构和性能、分散相的结构及含量、粒子的大小及分布、两相间界面粘接强度等。目前,弹性体增强增韧机理主要有微裂纹理论、次级温度转变理论、裂纹核心理论、多重银纹理论、剪切屈服理论、银纹-剪切带理论、银纹支化理论、空穴化理论、逾渗理论、损伤竞争准数判据等。因篇幅有限,上述增韧理论在此不作赘述。

1. 液体橡胶增韧

目前,用来增韧不饱和聚酯树脂的液态橡胶主要包括端羧基封端丁腈橡胶(CTBN)、环氧基封端丁腈橡胶(ETBN)、乙烯基封端丁腈橡胶(VTBN)、聚氨酯橡胶(PU)、聚丁二烯橡胶(PB)、硅橡胶等。这类橡胶通常带有活性基团,如羟基、羧基、乙烯基、异氰酸酯基和不饱和双键,这些活性基团与不饱和聚酯树脂基体可发生反应形成化学键或在活性基团与基体之间橡胶较强的极性相互作用。

银纹-剪切带理论认为,在受外力作用时,橡胶颗粒除引发大量的银纹外,还产生与应力方向成 45°角的剪切带,剪切带对银纹尺寸起控制作用,剪切带的引发和增长过程消耗了大量的外界能量。此外,传统的增韧机理认为共混增韧体系必须发生相分离,橡胶相必须是微观粒子,且粒子尺寸大小控制对增韧效果有明显影响,否则增韧效果将大大减弱。液体橡胶容易在不饱和聚酯树脂中均匀分散,具有活性端基的橡胶能与不饱和聚酯树脂端基发生化学反应而接枝到不饱和聚酯树脂主链上,强化了两相间的界面结合力,提高了相容性,体系呈现均相结构或亚微观相分离结构。由于橡胶相的高柔韧性,显著提高了不饱和聚酯树脂的韧性。橡胶相分离取决于两个因素:一是由于反应的进行,橡胶与不饱和聚酯树脂的相容性变差,这是相分离的热力学条件;二是橡胶分子有足够的时间扩散聚集成橡胶粒子,这是相分离的动力学条件。

杨士山等用聚氧化丙烯二元醇(PPG – 1000)与甲苯二异氰酸酯进行加成反应制备了一种异氰酸酯封端的含氨酯键的聚醚预聚体(PUUP),然后再与含有碳氮杂环结构单元的乙烯基酯树脂(CNVER)共混来实现增韧不饱和聚酯树脂的目的。研究结果表明,PUUP 与 CNVER 在室温下混溶性良好,固化后不分层;随着 PUUP 含量的增加,所得改性乙烯基酯树脂固化物的拉伸强度有所降低,延伸率明显增大;当 PUUP 在体系中的质量分数为70%时,所得固化物的拉伸强度由未改性前的 39.4 MPa 降低至 24.5 MPa,延伸率由 3.5% 提高至 70.1%。固化物断面微观形貌分析表明,PUUP 与CNVER 共混后产生的分散相很小且分布均匀,微观的相分离现象能够赋予材料良好的力学性能。

Cherian 等将各种塑炼过的橡胶溶于苯乙烯中,再与不饱和聚酯树脂共混来实现增韧的目的。研究发现,丁腈橡胶远比其他橡胶优越,将经马来酸酐接枝改性的丁腈橡胶溶于苯乙烯中增韧不饱和聚酯树脂,其韧性、冲击强度、拉伸强度均得到较大的提高。Abbat 等用马来酸酐改性端氨基丁腈橡胶,以此为增韧剂改性不饱和聚酯树脂,对力学性能以及断裂面的电镜分析结果表明,改性丁腈橡胶可显著提高不饱和聚酯树脂的韧性。

葛曷一等利用数均摩尔质量为 2 000~13 000 g/mol 的顺丁烯二酸酐封端的聚氨酯弹性体与不饱和聚酯树脂进行混合、共固化以对不饱和聚酯树脂进行增韧增强改性。研究结果表明,不饱和聚酯树脂固化前,聚氨酯弹性体与不饱和聚酯树脂相容性好;不饱和聚酯树脂固化时,聚氨酯弹性体以一定粒径的胶粒析出,均匀分布在树脂中,同时聚氨酯弹性体分子链末端的不饱和双键可与不饱和聚酯树脂的不饱和双键发生反应形成交联共聚物。数均摩尔质量为 4340 g/mol 的聚氨酯弹性体对不饱和聚酯树脂的总体改性效果最好,当用量为 15% 时,改性不饱和聚酯树脂的冲击强度可提高 55% 以上,且拉伸强度、弯曲强度以及马丁耐热温度的保持率也达 60% 以上。同时,聚氨酯弹性体能降低不饱和聚酯树脂的固化收缩率,且聚氨酯弹性体摩尔质量

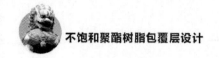

越大,用量越多,对不饱和聚酯树脂的收缩补偿越高。

林茂青等用异氰酸酯封端的液体聚氨酯橡胶增韧不饱和聚酯。研究发现,橡胶质量分数小于10%时,体系相容性很好;质量分数大于25%时,体系出现明显相分离;特征用量为36%时,冲击强度提高了3倍多,断裂延伸率提高了300%多,收缩率从7%降低到0.06%,拉伸强度也有所增加。

液体橡胶与不饱和聚酯混合后的相容性很重要,若二者相容性较差,则起不到增韧的作用。因此,应提高液体橡胶与不饱和聚酯树脂的相容性,使其在固化前不发生相分离,而固化后发生微观相分离,借助于分散相橡胶颗粒受外力时引发银纹或剪切带来提高不饱和聚酯树脂的韧性。Aual等用两种不同反应活性的液体端羧基丁腈橡胶和端乙烯基丁腈橡胶改性不饱和聚酯。透射电镜研究表明,用端乙烯基丁腈橡胶和低含量端羧基丁腈橡胶改性不饱和聚酯树脂时,小橡胶粒子包埋在树脂基体中,并且改性不饱和聚酯树脂的断裂韧性比原不饱和聚酯树脂高。随着橡胶含量的进一步增加,断裂韧性提高幅度趋缓。端乙烯基丁腈橡胶端基可与苯乙烯共聚,形成更小的橡胶微区,增进体系相容性,有效地抑制相分离。因此,端乙烯基丁腈橡胶改性不饱和聚酯树脂的弯曲模量要高于端羧基丁腈橡胶改性不饱和聚酯树脂的弯曲模量。曾庆乐等用合成的4种由丙烯酸酯和马来酸封端的活性端基液体橡胶增韧不饱和聚酯树脂,研究发现当增韧剂加入量为30%时,冲击强度从未增韧时的9.75 kJ/m² 提高至41.6 kJ/m²,并讨论了液体橡胶的相对分子质量、加入量、端基种类、不饱和聚酯树脂种类等因素与增韧效果的关系。

液体橡胶含量增加,可以使银纹的引发、支化、终止速度加快,基体脆韧转变温度降低,冲击强度提高。Subramaniam等将不饱和聚酯树脂低聚物、苯乙烯、环氧树脂及相应固化剂混合,加入反应性端氨基液体丁腈橡胶(AT-BN),制备了半透明交联聚合物。研究发现,此交联体性能随ATBN含量的不同发生系统性变化,体系临界能释放速率从59 N/m 增加到618 N/m,增大了10倍多;断裂延伸率从1.6%增加至11.2%,提高了6倍;固化物内部由纯不饱和聚酯树脂/环氧树脂和橡胶改性的不饱和聚酯/环氧树脂组成,透射电镜分析(TEM)、扫描电镜分析(SEM)和动态热机械分析(DMA)结果表明,ATBN以几百埃单元组成的有序微区均匀分布于基体中。

液体橡胶与不饱和聚酯树脂界面相互作用及相容性不仅影响界面的粘

接强度,还影响分散相粒子尺寸和空间分布,最终影响共混物强度和韧性。通常认为,强界面粘接有利于提高韧性,因此添加增容剂有利于提高体系相容性。Raquosta 用聚丁二烯与不饱和聚酯树脂预聚体合成了嵌段共聚物,以此共聚物为增容剂来提高不饱和聚酯树脂/聚丁二烯共混体系的相容性。固化物的力学性能测试结果表明,加入增容剂后,体系韧性得到极大程度提高,断裂面电镜分析表明增容剂减少了橡胶相颗粒大小,增加了界面间粘接力,橡胶颗粒周围不饱和聚酯树脂局部剪切屈服强度增加。Abbate 等将丁二酸酐接枝到聚异丁烯末端制备了改性聚异丁烯,并以此为增韧剂改性不饱和聚酯树脂。用改性聚异丁烯替代普通聚异丁烯,不饱和聚酯树脂固化物韧性得到相当程度的提高,增韧效果取决于橡胶的接枝率和不饱和聚酯树脂固化前两相的反应时间。橡胶相的高柔韧性显著提高了不饱和聚酯树脂的韧性。

通过液体橡胶增韧虽能在一定程度上提高不饱和聚酯树脂固化物的韧性,但也存在一些缺点:一是不饱和聚酯树脂中的不饱和双键可能与液体橡胶中的不饱和双键发生反应,导致橡胶分散相的体积分数较原始加入量要大,而分散粒子数减少,分散相不再具有高弹性,并且使得与分散相相邻基体的延展性变大,从而导致树脂的模量降低;二是液体橡胶虽能大幅提高不饱和聚酯树脂的冲击强度,却造成刚度、强度下降。通过对弹性体增韧机理更加深入的认识和了解,寻找更有效的增韧改性剂,改善增韧效果,设法补偿或消除弹性体增韧带来的不利影响,全面提高弹性体增韧不饱和聚酯树脂的综合性能,实现同时增韧增强一直是弹性体增韧不饱和聚酯树脂的研究热点。

2.其他弹性体增韧

引入分散相橡胶对改善普通不饱和聚酯树脂韧性效果较好,但对高交联度不饱和聚酯树脂如团状模塑料(BMC)专用树脂讲,由于交联程度高,屈服变形很小,且有大量填料和短切玻纤填充,橡胶的增韧效果并不明显,韧性提高幅度很小,而且材料模量和热变形温度都明显下降。因此,如能在 BMC 专用树脂的交联网络中引入一些柔性链段来改善交联网络的柔软性,即选择合适的第二组分或交联固化剂参与形成交联网络的固化反应,使其成为交联网络的一部分,可获得理想增韧效果。

Pandit 用 1 mol 马来酸酐同 2 mol 聚乙二醇(PEG)或聚丙三醇(PPG)

反应制备了两类不饱和聚酯树脂。用酸值、羟值、蒸气压渗透法、红外光谱、核磁共振等手段表征了不饱和聚酯树脂结构特征,发现由马来酸酐和 PEG 合成的不饱和聚酯树脂结构类似于按化学计量反应的反应物结构。用马来酸酐和不同相对分子质量 PEG 和 PPG 的聚酯加合物制备了 6 种抗冲改性剂,将不同比例增韧剂与不饱和聚酯树脂混合制备了系列改性不饱和聚酯脂,含 PEG 的改性剂与不饱和聚酯树脂相容好,而 PPG 改性剂则相容性差。含 10% PPG 改性不饱和聚酯树脂复合材料的拉伸强度和模量比纯不饱和聚酯树脂的高,使用增韧剂的树脂韧性提高了 5 倍。用相容性增韧剂改性的不饱和聚酯树脂也呈现了高韧性。

周艳、朱立新等采用聚乙二醇及经马来酸酐改性的 PEG 与 BMC 专用树脂进行共混改性。研究发现,含有反应性端基的 PEG 能参与不饱和聚酯树脂的固化反应,使固化反应放热峰的温度降低,并加速了固化反应进程。用马来酸酐改性不同相对分子质量的聚乙二醇,并将改性物与不饱和聚酯树脂共混,因改性聚乙二醇的双键端基参与不饱和聚酯树脂的交联固化反应,从而将柔性链引入交联网络,大幅度提高了不饱和聚酯树脂的韧性,与未改性的聚乙二醇/不饱和聚酯树脂共混体系相比,体系稳定性大大增加,迁移性减少。杨睿等在总结大量增韧和降低收缩率研究的基础上,合成了一系列添加剂,可以同时起到增韧和降低收缩率的作用。除此之外,还考察了同时增韧和降收缩的不饱和聚酯树脂体系的其他力学性能和热性能以及微观形貌。将合成的添加剂与商品将收缩剂 H-870 的效果进行了综合比较,结果表明 QS-MB(丙烯酸酯类液体聚合物)的增韧和降收缩效果最好,比纯不饱和聚酯树脂的断裂韧性提高了 4.5 倍,体积收缩率降低了近 80%。

2.7.1.2 刚性粒子增韧

橡胶弹性体虽能大幅度提高不饱和聚酯树脂的冲击强度,但拉伸强度、完全强度及耐热性能会有所下降。为了改善不饱和聚酯树脂材料的综合性能,自 20 世纪 80 年代以来,人们提出了用刚性粒子来增韧聚合物的新设想。刚性粒子增韧聚合物的机理是:刚性粒子加入聚合物时基体的应力集中发生了变化,基体对颗粒的作用力在两极为拉应力,在赤道处为压应力。由于两极的拉应力作用使刚性粒子与聚合物之间首先发生界面脱粘,颗粒周围形成空穴。当本体应力尚未达到基体屈服应力时,局部开始产生屈服,综合的效应使聚合物的韧性提高。目前,刚性粒子增韧不饱和聚酯树脂方面的研究主要是用纳米粒子作刚性粒子的增韧改性。对于纳米粒子的增韧,一般认为不饱和聚酯树脂/纳米粒子复合材料对冲击能量的分散是由两相界面共同承担的,当粒子的粒径变小、比表面积增大时,表面活性高,发生物理或化学结合的可能性大,因而界面可承担一定的载荷,吸收大量冲击能,具有增强增韧的功效。综合比较,纳米粒子能显著提高不饱和聚酯树脂的韧性和强度,还能改善不饱和聚酯树脂的其他性能。

粒子的含量、尺寸大小、形态结构及在基体中的分布形态对增韧效果有明显的影响。粒子含量一定时,小粒径比大粒径粒子更能提高体系的韧性。Singh 等用微米和纳米级铝粒子来增强增韧不饱和聚酯树脂,研究了粒子大小和体积分数对材料断裂行为及断裂韧性的影响。研究结果表明,随着铝粒子体积分数增加,断裂韧性提高;对于给定尺寸粒子,假如粒子分散性良好,相互间没有聚集,复合材料断裂韧性受粒子尺寸影响很大,在给定填充体积下,小粒子能显著增加材料断裂韧性。葛曷一等用平均粒度 20 nm,比表面积 643 m^2/g 的纳米 SiO_2 改性不饱和聚酯树脂 191、196,并对其增韧与增强机理进行了初步探讨。发现表面积大的纳米材料表面缺陷少,非配对原子多,表面活性高,与不饱和聚酯树脂物理或化学结合的可能性大,增强了粒子与不饱和聚酯树脂的界面结合,因而可承担一定的载荷,吸收大量冲击能,具有增韧增强的功效。当纳米 SiO_2 加入量为不饱和聚酯树脂质量的 3% 时,不饱和聚酯树脂的冲击韧性可提供 60%,同时,拉伸强度、弯曲强度、耐热性均得到提高,断裂延伸率基本不变。谢怀勤等用矿物偏硅酸盐为填料改性不饱和聚酯树脂/纤维复合材料,使力学性能得到了很大程度的提高。当填料加入量为不饱和聚酯树脂质量的 20% 时,体系固化收缩率从添加填料前的 3.0% 降低至 1.4%,弯曲强度和模量分别从 62 MPa 和 20 GPa 提高至 80 MPa 和 28 GPa,且拉伸强度下降幅度很小。

刚性粒子的分散方式影响到其在不饱和聚酯树脂中的分布,对粒子进行表面处理可以增强其在不饱和聚酯树脂中的分散稳定性和界面粘接强度,有利于体系韧性提高。Evora 等利用超声分散技术制备了 TiO_2/不饱和聚酯树脂纳米复合材料,测试分析表明经超声分散的 TiO_2 颗粒均匀分散在不饱和聚酯树脂基体中,纳米粒子的存在对不饱和聚酯树脂断裂韧性的影响较大,复合材料韧性增加,刚性、拉伸强度增加;假如粒子与基体界面间的粘接不好,体积分数较高时,不饱和聚酯树脂中颗粒的聚集造成了力学性能持续下降。徐颖等用"反应法"制备纳米 TiO_2/不饱和聚酯树脂复合材料,在反应过程中纳米 TiO_2 发生轻微水解反应,产生的羟基与不饱和聚酯树脂中的羧基反应,将纳米 TiO_2 粒子接枝到不饱和聚酯树脂分子主链上,这种新的结构实现了对不饱和聚酯树脂同时增强增韧的效果。纳米 TiO_2/不饱和聚酯树脂弯曲强度和冲击强度较纯不饱和聚酯树脂分别提高了 55% 和 46%,当纳米 TiO_2 质量分数从 1% 增加至 10% 时,发现纳米 TiO_2/不饱和聚酯树脂有明显的韧—脆转变现象,纳米 TiO_2 含量为 6% 时为韧—脆转变点。徐群华等用未经表面处理和经表面处理的纳米 TiO_2 对不饱和聚酯树脂进行了填充改性。研究了纳米 TiO_2 用量对不饱和聚酯树脂的拉伸强度、弯曲强度、冲击强度、断裂伸长率的影响。研究结果表明,经表面处理的纳米 TiO_2 质量分数为 4% 时,材料的增韧增强效果最好,断裂伸长率提高了 125%,冲击强度提高了 120%。用 DSC 测试表明,复合材料的玻璃化转变温度比纯不饱和聚酯树脂高,且经表面处理过的填充复合材料的玻璃化转变温度更高,这与力学性能结果相一致。

纳米粒子的微细化和表面活化改性都可以显著提高填料的增强增韧效果,并可减少填料的加入量。袁金凤等用有机胺通过离子交换反应改性的层状粘土改性不饱和聚酯树脂,制成了层离型有机/无机纳米复合材料。加入少量的改性粘土,不饱和聚酯树脂就具有较好的力学性能。当粘土质量分数为 3% 时,材料冲击强度提高 3 倍,且拉伸强度有所增加。Mei Zhang 等用纳米 Al_2O_3 粒子(平均直径 15 nm)来提高不饱和聚酯树脂的断裂韧性,发现加入未经处理的粒子并不能提高不饱和聚酯树脂的断裂韧性,当粒子的体积分数从 0 增加到 4.5% 时,断裂韧性反而下降了 15%,经过断裂表面的扫描电子显微照片分析,发现 Al_2O_3 粒子与不饱和聚酯树脂的结合不好,当用有机硅烷提高粒子与基体之间的界面力时,不饱和聚酯树脂的断裂韧性得到了显著的提高。将体积分数为 4.5% 的 Al_2O_3 粒子加入不饱和聚酯树脂中,其断裂韧性提高了近 100%。

2.7.1.3 互穿聚合物网络增韧

高聚物的互穿网络结构可以由两种或多种高聚物混合而成,其中至少有一种聚合物可在另一种聚合物中进行交联反应。采用互穿聚合物网络结构增韧不饱和聚酯树脂,强化了分散相与不饱和聚酯树脂间的相容性以及界面间的相互作用,增韧效果显著提高,而力学性能降低很少,远远优于一般的液体橡胶增韧不饱和聚酯树脂的效果。不饱和聚酯树脂同聚氨酯、环氧树脂等热固性树脂形成互穿网络是近年来增韧不饱和聚酯树脂的新途径,尤其以不饱和聚酯树脂/聚氨酯形成的互穿网络结构成为增韧研究的热点。互穿聚合物网络形成的过程中,不饱和聚酯树脂和聚氨酯分别按自由基聚合和氢转移聚合反应形成互穿网络结构,聚氨酯在不饱和聚酯树脂网络组成物的溶液中形成网络,而不饱和聚酯树脂网络在聚氨酯部分交联的条件下形成。不饱和聚酯树脂为塑料相,脆性大,抗冲击强度低,提供了材料的刚性和耐热变形能力;聚氨酯为橡胶相,则能够赋予材料韧性和抗收缩性。

Kim 等制备了两种结构的聚氨酯,一种具有端羟基结构(HTPU),另一种是异氰酸酯封端的结构(ITPU),并将它们分别掺入不饱和聚酯树脂中交联固化以增强体系韧性。研究结果发现,低相对分子质量的聚氨酯溶于不饱和聚酯,而较高相对分子质量的聚氨酯则部分溶于不饱和聚酯树脂中。随着聚氨酯相对分子质量的减小,在不饱和聚酯树脂中的分散粒径减小,小粒子对增韧更加有利。用 ITPU 增韧不饱和聚酯树脂时,其异氰酸酯基团与不饱和聚酯树脂中的羟基或羧基发生反应,使固化后析出的聚氨酯粒径相对HTPU 有所减小。ITPU 与不饱和聚酯树脂基体间的化学反应也使增韧效果优于 HTPU。

改变聚氨酯和不饱和聚酯树脂配比和相对反应速率,所得互穿网络的拉伸强度、断裂延伸率、冲击强度、动态力学性能及相结构的变化很大。在互穿聚合物网络结构中,不饱和聚酯树脂和聚氨酯两相是不完全混溶的,呈两相分离状态,当聚氨酯含量较小时,均匀地分散在不饱和聚酯树脂网络中,两相紧密结合,没有明显的相分离;随着聚氨酯含量的不断增加,互穿网络中出现聚氨酯的富集相,开始出现微观相分离,宏观表现为材料由透明转为不透明,冲击强度显著提高。Lee 等研究发现,通过改变不饱和聚酯树脂和聚氨酯的反应速率,互穿网络结构的拉伸强度、断裂延伸率、冲击强度、动态力学性能及相结构均受到很大的影响。互穿网络结构是通过网络链缠结来控制相分散的,因此控制两种反应以达到协同效应很关键。增加聚氨酯的反应速率,分散相尺寸变大;增加不饱和聚酯树脂的反应速率,分散相尺寸则变小;进一步增加不饱和聚酯树脂的反应速率可得到均一相结构,如果聚氨酯和不饱和聚酯树脂的反应速率相近,可得到共连续结构。

用互穿聚合物网络方法来增韧不饱和聚酯树脂的优越性很多,可以通过限制相分离达到提高聚合物组分的混合程度,聚合物网络的互穿和缠结有利于提高相的稳定性和最终产品的力学性能,也易于在互穿聚合物网络结构形成过程中通过改变反应参数,如温度、压力、催化剂、交联剂来控制形态结构。Tang 等采用丙烯酸酯改性的聚氨酯和不饱和聚酯树脂形成可室温固化的互穿网络结构和梯度互穿网络结构。用 TEM、SEM 研究聚氨酯/不饱和聚酯树脂互穿网络结构,发现其玻璃化转变温度同大量互穿结构及相互缠结密切相关,两相间相区为纳米尺寸,尺寸大小随两相组分而变化。力学性能测试结果表明,互穿网络结构的力学行为从橡胶态到塑料态,互穿网络结构内部改性基团和接枝结构强化了体系的相容性,进一步提高了力学性能,尤其是梯度结构的韧性。台会文等利用聚氨酯和不饱和聚酯树脂形成互穿聚合物网络结构来有效改善力学性能。当改性体系受到外力冲击时,韧性组分即聚氨酯相可吸收大部分的冲击能量,从而显著提高不饱和聚酯树脂的力学性能。如当聚氨酯的含量为 10% 时,冲击强度和拉伸强度分别提高 80% 和 150%,且对弯曲强度影响不大。此外,制得了以聚氨酯/不饱和聚酯树脂互穿网络结构为基体的玻璃钢纤维复合材料,当聚氨酯含量为 5% 时,复合材料冲击强度提高近 50%,拉伸强度略有提高,且抗弯曲强度基本不因聚氨酯的加入而下降。

此外,经弹性体改性的环氧树脂与不饱和聚酯树脂可形成均相结构的互穿网络,复合材料的冲击强度和弯曲强度得到提高,但玻璃化温度降低,热稳定性有所下降。State 等用不同分子质量的线形和支联形柔性环氧树脂和不饱和聚酯树脂制备了互穿网络结构复合材料。线形环氧树脂/不饱和聚酯树脂以 15：85 比例制备的互穿网络结构,DMA 分析表明所有体系只有一个玻璃化转变温度。随着环氧树脂用量的增加,玻璃化转变温度从 160℃ 下降至 114℃,且两种环氧树脂中支联形的玻璃化转变温度下降最多,而缺口冲击强度增加了 28%~44%。若使用线形环氧树脂 D-2000,则互穿网络的弯曲模量降低了 22%,弯曲强度增加了 65%。Lin 等制备了环氧树脂/不饱和聚酯树脂互穿网络结构,动态 DSC 表明,互穿结构中只有一个玻璃化转变温度。此外,发现在两个生长网络间存在着联锁结构,延缓了粘度的增加。不饱和聚酯树脂中的端羟基催化了环氧树脂的固化反应,在一些互穿网络结构中,端羟基浓度较高,这种催化效应则会导致体系粘度增加,是网络间联锁结构效应产生的主要原因。两种联锁网络间的缠结极大地吸收了裂纹能量,提高了不饱和聚酯材料的韧性。

2.7.1.4 化学结构改性增韧

在不饱和聚酯树脂分子主链上引入柔性链段,可以有效克服不饱和聚酯树脂的脆性。如在合成不饱和聚酯树脂时在主链上引入长链二元醇(如一缩二乙二醇、二缩三乙二醇、聚乙二醇)或长链二元酸(如己二酸、癸二酸、庚二酸)或柔性的聚醚型链段。长链二元酸、二元醇以及聚醚链段的引入增大了不饱和聚酯树脂固化后两相邻交联点间的距离,增加了分子交联点之间的碳碳单键,因交联点间的-O-键柔性大,易于发生内旋转,使得树脂网络结构交联点之间链段在外力的作用下能够发生构象的改变和链段的伸直,表现出较好的柔韧性。

杨士山等用含异氰脲酸酯基和聚醚型链段的环氧树脂与甲基丙烯酸反应合成了含有碳氮杂环结构的乙烯基树脂,并研究了环氧基/羧基摩尔比、催化剂用量以及温度对反应的影响。选择苯乙烯作为交联剂,所得乙烯基树脂固化后的延伸率达到 7.2%,拉伸强度为 74.7 MPa,与大多数通用型的乙烯基酯树脂相比,延伸率得到了较大的提高。

熊丽君等将己二酸作为韧性改性剂,通过水解加成法合成了双环戊二烯型不饱和聚酯树脂。研究结果表明,己二酸的加入可明显改善不饱和聚酯树脂的抗冲击强度和韧性。张鹏飞等用不同摩尔比的己二酸和一缩二乙二醇合成不饱和聚酯树脂,发现己二酸和一缩二乙二醇共同增韧不饱和聚酯树脂的效果更佳。方敏等用含有长的柔性脂肪烃链的二聚酸改性不饱和聚酯树脂,结果表明由改性后的树脂制备的紫外光固化涂料克服了不饱和聚酯酰胺脲涂层不够柔软、抗冲击强度差的缺陷。Lau等用 2-甲基-1,3-丙二醇与常用的芳香酸如苯酐、间苯二甲酸、对苯二甲酸反应制得了几种新型的不饱和聚酯。与一般的丙二醇型不饱和聚酯树脂相比,该型树脂的强度和断裂伸长率均得到较大程度提高。Elena等用聚乙二醇代替部分二元醇或二元酸,通过缩聚反应合成了嵌段型不饱和聚酯树脂。研究结果表明,嵌段型不饱和聚酯树脂的韧性明显优于通用型不饱和聚酯树脂,交联后形成海岛结构的两相体系,类似于液体橡胶与不饱和聚酯树脂共混体系,但其增韧效果明显优于后者。

提高分子主链的对称性,也可以提高不饱和聚酯树脂的韧性。唐四丁等采用间苯二甲酸作为饱和二元酸,制备了高相对分子质量的间苯型不饱和聚酯树脂。研究发现,间苯型不饱和聚酯树脂的抗冲击强度高于邻苯型不饱和聚酯树脂。

2.7.2　低收缩改性

不饱和聚酯树脂在固化过程中的体积收缩率可达 $6\%\sim10\%$,这是因为不饱和聚酯树脂的交联是许多单元集结的成核过程。固化反应开始时,每个单元的不饱和聚酯树脂向其中心收缩,当表面至聚合物中心所有应力逐渐消除时,聚合物就会产生收缩现象。如此大的收缩率以及由此产生的内应力严重影响了不饱和聚酯树脂制品的尺寸稳定性和抗变形能力。因此,研制低收缩的不饱和聚酯树脂成为不饱和聚酯树脂改性研究的重要内容之一。

降低不饱和聚酯树脂收缩率的主要方法包括:①在不饱和聚酯树脂中添加低收缩剂;②合成新型低收缩不饱和聚酯树脂。

2.7.2.1　添加低收缩剂

低收缩剂可与不饱和聚酯树脂的界面位置形成孔隙或微裂纹结构,使体积膨胀,弥补不饱和聚酯树脂固化的收缩量,避免内应力的产生。这样既保证了不饱和聚酯树脂在固化过程中的反应速率,获得低收缩率的不饱和聚酯树脂交联体,又能最大限度地保持材料的强度和刚度。

常用的低收缩剂主要包括聚醋酸乙烯酯类、聚苯乙烯类以及以醋酸-苯乙烯嵌段共聚物和接枝型芯壳聚合物为代表的组合型收缩剂。孙志杰等研究了加入聚醋酸乙烯酯类的 LPA - 4016 和聚苯乙烯类的 LPA - 7310 对不饱和聚酯树脂浇注体的体积收缩率的影响。研究结果表明,LPA - 4016 的收缩控制作用主要在于其均匀分散在 LPA 颗粒相周围形成了许多的孔隙,这些孔隙抵消了不饱和聚酯树脂固化时产生的内应力;LPA - 7310 则是通过其本身的充分膨胀来抵消不饱和聚酯树脂的固化收缩。此外,LPA - 4016 对不饱和聚酯树脂的收缩控制存在一个较适合的加入量范围,而 LPA - 7310 对不饱和聚酯树脂的收缩控制效果在实验范围内随着加入量的增加其收缩率一直降低。段华军等研究了组合型低收缩剂对不饱和聚酯树脂收缩率的影响。研究表明,当不饱和聚酯树脂中加入质量分数 20% 的该类低收缩剂时,不饱和聚酯的固化收缩率为 2.1%,弯曲强度保持率达 88%,弯曲模量无明显变化。利用 SEM 对添加有低收缩剂的不饱和聚酯树脂固化物的断面形貌进行表征分析,可明显看出纯不饱和聚酯树脂固化体系为均相结构,而添加有低收缩剂的不饱和聚酯树脂固化体系中存在大量孔隙。这是因为聚合反应形成的热量使处于相分离状态的低收缩剂发生膨胀,抵消了不饱和聚酯树脂因固化交联引起的收缩。随着体系温度的降低,低收缩剂和已固化的不饱和聚酯树脂同时收缩,由于已固化的不饱和聚酯树脂的收缩速率比低收缩剂小,从而在两者的界面位置分离形成孔隙。

值得注意的是,聚苯乙烯、聚醋酸乙烯酯等低收缩剂在高温下压制成型可获得低收缩率材料,但常温固化的不饱和聚酯树脂无法获得低收缩材料。夏天祥等考察了不饱和聚酯树脂低温固化低收缩体系,发现在不饱和聚酯树脂中加入少量的热塑性树脂 PVAc,可实现零收缩或低收缩。

2.7.2.2　合成新型低收缩不饱和聚酯树脂

采用添加低收缩剂的方法对现有不饱和聚酯树脂进行低收缩改性,虽能取得一定的效果,但不能得到透明制品,而且大多数力学性能有所下降。因此,合成新型低收缩不饱和聚酯树脂也成为一个重要的发展方向。向不饱和聚酯树脂分子结构中引入环戊二烯基团,可以降低不饱和聚酯树脂的收缩率。曾黎明等用苯二甲酸酐、顺丁烯二酸酐、丙二醇等共聚合单体外,还加入了环戊二烯,合成了一种低固化收缩率的不饱和聚酯树脂。该树脂比通用不饱和聚酯树脂的冲击强度、硬度有所提高,拉伸强度降低了 30%,但透光性高于 90%,收缩率低于 3%,是一种具有良好使用价值的树脂。此外,可以通过改善不饱和聚酯树脂的加工工艺获得低收缩率。化百南等针对二甲苯型不饱和聚酯树脂合成的特点,采取了特殊工艺,通过两步法适当降低不饱和聚酯树脂中双键的含量,制备了 EB84 低收缩不饱和聚酯树脂。由于结构中引进了相对分子质量较大的二甲苯甲醛树脂代替常用的小分子二元醇,使这类不饱和聚酯树脂结构中含有大量的苯环结构,其收缩率低于 0.35%,是目前已知不饱和聚酯树脂中收缩率最小的。

2.7.3　阻燃改性

不饱和聚酯树脂主要由碳和氢元素组成,这使得其固化物很容易燃烧,且燃烧时产生大量的有害浓烟。为了赋予不饱和聚酯树脂阻燃性能,通常可以采用两种途径:一种是阻燃剂改性,即在不饱和聚酯树脂成型过程中添加阻燃剂以赋予材料阻燃性能;另一种是化学合成改性,即用含阻燃元素的原料合成不饱和聚酯树脂。

2.7.3.1　阻燃剂改性

1.有机阻燃剂

已用于不饱和聚酯树脂的有机添加型阻燃剂有卤化磷酸酯、六溴苯、2,4,6-三溴苯基丙烯酸酯、三聚氰胺及其盐等。使用有机卤系阻燃添加剂时,添加量小,阻燃效果显著。目前应用较多的是含溴或氯的阻燃剂,其中又以含溴阻燃剂较多。典型的含溴阻燃剂有十溴二苯醚、八溴二苯醚、四溴二苯醚、四溴双酚 A 等。王兴华等选用含溴的 DBD 作为不饱和聚酯树脂的阻燃剂,另加入起协同作用的三氧化二锑和起催化作用的氧化锌,利用正交设计原理,优化处理后的不饱和聚酯树脂阻燃性能良好,极限氧指数超过 31%,阻燃剂用量在达到 40% 以前时,不饱和聚酯树脂的力学性能仍能基本保持不变。Fernandes 等用十溴二苯醚和三氧化二锑协同阻燃不饱和聚酯树脂,经过 UL-94 阻燃性测试、差示扫描量热分析和热失重分析,发现试样燃烧活化能增加 87%,且在离火 1 s 内自熄。卤系阻燃剂阻燃效果好,但一般认为燃烧时发烟量大,并产生腐蚀性和有毒气体,因此受到越来越多的限制。不过,也有新的报道称,溴系阻燃剂生产商会(BFRIP)等完成的研究显示,溴系阻燃剂能显著减少阻燃高聚物燃烧时有毒气体的排放,有利于环境。

磷是非常有效的阻燃元素,无论是有机磷还是无机磷,特别是含卤素的磷酸酯对高聚物阻燃性能的提高非常有益。三聚氰胺也是一种可用于不饱和聚酯树脂阻燃改性的分解吸热型化合物。刘治国等以三氯氧磷、2,4,6-三溴苯酚及三聚氰胺等原料合成的含磷、溴、氮阻燃剂,在基本不影响不饱和聚酯树脂物理机械性能的前提下,其阻燃性能比常用的磷-溴阻燃剂更好。

磷系阻燃剂的特点是具有阻燃和增塑双重作用,燃烧后残余物、产生的有毒气体和腐蚀性气体也比卤系阻燃剂少。此外,磷系阻燃剂与不饱和聚酯树脂的相容性较好,可保持树脂制品的透明性。目前,磷系阻燃剂已向高功能化、高附加值化的方向发展。于同福和徐冬静用液态阻燃剂磷酸三(β-氯乙基)酯制备的无碱玻璃纤维毡增强不饱和聚酯,由于树脂固化后的折射率与玻璃纤维折射率较为接近,所得产品不仅阻燃性好,而且透明度高。李慧玲等合成的含磷、氮、氯的阻燃剂二(2,3-二氯)丙基-2-(N,N-二羟乙基)氨基乙基磷酸酯盐(15%)用在不饱和聚酯树脂中,玻璃钢极限氧指数可达到28.5%。

2. 无机阻燃剂

目前,可应用于不饱和聚酯树脂阻燃改性的无机阻燃剂包括氢氧化铝、硼酸锌、红磷、三氧化二锑等。以氢氧化铝阻燃的不饱和聚酯树脂是一个重要的工业产品,氢氧化铝既可作为抑烟剂,用作阻燃性填料,应用十分广泛。对氢氧化铝进行表面活化和微粒化处理才能明显地提高阻燃效果。微粒化可使氢氧化铝在不饱和聚酯树脂中均匀分散,在体系中起到明显的阻燃作用。实验证明,要达到同一阻燃标准,微粒化可适当减少,表面活化则是为了使氢氧化铝与不饱和聚酯树脂的相容性更好,这样可以减轻由于大量氢氧化铝的加入而降低基体本身的机械强度。李学峰等通过正交实验研究发现,添加 75 份氢氧化铝、15 份氯化石蜡、6 份三氧化二锑、10 份硼酸锌及 4 份磷酸三苯酯的协同阻燃体系能使不饱和聚酯树脂的极限氧指数高达 36%。红磷或微胶囊化红磷等无机磷系阻燃剂对不饱和聚酯树脂也具有良好的阻燃效果,常与氢氧化铝并用,以产生协同阻燃效应。此外,将三氧化二锑归类为无

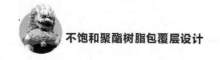

机阻燃剂,但严格来讲,三氧化二锑本身并不是阻燃剂,而只是与其他阻燃剂合用的协效剂。

2.7.3.2　化学合成改性

合成不饱和聚酯树脂的单体中含有阻燃性元素,所得不饱和聚酯树脂即可具有阻燃特性。因此,可从对不饱和聚酯树脂合成过程中涉及的二元酸、二元醇和交联单体进行化学改性入手进行阻燃改性。

以四溴邻苯二甲酸酐为原料,可制得一系列的阻燃性不饱和聚酯树脂。当与三氧化二锑合用时,阻燃效果更佳。四溴苯酐、氯桥酸酐等也可与不饱和聚酯树脂中的二元酸反应,从而向不饱和聚酯树脂体系中引入阻燃元素。环氧氯丙烷、四溴双酚 A 等则可对二元醇进行阻燃改性。美国 Reinchhold 化学公司研制的 Dion FR7704 型阻燃不饱和聚酯树脂代替 Dion 6604T 型,宣告了后溴化处理工艺的结束。该工艺采用特殊的稳定剂和引发剂,直接将溴经化学反应连接到不饱和聚酯树脂分子主链上。该树脂含有 29%～32% 苯乙烯,与 5% 三氧化二锑合用时,阻燃性能达到 ASTM E-84 标准。

采用含磷(或同时含有卤素)的反应型阻燃剂也可以制造阻燃性不饱和聚酯树脂。虽然在不饱和聚酯树脂中易于形成含磷的酯结构,但用磷酸很难实现酯化,且常伴有醚化副反应,因此工业化制备比较困难。一些简单的磷化物,如甲基膦酸二甲酯,可通过酯交换反应进入不饱和聚酯树脂分子主链中。乙烯基膦酸酯还可作为不饱和聚酯树脂固化系统的一个组分,但成本过高。到目前,尚没有理想的可替代苯乙烯的廉价含磷单体供使用。

2.7.4　耐热改性

不饱和聚酯树脂会在高温下使用,但高温下易发生分解,失去其优良的物理机械性能,故未进行耐热改性的不饱和聚酯树脂无法满足高温使用要求。通常,提高不饱和聚酯树脂耐热性的方法包括:增加不饱和聚酯树脂低聚物主链的刚性或引入化学键能大的结构如 Si—O 键等;交联剂中采用多官能团交联剂部分或全部替代苯乙烯;将第二相聚合物与不饱和聚酯树脂形成互穿聚合物网络结构;等等。

张建华等用有机硅改性不饱和聚酯树脂,将配方量的原料投入四口烧瓶中,在给定的工艺条件下进行缩合反应,制成有机硅改性不饱和聚酯树脂。研究结果表明,改性后的不饱和聚酯树脂耐热性良好,表观分解温度达到320℃,高低温电气性能优良。彭永利等用 N-苯马来酰亚胺(NPMI)改性不饱和聚酯树脂,将定量 NPMI 加入不饱和聚酯树脂中,再加入固化剂、促进剂,浇注标准试样。结果表明,NPMI 的引入可以有效提高不饱和聚酯树脂的耐热性,当 NPMI 用量在 1%~9% 时,不饱和聚酯树脂固化物的热变形温度可提高 4.5℃。张复盛以双马来酰亚胺(BMI)为共聚单体对不饱和聚酯树脂进行共聚改性,由于 BMI 具有耐高温的特性,且能与苯乙烯生成交替共聚物,因此可有效提高共聚体系的热稳定性。李英等研究了 4,4-二苯甲烷型双马来酰亚胺(BMD)作为共聚单体与不饱和聚酯树脂进行共聚改性,实验表明 BMD 具有耐高温的特性,可明显改善不饱和聚酯树脂的耐热性。刘卫红等用邻苯二甲酸酐、顺丁烯二酸酐、丙二醇、环己醇合成了环己醇封端改性的不饱和聚酯树脂,封端改性后树脂浇注体的力学性能与通用型 191# 树脂的力学性能基本相当,但耐热性有所提高,同时树脂浇注体的耐水和耐酸性能均有明显提高。Ferreira 等用一种新型的经铝处理的玻璃纤维改性不饱和聚酯树脂,分析结果表明经铝处理过的玻璃纤维反应得到的不饱和聚酯树脂耐热性比非金属改性玻璃纤维所得的不饱和聚酯树脂提高了 26%,比未经改性处理的不饱和聚酯树脂高 658%。由于其耐热性显著提高,从而进一步拓宽了不饱和聚酯树脂在高温领域中的应用。许胜等以环戊二烯、顺丁烯二酸酐为单体合成了 3,6-内次甲基-1,2,3,6-四氢苯酐二甲酸酐(NA),然后以 NA 代替部分邻苯二甲酸酐与多元醇反应制备了耐高温不饱和聚酯树脂,并利用统计法得到该耐高温不饱和聚酯树脂的耐热温度为 182℃,高于半酯化法改性的双环戊二烯型不饱和聚酯树脂。武维汀等由不饱和聚酯树脂、聚醚多元醇和甲苯二异氰酸酯通过自催化反应制成了具有互穿聚合物网络结构的不饱和聚酯/聚氨酯体系,显著提高了耐热性能。当聚氨酯含量为 5% 时,其热分解温度从未改性不饱和聚酯的 338.6℃ 提高至 344.3℃。

2.7.5 耐介质改性

不饱和聚酯树脂的使用环境多种多样,有时会在强腐蚀或溶剂的条件下使用,这就会使不饱和聚酯树脂配方体系中的填料渗出或结构产生变化,发生降解或交联等现象,从而失去其优良特性。因而,需要对不饱和聚酯树脂进行耐介质改性以满足特殊使用环境,尤其是强腐蚀环境下的使用要求。目前,耐腐蚀不饱和聚酯树脂的品种主要有双酚 A 型不饱和聚酯树脂和间苯型不饱和聚酯树脂,其中双酚 A 型不饱和聚酯树脂能耐一定浓度的酸和碱,但价格相对较高;间苯型不饱和聚酯树脂耐腐蚀性能较双酚 A 型不饱和聚酯树脂略差,可耐一定浓度的酸和弱碱,价格也相对较双酚 A 型不饱和聚酯树脂低。邻苯型不饱和聚酯树脂,即通用型不饱和聚酯树脂,大多数达不到耐腐蚀性的要求。不饱和聚酯树脂耐介质性能主要受到不饱和聚酯树脂低聚物分子结构的影响。因此,对不饱和聚酯树脂的耐介质改性主要从不饱和聚酯树脂低聚物化学结构改性出发。

闻荻江等以(甲基)丙烯酸六氟丁酯为原料改性不饱和聚酯树脂,在通用型 196# 不饱和聚酯树脂中加入一定质量分数的(甲基)丙烯酸含氟酯、引发剂、促进剂,制样。通过力学性能和耐腐蚀性测试表明:改性后的不饱和聚酯树脂的耐碱性能得到较大程度地提高;(甲基)丙烯酸含氟酯共交联改性对不饱和聚酯树脂的耐酸性影响不大,但耐甲苯性能却略有下降。近年来研制的对苯型不饱和聚酯树脂,其耐腐蚀性介于间苯型不饱和聚酯树脂和双酚 A 型不饱和聚酯树脂之间,在大多数酸性介质的条件下,可替代价格较为昂贵的双酚 A 型不饱和聚酯树脂使用。马俊林等用不饱和聚酯树脂下脚料(PET)、丙二醇、新戊二醇、顺丁烯二酸酐、苯乙烯以及催化剂、阻聚剂、引发剂等为原料,合成了一种对苯型不饱和聚酯树脂。研究结果表明,该树脂玻璃钢具有优良的耐腐蚀性,其力学性能和电性能明显优于通用型不饱和聚酯树脂。

也可以通过封锁的方法提高不饱和聚酯树脂低聚物端羟基或羧基的稳定性。郭俊宝等研究了用环氧树脂做扩链剂,利用环氧基与不饱和聚酯树脂结构中的羟基和羧基的反应原理,使对苯型不饱和聚酯树脂的分子扩链,合成了 A-B-A 型结构的嵌段共聚物,提高了对苯型不饱和聚酯树脂的耐碱性能,改善了树脂固化后的表面粗糙度。改性后的对苯型不饱和聚酯树脂提高了耐腐蚀性,尤其是耐碱腐蚀性可与 3301 双酚 A 型不饱和聚酯树脂相媲美。研究结果还发现,环氧树脂改性的对苯型不饱和聚酯树脂耐碱腐蚀性随着端羧基的减少而提高,这是因为不饱和聚酯树脂中的端羧基不耐碱腐蚀。刘卫红等用邻苯二甲酸酐、苯甲酸、苯二酸酐、顺丁烯二酸酐、丙二醇和苯乙烯为原料,通过苯甲酸封端改性不饱和聚酯树脂。测试结果表明,随着苯甲酸封端的间苯型不饱和聚酯树脂中苯乙烯的含量增加,耐水性提高,但放热峰也会随之提高,综合考虑苯乙烯的含量应控制在 35%～40%之间较为合适。苯甲酸封端的间苯型不饱和聚酯树脂由于极性的端羟基得到了保护,其浇注体的耐酸、耐碱性腐蚀能力均有所提高。林宗基等制成了具有耐溶剂性能的双环戊二烯型不饱和聚酯树脂。这是通过双环戊二烯对不饱和聚酯树脂端羧基的封闭作用实现的。尹彦兴等也制成了双环戊二烯型不饱和聚酯树脂。研究结果发现,双环戊二烯型不饱和聚酯树脂不仅耐介质性能好于一般邻苯型和间苯型不饱和聚酯树脂,而且其耐热性能和固化线性收缩率也优于通用型、双酚 A 型和间苯型不饱和聚酯树脂。

无机填料也可以提高不饱和聚酯树脂的耐介质性能。张云怀等用经铝酸酯和乙烯基三乙氧基硅烷偶联剂活化后的粉煤灰微珠填充改性不饱和聚酯树脂玻璃钢,提高了玻璃钢的耐介质性能,改善了加工性能。

参 考 文 献

[1] 李玲. 不饱和聚酯树脂及其应用[M]. 北京:化学工业出版社,2012.

[2] 沈开猷. 不饱和聚酯树脂及其应用[M]. 北京:化学工业出版社,2005.

[3] 杨波,苏建伟. 不饱和聚酯树脂合成工艺及成型工艺进展[J]. 辽宁化工,2017,46(6):623－625.

[4] 赵洪凯,王洪杰,赵广宇. 丙烯酸改性不饱和聚酯树脂的研究[J]. 广州化工,2012,40(3):63－66.

[5] 许长清. 合成树脂及塑料手册[M]. 北京:化学工业出版社,1993.

[6] 周菊兴. 不饱和聚酯封端反应[J]. 热固性树脂,2008,23(增刊):18－21.

[7] 李相权. 烯丙基醚改性不饱和聚酯树脂合成工艺及性能研究[J]. 涂料技术与文摘,2010(10):11－13.

[8] 魏凡书,谷东杰. 1629 不饱和聚酯树脂的合成及性能研究[J]. 山东化工,2017,46(7):68-70.

[9] 梅启林,胡卫斌,黄志雄.乙烯基酯树脂的合成与性能研究[J].国外建材科技,2002,23(4):15-16.

[10] 李扬俊,单志.聚氨酯型不饱和聚酯树脂的合成及其性能的研究[J].塑料工业,2012,40(1):13-16.

[11] 刘世香,王晓轩,张颖,等.封端不饱和聚酯树脂的合成及性能研究[J].工程塑料应用,2009,37(2):20-23.

[12] 汪上上,李小红,孙蓉.一元羧酸封端不饱和聚酯树脂的合成研究[J].郑州工业高等专科学校学报,1999,15(1):10-12.

[13] 张俭.松香系列不饱和聚酯树脂的合成研究[J].热同性树脂,1995(1):20-25.

[14] 于传吴,朱成实,刘涛.松香改性不饱和聚酯树脂的合成研究[J].辽宁化工,1999(2):115-116.

[15] 刘卫红,赵林,周兰芳.苯甲酸封端间苯型不饱和聚酯树脂的合成及性能研究[J].玻璃钢/复合材料.2007(1):39-41.

[16] 于同福,肖淑红.封端法制备双环戊二烯型不饱和聚酯树脂[J].热固性树脂,2003,18(2):23-25.

[17] 刘卫红,赵林,周兰芳.环己醇封端不饱和聚酯树脂的合成及性能研究[J].精细石油化工进展.2007,8(5):49-51.

[18] 张伟民,汪辉亮,周菊兴.无色透明不饱和聚酯树脂的研究[J].工程塑料应用,1999,27(7):8-10.

[19] 崔竞方,谭卫红,刘承果,等.桐油改性双环戊二烯不饱和树脂的合成及其性能研究[J].涂料工业,2012,42(4):51-55.

[20] 郭晓兰,丁燕.双环戊二烯改性不饱和聚酯树脂的影响因素[J].广州化工,2014,42(23):99-102.

[21] 许胜,陈建,何阳,等.耐高温不饱和聚酯树脂的制备与固化[J].石油化工,2013,42(7):802-806.

[22] 张建华,姜其斌,林金火.有机硅改性不饱和聚酯树脂的制备及应用研究[J].绝缘材料,2007,40(1):13-15.

[23] 彭永利,刘莉,黄志雄. N-苯马来酰亚胺改性不饱和聚酯树脂[J]. 热固性树脂,2007,22(3):10-12.

[24] 张复盛,庄严,吕智. 不饱和聚酯树脂与双马来酰亚胺的共聚改性研究[J]. 高分子材料科学与工程,2000,16(3):4-7.

[25] 郭谊,郭世卓,蔡也夫,等. 双环戊二烯型耐热不饱和聚酯树脂的研究[J]. 热固性树脂,2002,17(6):9-11.

[26] 马广超. 反应型膦系阻燃 SMC 不饱和聚酯树脂的合成及性能研究[J]. 山东化工,2016(13):39-40.

[27] 刘卫红,赵林,周兰芳,等. 改性间苯型不饱和聚酯树脂的合成及耐腐蚀研究[J]. 精细石油化工,2005(5):23-26.

[28] 肖淑红,王绪江. 低温催化法合成双环戊二烯改性不饱和聚酯树脂[J]. 热固性树脂,2004,19(6):8-11.

[29] 张炳烛,吴命君. 2 步法合成双环戊二烯型不饱和聚酯树脂[J]. 热固性树脂,2005,20(6):5-10.

[30] 鲁钢,吴健,伏传龙,等. 环己二甲酸/间苯型不饱和聚酯的合成及性能[J]. 热固性树脂,2007,22(6):19-21.

[31] 施立钦,张永春,李来福. 双环戊二烯改性不饱和聚酯树脂的制备及性能研究[J]. 工程塑料应用,2013,41(12):83-86.

[32] 韩晓辉,叶芳胜. DCPD 改性 UPR 的合成新工艺及性能研究[J]. 塑料工业,2007,35(11):15-18.

[33] 薄高清,吕爱峰,孙雪峰,等. 由工业级双环戊二烯制备浅色不饱和聚酯树脂[J]. 上海涂料,2013,51(3):22-24.

[34] 张伟民,王平,耿会英,等. 双环戊二烯改性不饱和聚酯热固剂的研究[J]. 热固性树脂,2003,18(4):4-6.

[35] 王庆. 不饱和聚酯树脂固化和增稠特性的研究[D]. 南京:南京工业大学,2007.

[36] 李爱元,张慧波,张永春,等. DCPD/苯乙烯共聚树脂的热分析研究[J]. 中国胶粘剂,2010,19(8):10-13.

[37] 张春琪,顾健峰,周林江,等. 快干型改性不饱和聚酯树脂的制备和性能研究[J]. 绝缘料,2013(3):41-44.

[38] 尹若祥. 高性能不饱和聚酯树脂的合成研究[D]. 淮南：安徽理工大学,2005.

[39] 杨群,梁国正. 聚醚二元醇不饱和聚酯树脂及其柔性固化体系[J]. 热固性树脂,2007,22(1):9-12.

[40] 何应,程珍贤,李陵岚,等. 高粘度不饱和聚酯树脂的合成研究[J]. 胶体与聚合物,2009(1):49-51.

[41] 陈剑楠,李玲. 低收缩型不饱和聚酯树脂的研究进展[J]. 热固性树脂,2006,21(3):35-37.

[42] 葛曷一,柳华实,张国辉. 不饱和聚酯/聚氨酯弹性体共聚改性的研究[J]. 塑料工业,2004,32(3):40-43.

[43] 曾黎明. 低固化收缩率不饱和聚酯树脂的合成与性能研究[J]. 纤维复合材料,2000(3):3-4.

[44] 化百南,张儒佺. EB84 低收缩不饱和树脂的性能及应用[J]. 四川化工与腐蚀控制,2003,6(5):52-54.

[45] 沈伟,王天堂,陆士平. 超低收缩乙烯基酯树脂的应用[J]. 玻璃钢/复合材料,2003(4):51-53.

[46] 孙友梅,许增彬,王庆斌,等. 高反应性二甲苯不饱和聚酯树脂的合成[J]. 热固性树脂,2000,17(2):22-24.

[47] 曹鑫,金诚,孙全收. 柔韧性不饱和聚酯树脂的研制[J]. 纤维复合材料,2011,34(3):34-39.

[48] 韩秀萍,蒋欣,李玉录,等. 不饱和聚酯树脂的合成研究进展[J]. 广东化工,2004(9):26-29.

[49] 杨波,苏建伟. 不饱和聚酯树脂合成工艺及成型工艺进展[J]. 辽宁化工,2017,46(6):623-625.

[50] 凌绳. 不饱和聚酯树脂及其成型工艺[J]. 热固性树脂,1996(1):49-52.

[51] 曾黎明,李永强. 反应型阻燃不饱和聚酯树脂的合成工艺与性能研究[J]. 玻璃钢/复合材料,2000(4):29-46.

[52] 陈唯,顾宇昕,许振阳,等. 热固性粉末涂料用端双键聚酯树脂的合成[J]. 涂料工业,2014,44(10):19-25.

[53] 朱江林,万石官,王永刚,等. 涂料用双环戊二烯型不饱和聚酯树脂的合成及应用[J]. 涂料工业,2008,38(10):52-55.

[54] 鲁钢,吴健,伏传龙,等. 环己二甲酸/间苯型不饱合聚酯的合成及性能[J]. 热固性树脂,2007,22(6):19-21.

[55] 李相权. 紫外光固化不饱和聚酯树脂的合成研究[J]. 上海涂料,2013,51(3):6-8.

[56] 郭妍婷,尹垚骐,黄雪,等. 基于二聚脂肪酸改性苯乙烯聚酯树脂的合成及性能[J]. 化工学报,2017,68(S1):266-275.

[57] 钟荆祥,胡中源,郭越超. 不饱和聚酯改性丙烯酸树脂及其涂料的研制[J]. 上海涂料,2014,52(3):6-8.

[58] 王建国,罗艳萍,陶春元,等. 封端不饱和聚酯树脂的制备与表征[J]. 广州化工,2011,39(5):99-108.

[59] 胡孙林,李艳莉,伍钦,等. 低苯乙烯散发不饱和聚酯树脂研究[J]. 试验与研究,2002(4):152-156.

[60] 李相权. 聚氨酯改性不饱和聚酯树脂的制备[J]. 中国涂料,2013,28(1):51-53.

[61] 杨凯,朱海斌,胡剑青,等. 双环戊二烯改性不饱和聚酯树脂的研究[J]. 现代涂料与涂装,2007,10(1):4-7.

[62] 付向阳,王树銮,张玉玲,等. 对苯型不饱和聚酯树脂的合成[J]. 河南化工,2003(10):20-21.

[63] 李淑荣,高俊刚,孔德娟. MAP-POSS改性不饱和聚酯树脂的固化反应[J]. 合成树脂及塑料,2008,25(4):27-30.

[64] 尹若祥,铁鑫,陈明强. 双环戊二烯改性不饱和聚酯树脂研究进展[J]. 热固性树脂,2004,19(4):29-35.

[65] 王年谷,廖学贤. 国内外不饱和聚酯树脂的现状及进展[J]. 热固性树脂,1996(2):52-58.

[66] 赵之山. 半缩聚法合成双环戊二烯型不饱和聚酯树脂的工艺研究[J]. 复合材料学报,1997(2):6-11.

[67] 张伟民,董炳祥. 双环戊二烯对苯型不饱和聚酯树脂的研制[J]. 中国塑料,2001(4):22-24.

[68] 朱培玉,舒新华. 双环戊二烯改性不饱和聚酯树脂的合成研究[J]. 上海化工,1999(3/4):19-23.

[69] 郭俊宝,徐广辉,马俊林. 对苯型不饱和聚酯树脂和环氧树脂嵌段共聚物的研究[J]. 辽宁化工,2008,37(3):150-151.

[70] 李扬俊,单志,邵会菊. 聚氨酯型不饱和聚酯树脂的合成及其性能的研究[J]. 塑料工业,2012,40(1):13-16.

[71] 张臣,刘述梅,黄君仪,等. 反应型含磷阻燃不饱和聚酯的合成及固化[J]. 石油化工,2009,38(5):515-520.

[72] 鲁博,张林文,潘则林,等. 聚氨酯改性不饱和聚酯的微观结构与性能[J]. 化工学报,2006,57(12):3005-3009.

[73] 杨波,苏建伟. 不饱和聚酯树脂合成工艺及成型工艺进展[J]. 辽宁化工,2017,46(6):623-625.

[74] 尹若祥,铁鑫,陈明强. 双环戊二烯改性不饱和聚酯树脂研究进展[J]. 热固性树脂,2004,19(4):29-35.

[75] 杨士山,王吉贵,李东林,等. 碳氮杂环基乙烯基树脂的合成与表征[J]. 火炸药学报,2004,27(4):59-62.

[76] 杨士山. 改性不饱和聚酯包覆层的合成与配方研究[D]. 西安:西安近代化学研究所,2003.

[77] 赵洪凯,王洪杰,赵广宇. 丙烯酸酯改性不饱和聚酯的研究[J]. 广州化工,2012,40(3):63-66.

[78] 董晓娜,陈衍华,季清荣,等. 耐高温有机硅改性不饱和聚酯树脂的制备及性能研究[J]. 化工新型材料,2014,42(11):88-90.

[79] 黄发荣,焦扬声,郑安呐. 塑料工业手册-不饱和聚酯树脂[M]. 北京:化学工业出版社,2001.

[80] 张建华,林金火,姜其斌. 有机硅改性不饱和聚酯的制备与应用研究[J]. 绝缘材料,2007,40(1):11-13.

[81] 李毅,唐安斌,黄杰,等. 磷腈改性不饱和聚酯树脂的阻燃及耐热性能研究[J]. 绝缘材料,2014,47(4):33-36.

[82] 王建国,罗艳萍,陶春元,等. 封端不饱和聚酯树脂的制备与表征[J]. 广州化工,2011,39(5):99-108.

[83] 曹鑫,金诚,孙全收. 柔韧性不饱和聚酯树脂的研制[J]. 纤维复合材料,2011,3(34):34-39.

[84] 齐双春. 邻苯二甲酸型不饱和聚酯树脂与双环戊二烯型不饱和聚酯树脂性能比较研究[J]. 衡水学院学报,2012,14(4):37-38.

[85] 唐君,徐国财,沈娜. 松香改性对苯型不饱和聚酯树脂的合成及性能[J]. 热固性树脂,2009,24(4):18-20.

[86] 齐双春,邢广恩. 松香酸改性对苯型不饱和聚酯树脂的研制[J]. 中国塑料,2005,19(9):61-63.

[87] 聂永倩,姜也一雪,张金枝,等. 阻燃不饱和聚酯树脂的制备与性能研究[J]. 胶体与聚合物,2017,35(3):99-101.

[88] 洪城明,王晓钧,季高峰,等. 己二酸对不饱和聚酯树脂收缩和弯曲性能的影响[J]. 热固性树脂,2015,30(5):24-28.

[89] 段华军,张联盟,王均,等. 低粘度、高强度 UPR 的合成与性能研究[J]. 武汉理工大学学报,2009,31(1):22-25.

[90] 聂亚楠,谷坤鹏,王成启. 改性环氧乙烯基酯结构粘接剂的性能研究[J]. 化学与粘合,2015,37(6):393-396.

[91] 金诚,王二平,朱艳红,等. 新型高冲击韧性环氧乙烯基酯树脂的合成和表征[J]. 应用化学,2015,32(8):916-921.

[92] 王森,刘继向,马越. 双酚 A 扩链法合成高分子质量乙烯基酯树脂[J]. 热固性树脂,2016,31(6):32-36.

[93] 龚兵,李玲. 不饱和聚酯树脂改性研究进展[J]. 绝缘材料,2006,39(4):25-28.

[94] 练园园,冯光炷,廖列文. 不饱和聚酯树脂改性研究进展[J]. 广东化工,2009,10:78-80.

[95] 周文英,齐暑华,寇静利,等. 不饱和聚酯树脂增韧研究进展[J]. 热固性树脂,2005;20(1):37-42.

[96] 杨士山,张伟,王吉贵. 聚氨酯增韧不饱和聚酯包覆层的研究[J]. 现代化工,2011,31(4):59-61.

[97] 杨士山. 改性不饱和聚酯包覆层的合成与配方研究[D]. 西安:西安近代化学研究所,2003.

[98] ABBATE M, MARTUSCELLI E, MUSTO P. Novel reactive liquid rubber with maleimide end groups for the toughening of unsaturated polyester resins[J]. J Appl Polym Sci, 1996, 62(12):2107 - 2119.

[99] MILLER N A, STIRLING C D. Effects of ATBN rubber additions on the fracture toughness of unsaturated polyester resin. Polymers and Polymer Composites, 2001, 9(1):31 - 36.

[100] 葛曷一, 王继辉. 活性端基聚氨酯橡胶改性 UP 树脂的研究[J]. 玻璃钢/复合材料, 2004, 121 - 24.

[101] 葛曷一, 柳华实, 张国辉. 不饱和聚酯/聚氨酯弹性体共聚改性的研究[J]. 塑料工业, 2004, 32(3):40 - 43.

[102] 林茂青, 张玉军. 聚氨酯橡胶改性 UP 的研究[J]. 哈尔滨理工大学学报, 2002, 7(3):55 - 58.

[103] M L Aual, P M Frontini. Liquid rubber modified vinylester resins:fracture and mechanical behavior[J]. Polymer, 2001, 42:3723 - 3730.

[104] 曾庆乐, 庞永新, 贾德民. 活性端基液体橡胶增韧 UP 的研究[J]. 高分子材料科学与工程, 1998, 15(1):1 - 6.

[105] SUBBRAMANIAM R, MCGARRY F J. Toughened polyster networks[J]. J Adv Maters, 1996, 27(2):26 - 35.

[106] RAQUOSTA G, BOMBACE M, MUSTO P. Novel compatibilizer for the toughening of unsaturated polyester resins[J]. J Mater Sci, 1999, 34(5):1037 - 1044.

[107] ABBATE M, MARTUSCELLI E, MUSTO P. Maleated polyisobutylene:a novel toughener for unsaturated polyester resins[J]. J Appl Polym Sci, 1995, 58(10):1825 - 1837.

[108] PANDIT S B, NADKARNI V M. Toughening of unsaturated polyesters of reactive liquid polymers[J]. Industrail & Engineering Chemistry Research, 1993, 32(12):3089 - 3099.

[109] PANDIT S B, NADKARNI V M. Toughening of unsaturated polyesters by reactive liquid polymers. 2. Processibility and mechanical properties [J]. Industrail & Engineering Chemsitry Research,

1994, 33(11):2778－2788.

[110] 周艳,郑小玫,贾德民. UP改性研究进展[J]. 绝缘材料,2003(4):41－43.

[111] 朱立新,黄凤来. 高交联度UP增韧改性的固化特征及动力学分析[J]. 复合材料学报,2003, 20(3):22－26.

[112] 朱立新,黄凤来. 用活性端基聚乙二醇对高交联度不饱和聚酯树脂的增韧改性研究[J]. 绝缘材料,2003(4):3－7.

[113] 杨睿,潘安徽,赵世琦. 不饱和聚酯树脂的原位同时增韧和降收缩研究[J]. 高分子材料科学与工程,2003,19(4):140－143.

[114] SINQH R P, ZHANG M, CHAN D. Toughening of a brittle thermosetting polymer: Effects of reinforcement particle size and volume fraction [J]. Journal of Materials Science, 2002, 37(4):781－788.

[115] 葛曷一,王继辉. 纳米材料改性UP树脂的研究[J]. 玻璃钢/复合材料,1993(3):13－15.

[116] 谢怀勤,杜刚,陈修林. 偏硅酸盐填料对UP浇注体及FRP性能影响研究[J]. 玻璃钢/复合材料,1999(3):15－18.

[117] EVORA V M F, SHUKLA A. Fabrication, characterization, and dynamic behavior of polyester/TiO_2 nanocomposites[J]. Materials Science and Engineering A, 2003, 25(1/2):358－366.

[118] 徐颖,李明利. 纳米TiO_2同时增强增韧UP树脂(TiO_2/UP)的研究[J]. 稀有金属材料与工程,2002,3(5):341－344.

[119] 徐群华,孟卫. 纳米TiO_2增强增韧UP树脂的研究[J]. 高分子材料科学与工程,2001,17(2):158－160.

[120] 袁金凤,王立新,裘瑞. UP/粘土纳米复合材料的制备与表征[J]. 河北工业大学学报,2000,29(2):61－68.

[121] ZHANG M, S RAMAN P. Mechanical Reinforcement of Unsaturated Polyester by Al_2O_3 Nanoparticles [J]. Materials Letters, 2004, 58:408－412.

[122] KIM D S, CHO K, AN J H, et al. Toughening mechanisms of

modified unsaturated polyester with novel liquid polyurethane rubber[J]. Mater Sci, 1994, 29(7):1854－1866.

[123] LEE S S, KIM S C. Analysis of unsaturated polyester － polyurethane interpenetrating polyer networks[J]. Polym Eng Sci, 1993, 33:598.

[124] Tang D Y, QIAO Y J. Preparation, morphology and mechanical properties of acrylate－modified polyurethane/unsaturated polyester resin graft－IPNs[J]. J Harbin Institute of Technology, 2003, 10(1):7－10.

[125] 台会文,武维. UP 聚氨酯互穿网络聚合物力学性能及形态结构的研究[J]. 河北工业大学学报,1997,26(3):39－43.

[126] 台会文,张文林. UP/聚氨酯互穿网络聚合物基复合材料的研究[J]. 河北工业大学学报,1998,27(1):7－13.

[127] STATE Z G, BROWNE R M, STRETZ H A. Epoxy － toughened unsaturated polyester interpenetrating networks[J]. Journal of Applied Polymer Science, 2002, 84(12):2283－2286.

[128] LIN M S, LIU C C, LEE C T. Toughened interpenetrating polymer network materials based on unsaturated polyesterrand epoxy[J]. J Appl Polym Sci, 1999, 72(4):585－592.

[129] 张鹏飞,陆波,李梅. UP 树脂的增韧[J]. 辽宁化工,2001,30(6):241－242.

[130] 方敏,郭文迅,孙翔月. 改性不饱和聚酯酰胺脲紫外光固化涂料的性能研究[J]. 化工新型材料,2009,37(6):69－99.

[131] LAU Y, MAC P. Making high performance unsaturated polyester resins with 2－methyl－1,3－propanediol[J]. International Sample Symposium and Exhibition, Long Beach, 2002:1231－1237.

[132] Elena Serrano, Pierre Gerard, Frederic Lortie. Nanost ructuration of Unsaturated Polyester by Allacrylic Block Copolymers, 1－Use of High－molecular－weight Block Copolymers[J]. Macromol Mater Eng, 2008, 293:820－827.

[133] 曾黎明. 低固化收缩率不饱和聚酯树脂的合成与性能研究[J]. 纤维复合材料,2000(3):3-4.

[134] 孙志杰,薛忠民. LPA 对 UPR 收缩率和力学性能的影响[J]. 北京航空航天大学学报,2005,31(10):1096-1100.

[135] 段华军,王均,杨小利. 低收缩添加剂的研究[J]. 玻璃钢/复合材料,2005,1:10-12.

[136] 夏天祥,方玉. 低温固化 PVAc/UPR 体系低收缩控制研究进展[J]. 玻璃钢/复合材料,1999(6):49-51.

[137] 曾黎明. 固化收缩率不饱和聚酯树脂的合成与性能研究[J]. 纤维复合材料,2000,3:3-4.

[138] 化百南,张儒佺. EB84 低收缩不饱和聚酯树脂的性能及应用[J]. 纤维复合材料,2000(3):3-4.

[139] 李富生,胡星琪,段明. 阻燃高分子材料及其阻燃剂研究进展[J]. 工程塑料应用,2002,30(9):56-59.

[140] 王兴华,蔡金刚,顾大明. 不饱和聚酯树脂的阻燃改性研究[J]. 纤维复合材料,2002,19(3):29-31.

[141] FERNANDES J R, FERNANDES V J, FONSECA N S, et al. Kinetic evaluation of decabromodiphenyl oxide as a flame retardant for unsaturated polyester [J]. Thermochimica Acta, 2002, 388 (1/2):293.

[142] 李响,钱立军,孙凌刚,等. 阻燃剂的发展及其在阻燃塑料中的应用[J]. 塑料,2003,32(2):79-82.

[143] 周政懋. 我国阻燃技术发展新动向[J]. 阻燃材料与技术,2002(5):1-3.

[144] 刘治国,丁涛,贾修伟,等. 含磷-溴-氮阻燃剂的合成及应用研究[J]. 现代化工,2001,21(12):38-40.

[145] 刘治国,丁涛,贾修伟,等. 含溴芳基磷酸三聚氰胺盐的合成及应用[J]. 河南大学学报(自然科学版),2002,32(1):33-35.

[146] 于同福,梁凤霞,李凤和. 透光阻燃性不饱和聚酯树脂 TZ-2[J]. 热固性树脂,2001,16(4):16-18.

[147] 徐冬静. 添加型透光阻燃不饱和聚酯树脂的研究[J]. 玻璃钢/复合材料,2000(2):23－25.

[148] 李慧玲. 含 N、P、Cl 反应型阻燃剂的合成与应用[J]. 胶体与聚合物,2000,18(4):39－42.

[149] 李学峰,邱华,陈绪煌. 不饱和聚酯塑料阻燃体系的优化[J]. 塑料科技,1999(6):28－30.

[150] 曹凤坤,葛世成. 微胶囊化红磷阻燃剂的制备和应用研究[J]. 河北工业大学学报,1995,24(4):96－97.

[151] Reichhold Chemicals Inc. FR unsaturated polyesters are now "clear"[J]. Plastics Technology, 1995, 41(12):14－16.

[152] 张建华,姜其斌,林金火. 有机硅改性不饱和聚酯树脂的制备及应用研究[J]. 绝缘材料,2007,40(1):11－13.

[153] 彭永利,刘莉,黄志雄. N-苯马来酰亚胺改性不饱和聚酯树脂[J]. 热固性树脂,2007,22(3):4－6.

[154] 张复盛,庄严,吕智. 不饱和聚酯树脂与双马来酰亚胺的共聚改性研究[J]. 高分子材料科学与工程,2000,16(3):4－7.

[155] 李英,冯磊,姬荣琴,等. 马来酰亚胺/不饱和聚酯树脂的共聚改性研究[J]. 中国塑料,2004,18(7):64－66.

[156] 刘卫红,赵林,周兰芳. 环己醇封端不饱和聚酯树脂的合成及性能研究[J]. 精细石油化工进展,2007:49－51.

[157] Ferreira J M, Errajhi O A Z, Richardson M O W. Thermogravimetric analysis of luminized E－glass fibre reinforced unsaturated polyester composites[J]. Polymer Testing, 2006(25):1091－1094.

[158] 许胜,陈建,何阳等. 耐高温不饱和聚酯树脂的制备与固化[J]. 石油化工,2013,42(7):802－806.

[159] 武维汀,台会文,张留成. UPR/聚氨酯互穿网络聚合物的热分析[J]. 河北工业大学学报,1996,25(4):15－20.

[160] 闻荻江,杨杰. 丙烯酸含氟酯改性不饱和聚酯树脂的研究[J]. 新型建筑材料,2008:35－36.

[161] 郭俊宝,徐广辉,马俊林. 对苯型不饱和聚酯树脂和环氧树脂嵌段共

聚物的研究[J]. 辽宁化工,2008,37(3):150-151.

[162] 刘卫红,赵林,周兰芳. 苯甲酸封端间苯型不饱和聚酯树脂的合成及性能研究[J]. 玻璃钢/复合材料,2007(1):39-41.

[163] 林宗基. 结构加成水解法合成二聚环戊二烯改性 UPR[J]. 福州大学学报(自然科学版),2000,28(4):99-102.

[164] 尹彦兴. 双环戊二烯在 UPR 中的应用研究[J]. 热固性树脂,2000,15(2):27-29.

[165] 张云怀,张丙杯. 粉煤灰微珠在 UPR 中的应用研究[J]. 粉煤灰综合利用,2000(3):29-30.

第 3 章

不饱和聚酯树脂包覆层的配方设计准则

本章在分析不饱和聚酯树脂分子结构与性能的构效关系的基础上,结合改性双基推进剂组分及配方特性以及通用的包覆层及过渡层配方设计流程,提出了不饱和聚酯树脂包覆层及过渡层的配方设计准则。

|3.1 概　　述|

改性双基推进剂具有较高的燃烧温度,用于改性双基推进剂的包覆层体系应具有更高的粘接强度、更好的耐烧蚀性能和更加优良的综合力学性能。因此,在改性双基推进剂装药包覆设计和实施过程中,应根据改性双基推进剂成分特性及性能要求选择与之相适应的包覆层材料及包覆工艺。从不饱和聚酯树脂分子结构与性能的构效关系,并结合改性双基推进剂组分及配方特性,不饱和聚酯树脂与改性双基推进剂包覆层的技术要求具有良好的匹配性,主要涉及包覆层与推进剂药柱的粘接性、抗剪切性、工艺性能、耐烧蚀性、与推进剂组分的相容性、抗迁移性等。本章将遵循包覆层配方和性能最优化设计原则,开展不饱和聚酯树脂包覆层的配方与力学性能研究。

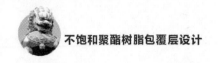

|3.2　不饱和聚酯树脂包覆层及过渡层配方设计准则|

　　包覆层和过渡层由多种组分构成,所谓配方设计就是根据推进剂成分及性能要求,并结合装药整体设计要求,选择组成包覆层和过渡层的成分及配比,设计出的包覆层及过渡层应满足力学性能、耐烧蚀性能、粘接性能、相容性、抗迁移性以及抗老化性能等;所设计出的包覆层和过渡层配方应易于加工成型,且满足质量稳定性要求;所选用的配方组分物化性能稳定,成本低且来源丰富。

3.2.1　包覆层及过渡层配方设计流程

　　通常,包覆层的设计都是凭经验,缺乏一般准则和确定技术,而且还往往受到时间的限制,达不到理想的目的。美国航空战略推进公司接受了美国空军火箭推进研究所的委托,通过研究制定了一种由推进剂的包覆层以及发动机加工、环境和设计条件所决定的关键要求,然后提出满足这些关键要求所采取途径的程序,以便系统和快速地研制出合适的包覆层及其相关工艺条件。该公司提出的包覆层系统的研制流程图如图 3-1 所示。

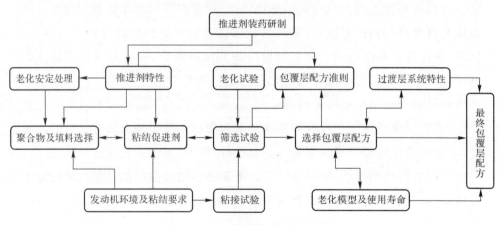

图 3-1　包覆层系统研制流程图

包覆层配方设计指南见表 3.1。

表 3.1 包覆层配方设计指南

	限制条件	采用途径	关键因素
一、推进剂配方的影响	1. 推进剂固化和主链系统	聚合物结构；粘接促进	相容性
	2. 推进剂迁移物		迁移物对粘接、包覆层和推进剂弹道性能的影响
	(1)无潜在迁移物；	(1)结构相容聚合物；氧化稳定聚合物；粘接促进；	
	(2)惰性增塑剂；	(2)结构相容聚合物；高极性或低极性聚合物；粘接促进；迁移物阻挡；	
	(3)含能增塑剂；	(3)结构相容聚合物；低极性聚合物；化学稳定聚合物；粘接促进；迁移物阻挡；	
	(4)燃速催化剂；	(4)结构相容聚合物；氧化稳定聚合物；高极性或低极性聚合物；迁移物阻挡；	
	(5)固化剂	(5)结构相容聚合物；高极性或低极性聚合物；粘接促进；迁移物阻挡	
二、绝热层组分的影响	1.结构对粘接的影响；	聚合物结构；粘接促进	粘接相容性
	2.迁移物		迁移物对粘接、推进剂及包覆层老化寿命的影响
	(1)增塑剂；	(1)结构相容聚合物；高极性或低极性聚合物；粘接促进；迁移物阻挡；	
	(2)软化剂；	(2)结构相容聚合物；高极性聚合物；粘接促进；迁移物阻挡；	
	(3)湿气	(3)结构相容聚合物；粘接促进；湿气阻挡	

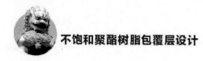

续 表

	限制条件	采用途径	关键因素
三、发动机环境的影响	1.湿度极限 (1)有控； (2)无控； (3)老化寿命极限	(1)聚合物结构,粘接提供； (2)聚合物结构；粘接促进；湿气阻挡； (3)抗氧化剂；结构因素	对推进剂/包覆层/绝热层粘接和装药老化寿命的影响
	2.温度 (1)温度范围很窄； (2)极端低温； (3)极端高温； (4)热循环冲击	(1)结构相容聚合物；粘接促进； (2)结构相容聚合物；低极性聚合物；支化聚合物；不饱和聚合物；粘接促进； (3)热稳定聚合物；结构相容聚合物；氧化稳定聚合物；粘接促进；老化安定处理； (4)热稳定聚合物；结构相容聚合物；氧化稳定聚合物；低极性聚合物；粘接促进；老化安定处理	对粘接完整性的影响
四、设计限制条件	1.高速粘接要求(点火用)；	支化链；官能团或活性区；	
	2.低速粘接要求(贮存用)	支化链；官能团或活性区	对粘接完整性的影响

续 表

	限制条件	采用途径	关键因素
五、工艺限制条件	1.涂抹；	1.改进适用期；粘度改进；触变性；	粘度、触变性、适用期
	2.喷涂；	2.改进适用期；粘度改进；	
	3.静电喷涂；	3.触变性；	
	4.抛射；	4.改进适用期；粘度改进；触变性；	
	5.离心；	5.改进适用期；粘度改进；触变性；	
	6.离心/涂抹；	6.改进适用期；粘度改进；触变性；	
	7.粉末嵌入	7.改进适用期；粘度改进	

根据包覆层配方设计指南和发动机对包覆层的要求,提出了包覆层配方选择的一般逻辑流程,如图 3-2 所示。

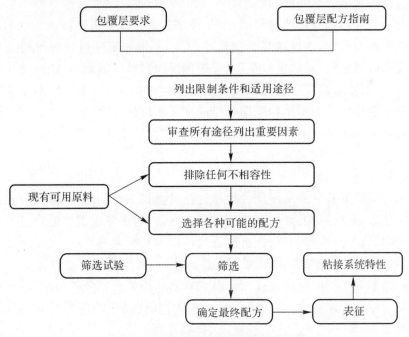

图 3-2　包覆层配方选择的逻辑流程图

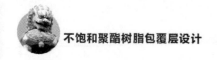

3.2.2 包覆层配方设计准则

1. 力学匹配性准则

包覆层要具有足够的力学强度(拉伸强度、撕裂强度及剪切强度)和延伸率。包覆层的力学强度和延伸率应与改性双基推进剂材料相匹配。包覆后的装药在贮存和使用过程中要承受各种应力,如贮存时因环境温度的变化而产生的热应力,因推进剂自身重量或装药结构而造成的压应力,以及在运输、发动机点火、导弹飞行过程中承受的振动、冲击等过载所产生的应力等。因此,包覆层要有足够的力学强度和延伸率,以防止在各种应力作用下开裂损坏。此外,包覆层的线膨胀系数最好与推进剂接近,以减小由于温度变化而产生的应力。

不饱和聚酯树脂因其分子结构的限制,其固化物存在收缩率大、脆性大、模量低、抗冲击性不足等缺陷,限制了不饱和聚酯树脂的应用范围。因此,在不饱和聚酯树脂包覆层配方设计时,应优先考虑选用韧性不饱和聚酯树脂或采用特定的方法对不饱和聚酯树脂进行增韧改性,以满足不饱和聚酯树脂包覆层与推进剂的力学匹配性要求。

对于壳体粘接型装药包覆层,由于外层金属壳体的线膨胀系数比不饱和聚酯树脂要小得多,在推进剂固化后冷却时,不饱和聚酯树脂包覆层及过渡层所受的应力更大,易造成包覆层/推进剂界面脱粘。因此,对于壳体粘接型包覆层,一般要求包覆层的抗拉强度大于推进剂的强度,而延伸率要远大于推进剂的延伸率。而不饱和聚酯树脂的交联密度较大,导致不饱和聚酯树脂固化物延伸率不足。因此,不饱和聚酯树脂包覆层主要应用于以改性双基推进剂为主的自由装填式装药。

2. 耐烧蚀性准则

包覆层应具有良好的耐烧蚀性能。在发动机工作期间,包覆层应起到稳定可靠的限燃和保护发动机壳体的作用。通常,为了使包覆层燃烧过程中能产生坚固、稳定的炭盔,有效抵抗高温气体以及粒子流的冲刷,可以通过添加纤维、填料来提高包覆层的耐烧蚀性能。此外,对包覆层耐烧蚀性的要求随着装药结构和燃烧时间的长短而异。如端面燃烧装药燃烧时间较长,对包覆层的耐烧蚀性要求较高;对于内孔燃烧装药,装药两端的包覆层应具有较高的耐烧蚀性。

在不饱和聚酯树脂包覆层配方设计时,应选用耐热、耐烧蚀的不饱和聚酯树脂。此外,由于不饱和聚酯树脂粘度适中,可以根据不同推进剂的燃烧特点和发动机工作特性,在不影响胶料可施工粘度的条件下向配方体系中引入更多的纤维和填料来灵活调整包覆层的耐烧蚀性。

3. 相容性准则

包覆层与推进剂作为装药的重要组成部分,二者在长时间贮存、使用过程中会产生持续的相互作用。因此,要求包覆层与推进剂组分的相容性要好。无论包覆层与推进剂药柱之间是否存在过渡层,均要求二者具有良好的化学相容性。所谓化学相容性是指包覆层的组分与推进剂组分之间不发生化学反应,或者虽存在一定的化学反应,但不影响推进剂的结构稳定性和组分的化学安定性。因此,选择包覆层材料时应首先检查它与推进剂的化学相容性。相容性测试通常采用的方法有压力法、差热分析法、真空安定性法等。

对于改性双基推进剂,其配方体系中所含的 NG、NC、RDX/HMX 等均与不饱和聚酯树脂有良好的化学相容性。

4. 抗迁移性准则

在固体火箭发动机装药研制时,推进剂与包覆层之间的组分迁移一直是装药研究工作者十分重视的问题。因为组分迁移是影响装药寿命的重要因素,尤其是改性双基推进剂中含有 NG,而 NG 由于分子极性和电负性等原因,更容易向包覆层迁移,不仅会造成推进剂能量的损失,而且会因含能组分迁移到包覆层中导致包覆层的限燃作用减弱,并破坏包覆层的力学性能。此外,当 NG 迁移量较大时,包覆层与推进剂界面的粘接强度会有所降低,导致包覆层/推进剂界面脱粘甚至出现推进剂燃烧转爆轰现象。

由于不饱和聚酯树脂分子结构和自身极性的限制,其抗 NG 迁移能力相对较差,这也是制约不饱和聚酯树脂包覆层在改性双基推进剂装药领域发展的关键性问题。因此,在不饱和聚酯树脂包覆层配方设计时,应高度重视包覆层与推进剂之间的组分迁移问题,尤其是防止或减少改性双基推进剂中 NG 向包覆层中的迁移。

5. 工艺性准则

包覆层的工艺性能要好,易于加工。为了保证装药包覆层的质量,要求包覆层的加工工艺不应过于复杂,工艺条件要易于控制,以保证工程化应用时的质量稳定性。包覆层组分要求无毒性、无腐蚀性,包覆工艺应尽量实现机械化、自动化。

不饱和聚酯树脂主要用于自由装填式装药包覆。当采用浇注工艺进行包覆层固化成型时,固化温度过高不仅会带来安全性问题,还会增加高温引起的收缩应力较大的问题。不饱和聚酯具有很宽的加工温度,在室温、中高温及高温条件下均可实现固化成型,符合固体推进剂装药工艺对宽环境加工性的要求。此外,随着近年来大口径、大装药量固体火箭发动机技术的不断发展,注射、缠绕、预制包覆等工艺因药柱尺寸的限制,无法满足大尺寸装药的工艺技术要求。而以不饱和聚酯包覆材料为代表的浇注成型工艺受推进剂药柱和发动机尺寸的限制相对较少。

6. 抗老化性准则

包覆材料应具有良好的抗老化性能。老化是有机高分子聚合物普遍存在的问题。在装药服役过程中,由于有机高分子聚合物的降解作用会降低包覆层的力学强度,严重时出现材料的龟裂、变脆、变软、发粘等现象。包覆材料包到药柱上面后,由于存在组分迁移和界面效应等影响,其老化机理比单独包覆材料要复杂得多。影响老化的因素有外界的,如温度、湿度、日光、海水或盐雾侵蚀等,也有包覆材料自身的因素,如包覆层材料的抗酸碱腐蚀性、包覆层材料中微量杂质的影响、包覆层加工工艺以及组分迁移等。

从不饱和聚酯树脂的合成反应机理可知,二元酸和二元醇缩合聚合生成不饱和聚酯树脂低聚物的同时,也生成了大量的酯基。而酯基的水解稳定性较差,在酸性或碱性条件下,酯基能够发生水解反应生成相应的酸或醇。因此,酯基是不饱和聚酯树脂分子结构中易受侵蚀的薄弱环节之一。此外,不饱和聚酯树脂低聚物的端羟基和短羧基在碱性环境中也会发生反应,使得固化物的耐水、耐碱性能变差。因此,在不饱和聚酯树脂包覆层配方设计时,应选择具有良好耐腐蚀性的专用不饱和聚酯树脂作为基体材料。此外,如前所述,应将不饱和聚酯树脂与推进剂之间的 NG 迁移问题纳入抗老化性设计准则内,尽量延长不饱和聚酯树脂包覆层的服役寿命。

3.2.3 过渡层配方设计准则

1. 粘接性准则

从材料粘接的内在化学机理考虑,不饱和聚酯树脂分子结构中含有的端羟基和端羧基能够与改性双基推进剂中的 NC 等功能组分会发生化学反应和静电吸附效应,可赋予不饱和聚酯树脂包覆层与改性双基推进剂之间一定的粘接作用。然而,经过大量的设计和工程应用经验总结,由于改性双基推进剂中含有一定量的无机氧化剂和金属燃料,降低了不饱和聚酯树脂与推进剂的粘接强度。因此,在实际应用过程中,为了保证不饱和聚酯树脂包覆层与改性双基推进剂之间具有优良的粘接强度,应在包覆层和推进剂药柱之间设置起促进粘接的过渡层。

不饱和聚酯树脂包覆层与改性双基推进剂之间的粘接,实质是包覆层中高分子骨架与 NC 的粘接,而推进剂中 NC 的含氮量约为 12% 左右,NC 中仍有一定量的羟基未被硝化,仍为游离羟基。因此,根据结构和性能相近或相同的物质容易粘接的原理,为了强化不饱和聚酯树脂与改性双基推进剂药面间的粘接作用,在过渡层配方设计时应优先选用含有活性羟基的组分,以便于同时与不饱和聚酯树脂中的羟基和改性双基推进剂中 NC 上的游离羟基发生化学反应而产生化学粘接作用。

2. 力学匹配性准则

推进剂/过渡层/包覆层共同构成装药整体。在装药的服役过程中要承受各种应力的作用,要求推进剂、过渡层和包覆层均要具备足够的力学强度和延伸率,以防止在各种应力作用导致的药柱断裂、包覆层撕裂以及药柱和包覆层脱粘。对于药柱和包覆层脱粘问题,主要涉及所设置的过渡层的力学强度以及与推进剂和包覆层的粘接强度。因此,在装药结构与性能设计时,应充分考虑推进剂与包覆层的脱粘问题。

对于不饱和聚酯包覆层和改性双基推进剂体系用过渡层,不仅要将提高推进剂与包覆层粘接性作为过渡层筛选的标准,还应重视过渡层能否具备足够的力学强度以及与推进剂和包覆层的力学匹配性问题,尤其是过渡层的线膨胀系数是否与推进剂和包覆层的线膨胀系数相接近。过渡层涉及的性能指标主要包括推进剂与包覆层的轮剥离强度、剪切强度、线膨胀系数等。因此,在不饱和聚酯树脂包覆层/改性双基推进剂装药体系过渡层设计时,应重点选择具有优良力学性能的粘接剂材料和相适应的固化体系。

3. 抗迁移性准则

增塑剂的迁移问题不仅与推进剂配方和包覆层自身的抗迁移性的有关,还与过渡层的配方组成及抗迁移性有关。基于对增塑剂迁移的机理分析,在多数改性双基推进剂中 NG 有显著的接受电子的反应位置,而一般包覆层中的聚合物也具有一些给出电子的反应位置,这些给出电子的反应位置与 NG 形成"给出—接受"电子的极性反应,正是由于这种极性反应引起的亲和力使硝化甘油向包覆层聚合物迁移。基于这种认识,抑制增塑剂迁移的途径应从两方面来考虑。一是从化学角度出发,选择具有接受电子的反应位置的材料作为包覆层,例如一种不饱和聚酯包覆材料是由丙二醇、顺丁烯二酸酐和苯二甲酸酐缩合聚合而成,该型不饱和聚酯树脂的抗 NG 迁移能力较弱;若在苯二甲酸酐的苯环上引入四个氯原子或四个溴原子,变成四氯或四溴邻苯二甲酸酐用于不饱和聚酯树脂体系中,由于增加了不饱和聚酯分子链中吸电子的基团,材料与 NC 之间的静电吸引力大为减小,可以大大降低 NG 的迁移量。第二种抑制增塑剂迁移的途径就是设置过渡层。过渡层的设置可以同时起到促进粘接和抗增塑剂迁移的作用。通常,过渡层的交联密度越大,其抗 NG 迁移的能力越强。例如,聚乙烯醇缩醛类化合物或是由三异氰酸酯构成的高交联度过渡层能够起到很好的抗 NG 迁移作用。

因此,对于不饱和聚酯树脂包覆层/改性双基推进剂装药包覆体系来讲,过渡层的设计应充分考虑其抗迁移能力。

4. 工艺性准则

在装药设计时,过渡层在满足粘接性、力学性能、抗迁移性等技术要求的同时,还应将过渡层的厚度控制在特定的范围内。要实现过渡层厚度的有效控制,则需要过渡层在涂覆时具有良好的工艺性能,例如粘度、分散均匀性、凝胶反应动力学参数等。经过对多种型号推进剂装药过渡层研究和施工经验的长期总结,对装药质量影响最大的工艺因素是过渡层的粘度和分散均匀性。过渡层粘度大,不仅造成过渡层涂覆困难,而且难以控制过渡层厚度的均匀性和准确性。因此,在实际应用过程中,使用合适的溶剂对过渡层材料预先进行溶解和稀释,然后再涂覆于推进剂药柱表面,不仅能够保证良好工艺性,而且在一定程度上提高了装药包覆质量的稳定性。溶剂的选择应考虑过渡层材料的溶解度参数和溶剂的挥发性,既能满足涂覆工艺性能的要求,又能在施工过程中具有一定的挥发适用期,以便于后期驱胶并消除涂覆过程中造成的工艺气泡。此外,溶剂的选择还应考虑溶剂对装药质量和弹道稳定性的影响。

5. 抗老化性准则

过渡层在整个装药体系中起到加强粘接和抗增塑剂迁移的双重作用。过渡层是以有机高分子聚合物为基体的复杂体系,而大多数有机高分子聚合物普遍存在老化现象。在装药服役过程中,有机高分子聚合物的降解作用会降低过渡层的力学强度和粘接性能,严重时将导致包覆层和推进剂脱粘。因此,在关注推进剂和包覆层抗老化性能的同时,更应深入开展过渡层的抗老化性能和老化机理研究,以便于提高推进剂和包覆层的粘接强度,保证装药质量的稳定性。

从过渡层所起的粘接机制和工况环境角度来分析,影响过渡层老化性能的主要因素包括过渡层粘接剂基体的分子结构、过渡层的配方组成、增塑剂的迁移、过渡层与包覆层和推进剂之间的界面效应等内在因素以及温度、环境、湿度等外在因素。因此,过渡层的老化不同于单独存在时的老化,不仅仅是材料的老化,而且是整个装药或装药发动机结构完整性的问题。所以,在装药整体设计时,需要将过渡层的老化问题与包覆层、推进剂进行整体集成研究,深入分析和掌握过渡层老化对整个装药老化性能的影响。

6. 相容性准则

从装药的整体结构来看,过渡层与推进剂大面积接触,过渡层与推进剂是否相容是过渡层能否应用的前提。由前述关于包覆层配方设计相容性准则可知,包覆层和推进剂之间不仅存在化学相容性,也存在物理相容性。其中,物理相容性主要是指包覆层与推进剂之间的组分迁移问题,包括推进剂中液态组分向包覆层中的迁移和包覆层中液态组分向推进剂中的迁移,这种双向的组分迁移均要经过过渡层。由于组分的迁移不仅会引起推进剂与过渡层、过渡层与包覆层之间粘接强度的变化,而且也会使过渡层的化学结构发生变化,从而影响过渡层的力学性能。此外,过渡层也是由有机高分子聚合物以及多种功能助剂、固化剂组成的复杂体系,其中也含有一定量的小分子组分,这些小分子组分也会反向向推进剂和包覆层迁移,从而造成推进剂和包覆层结构和性能的变化,进而影响装药的质量。

从对装药整体性能的影响方面来讲,包覆层/过渡层/推进剂这三者之间的物理相容性往往比化学相容性带来的问题更加突出。一般推进剂至少可以贮存 15 年,但带包覆层和过渡层的装药往往会由于包覆层以及过渡层的老化失效而缩短装药的服役寿命,而这经常不是过渡层或包覆层中的有机高分子聚合物老化或化学不相容造成的,而是过渡层与推进剂或包覆层的相容性不好所造成的。因此,要求过渡层与推进剂和包覆层均具备良好的物理和化学相容性。

参 考 文 献

[1] 达文纳斯. 固体火箭推进技术[Z].北京:航天工业总公司第三十一研究所,1995.

[2] 张瑞庆. 固体火箭推进剂[M]. 北京:兵器工业出版社,1991.

[3] 杨士山. 改性不饱和聚酯包覆层的合成与配方研究[D]. 西安:西安近代化学研究所,2003.

[4] 杨士山. 粒铸 XLDB 推进剂衬层界面粘接技术及其作用机理研究
[D]. 西安:西安近代化学研究所,2011.

[5] 雷宁,薛春珍,闫大庆. 国外固体推进剂装药工艺安全性技术[J]. 推进
技术,2017,(3):90-94.

[6] 樊学忠. 固体推进剂的发展趋势[C]//战略前沿技术发展兵器科学家
论坛论文集. 南京,2013,315-323.

[7] 詹国柱,楼阳,左海丽,等. HTPB/IPDI 推进剂装药界面弱粘接增强技
术[J]. 固体火箭技术,2017,40(1):60-64.

[8] 张以河,孙维钧,孙隆丞,等. 高分子材料在固体火箭包覆层中的应用
[J]. 工程塑料应用,1994,22(5):37-41.

[9] 詹惠安,郑邯勇,赵文忠,等. 固体推进剂包覆层的研究进展[J]. 舰船
防化,2009,(3):1-5.

[10] 边城,张艳,时艺娟,等. 固体推进剂包覆技术研究进展[J]. 火炸药学
报,2019,42(3):213-222.

[11] 杨士山,张伟,王吉贵. 聚氨酯增韧不饱和聚酯包覆层的研究[J]. 现
代化工,2011,31(4):59-61.

[12] 杨士山,王吉贵,李东林,等. 碳氮杂环基乙烯基树脂的合成与表征
[J]. 火炸药学报,2004,27(4):59-62.

[13] 杨士山,张伟,王吉贵. 功能添加剂对不饱和聚酯树脂包覆剂粘度和
凝胶时间的影响[J]. 火炸药学报,2011,34(4):75-82.

[14] 杨士山,张伟,王吉贵. 聚氨酯增韧不饱和聚酯树脂包覆层的研究
[J]. 现代化工,2011,31(4):59-61.

[15] 杨士山,潘清,皮文丰,等. 衬层预固化程度对衬层/推进剂界面粘接
性能的影响[J]. 火炸药学报,2010,33(3):88-90.

[16] 杨士山,陈友兴,武秀全,等. 聚合物熔体混合状态的超声波表征[J].
塑料工业,2010,38(3):50-56.

[17] 李冬,杨士山,王吉贵,等. 中空微球对硅橡胶基绝热材料性能的影响
[J]. 化工新型材料,2012,40(1):81-83.

[18] 路向辉,杨士山,刘晨,等. 填料对三元乙丙橡胶包覆层性能影响研究
[J]. 化工新型材料,2013,41(10):131-132.

[19] 李鹏,杨士山,李军强,等. 含有三醚和双酚 A 结构的聚萘酰亚胺的合成与性能表征[J]. 化工新型材料,2019,(47):41-44.

[20] 皮文丰,杨士山,曹继平,等. APP/层状硅酸盐填充 UPR 包覆层的耐烧蚀机理[J]. 火炸药学报,2009,32(5):62-65.

[21] 李鹏,李军强,杨士山,等. 三元乙丙包覆层流变硫化性能及注射成型工艺研究[J]. 化工新型材料,2020,48(1):232-236.

[22] 李鹏,刘晨,杨士山,等. 六(4-羟甲基苯氧基)环三磷腈阻燃剂/聚酰亚胺纤维对三元乙丙橡胶包覆层烟雾性能的影响[J]. 化工新型材料,2019,47(7):107-110.

[23] 陈国辉,周立生,杨士山,等. 磷腈阻燃剂对不饱和聚酯树脂包覆层性能影响[J]. 工程塑料应用,2020,48(4):129-133.

[24] 肖啸. 环三磷腈基绝热包覆材料合成与性能[D]. 西安:西安近代化学研究所,2012.

[25] 李军强,肖啸,刘庆,等. 六(2,4,6-三溴苯氧基)环三磷腈对固体推进剂三元乙丙橡胶包覆层性能的影响[J]. 火炸药学报,2019,42(3):289-294.

[26] 曹继平,肖啸,杨士山,等. 自由装填推进剂用含醛基/烯丙基芳氧基聚磷腈包覆材料研究(Ⅰ):制备、硫化特性及力学性能[J]. 火炸药学报,2019,42(5):504-510.

[27] 曹继平,肖啸,杨士山,等. 自由装填推进剂用含醛基/烯丙基芳氧基聚磷腈包覆材料研究(Ⅱ):耐热、耐烧蚀性能及应用[J]. 火炸药学报,2019,42(6):577-582.

[28] 陈国辉,常海. 硅橡胶包覆层的研究进展[J]. 含能材料,2005,13(3):200-202.

[29] 赵凤起. 印度固体火箭推进剂的包覆技术及其发展[J]. 飞航导弹,1993(1):40-43.

[30] 赵凤起. 国外无(少)烟聚氨酯包覆层研制情况[J]. 火炸药学报,1993,16(1):15.

[31] 赵凤起,王新华. 应用于绝热包覆层中的填料及其选用的某些规律初探[J]. 火炸药学报,1994,(1):34-38.

[32] 甘孝贤,张世约. 阻燃耐烧蚀聚氨酯包覆材料的研究[J]. 火炸药学报,1994,(3):1-5.

[33] 高潮,甘孝贤,邱少君. 环氧包覆材料的发展与现状[J]. 火炸药学报,2004,(4):59-61.

[34] 陈国辉. 纳米三氧化二铁对硅橡胶包覆层性能的影响[C]//NMCI,2018,三亚.

[35] 陈国辉,李冬,李旸,等. 互穿网络对硅橡胶包覆层的补强研究[J]. 化工新型材料,2014,42(5):191-225.

[36] 李东林,曹继平,王吉贵. 不饱和聚酯树脂包覆层的耐烧蚀性能[J]. 火炸药学报,2006,29(3):17-19.

[37] PROEBSTER M. Filler-containing, low-smoke insulation for solid rocket propelants:DE,3544634[P],1987.

[38] 朱开金,萧忠良. 推进剂包覆层用聚氨酯弹性体的合成及应用[J]. 火炸药学报,2005,28(4):55-57.

[39] WEIL E. Melamine Phosphates and Pyrophosphates in Flame-Retardant Coatings:Old Products with New Potential[J]. Journal of Coatings Technology, 1994,66(839):75-82.

[40] 曹继平,李东林,王吉贵. 不饱和聚酯包覆含 DNT 双基推进剂的研究[J]. 火炸药学报,2006,29(4):41-46.

[41] 史爱娟. 聚氨酯包覆层的现状和展望[J]. 火炸药学报,2002,25(3):17-19.

[42] 李冬,王吉贵. 聚磷腈材料及其在固体火箭发动机绝热层中的应用探讨[J]. 化学推进剂与高分子材料,2008,6(2):20-23.

[43] 皮文丰,王吉贵. 包覆红磷在 UPR 包覆层耐烧蚀改性中的应用[J]. 火炸药学报,2009,32(3):54-57.

[44] 陈国辉,李军强,杨士山,等. OPS 化合物对不饱和聚酯树脂包覆层性能影响的研究[J]. 化工新型材料,2019,47(11):125-127.

[45] 刘晨,李鹏,路向辉,等. 不同形态纳米粒子对 PET 纳米复合物熔融结晶行为的影响[J]. 化工新型材料,2013,41(10):115-117.

[46] ZHOU L S,ZHANG G C,YANG S S, et al. The synthesis, curing

kinetics, thermal properties and flame rertardancy of cyclotriphosphazene - containing multifunctional epoxy resin[J]. Thermochimica Acta. 2019,(680),178348.

[47] EVANS G I, GORDON S. Combustion inhibitions:US, 4284592 [P]. 1981.

[48] Parker B P, Bronson R E, Montgomery R, et al. Method of applying ablative insulation coatings and articles obtained thereform:US, 7198231[P]. 2007.

[49] CHOI S W, OHBA S, BRUNOVSKA Z, et al. Synthesis, Characterization and Thermal Degradation of Functional Benzoxazine Monemers and Polymers Containing Phenylphosphine Oxide[J]. Polym Degrad Stab, 2006,91(5):1166 - 1178.

[50] SCHREUDER G H. Adhesion of solid rocket materials[J]. Rubber World, 1990,(11):928 - 931.

[51] 史爱娟,刘晨,强伟. 纳米填料对不饱和聚酯树脂包覆层性能影响[J]. 化工新型材料,2017,45(3):122 - 123,127.

[52] 吴淑新,刘剑侠,邵重斌,等. 不饱和聚酯树脂包覆层在固体推进剂中的应用[J]. 化工新型材料,2020,48(3):6 - 8.

[53] 赵凤起,王新华,鲍冠苓. 短纤维补强硅橡胶包覆材料的研究[J]. 固体火箭技术,1997,20(4):61 - 64.

[54] 赵凤起,王新华,鲍冠苓,等. 硅橡胶包覆材料的增强研究[J]. 推进技术,1994,15(4):77 - 83.

[55] 赵凤起,王新华. 填料对室温硫化硅橡胶包覆层材料性能的影响[J]. 兵工学报,1997,5(1):5 - 8.

[56] 王吉贵,李东林,张艳. 硅橡胶包覆层与双基推进剂粘接性能的研究[J]. 火炸药学报,2000,8(4):55 - 57.

[57] 李东林. 包覆层与推进剂表/界面相互作用的研究[D]. 西安:西安近代化学研究所,1991.

[58] 曹继平,姜振,任黎,等. 俄罗斯固体推进剂装药注射包覆工艺研究进展[J]. 飞航导弹,2016,(4):78 - 84.

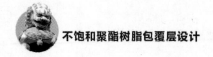

［59］ 吴淑新,姚逸伦,史爱娟,等.聚氨酯在固体推进剂包覆层中的应用
　　　［J］.化学推进剂与高分子材料,2010,8(6):14－16.

［60］ 赵凤起.双基系固体推进剂硝化甘油向包覆层的迁移及抑制技术
　　　［J］.固体火箭技术,1993,(2):69－73.

［61］ 李瑞琦,姜兆华,王福平,等.推进剂与硅橡胶包覆层间粘接性能研究
　　　［J］.材料科学与工艺,2003,11(3):265－267.

第 4 章

不饱和聚酯树脂包覆层的力学性能

　　本章在典型的不饱和聚酯树脂包覆层配方设计的基础上,通过应力—应变分析、应力松弛分析、动态热机械分析等方法,从不饱和聚酯树脂结构、引发促进体系、纳米填料和纤维等方面开展了不饱和聚酯树脂包覆层力学性能研究。

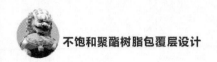

|4.1 概　　述|

　　固体火箭发动机在工作过程中,包覆层需要经受发动机高温、高压循环应变及贮存、运输和飞行过程中的各种应力的考验。因此,包覆层需要具备优良的力学性能。对于不饱和聚酯树脂包覆层而言,由于材料自身结构的限制,其固化物自身存在收缩率大、脆性大、模量低、抗冲击性不足等问题。因此,不饱和聚酯树脂包覆层的力学性能研究焦点主要集中于延伸率、拉伸强度、撕裂强度和剪切强度四个方面。

|4.2　包覆层力学性能的研究方法|

　　通常,包覆层力学性能主要是通过极限拉伸试验、应力松弛试验、动态热机械分析试验等方法进行检测和研究。

　　极限拉伸试验要求在电子拉力试验机等设备上进行,试验规格和尺寸按规定制作。将试件夹紧后,在恒定拉伸速率下拉至断裂,可得到应力-应变曲线。若变更试验温度和拉伸速率,则可得到不同温度和不同拉伸速率下的应力-应变曲线。由曲线上的最大载荷 F_m 处的伸长可算出最大应力及最大应力对应的应变。由应力-应变曲线可得到弹性模量、屈服应力、屈服应变、最大应力、最大应变、破坏应力、破坏应变以及破坏功等值。

应力松弛试验是材料机械性能试验的一种。应力松弛现象在室温下进行得很缓慢,但随着温度的升高就变得很显著,应在材料结构设计中加以重视。应力松弛试验一般采用圆柱形试样,在一定的温度下进行拉伸加载,以后随时间的推移,由自动减裁机构卸掉部分载荷以保持总形变量不变,测定应力随时间的降低值,即可得到松弛曲线。由应力松弛曲线可以得到材料总应变、弹性应变、塑性应、松弛时间、应力半衰期等值。

动态热机械分析试验也是测试材料机械性能的一种方法。动态热机械分析是研究物质的结构及其化学与物理性质最常用的物理方法之一,分析表征力学松弛和分子运动对温度或频率的依赖性,主要用于评价高聚物材料的使用性能、研究材料结构与性能的关系、研究高聚物的相互作用、表征高聚物的共混相容性、研究高聚物的热转变行为等。动态热机械分析试验涉及的参数包括玻璃化转变温度、贮能模量、损耗模量、损耗因子等。

|4.3 不饱和聚酯树脂结构对包覆层力学性能的影响|

4.3.1 配方设计

分别选用 191# 邻苯型树脂、199# 间苯耐热树脂、199A# 对苯耐热型树脂、192# 低收缩树脂、3200# 乙烯基酯树脂及 3301# 双酚 A 耐腐蚀树脂作为研究对象,并设计试验配方见表 4.1。

表 4.1　不饱和聚酯树脂包覆层研究配方设计(力学性能. Ⅰ)

配方 1#			配方 2#			配方 3#		
原料	规格	用量/份	原料	规格	用量/份	原料	规格	用量/份
191#树脂	粘度:0.25～0.5 Pa・s;酸值:18～34 mg KOH/g;固含量:63%～68%	100	192#低收缩树脂	粘度:0.8～1.0 Pa・s;酸值:20～28 mg KOH/g;固含量:64%～66%	100	3200#乙烯基树脂	粘度:0.3～0.5 Pa・s;酸值 10～26 mg KOH/g;固含量:56%～62%	100

配方 4#			配方 5#			配方 6#		
原料	规格	用量/份	原料	规格	用量/份	原料	规格	用量/份
199#树脂	粘度:0.3～0.5 Pa・s;酸值:16～24 mgKOH/g;固含量:61%～65%	100	199A#树脂	粘度:0.35～0.6 Pa・s;酸值:18 ～ 30 mg KOH/g;固含量:62%～66%	100	3301#树脂	粘度:0.3～0.6 Pa・s;酸值 6～16 mg KOH/g;固含量:58%～62%	100

其他组分	纤维	短切碳纤维(5 mm):5 份
	引发剂	过氧化环己酮/环烷酸钴(分析纯):4 份/0.5 份
	填料	氢氧化铝(800 目,纯度≥98%):40 份
	增塑剂	磷酸三氯乙酯(分析纯):7 份
	交联剂	苯乙烯:30 份

4.3.2　应力-应变分析

针对 6 种配方进行了高温(＋50℃)、低温(－40℃)和常温(＋20℃)下极限拉伸试验。不同温度下的应力-应变曲线如图 4-1～图 4-3 所示。表 4.2 所示为 6 种配方在高温（+50℃）、低温（-40℃）和常温（+20℃）下的拉伸强度和断裂延伸率。

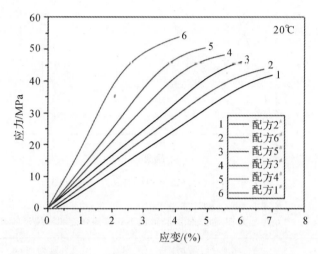

图 4-1　6 种配方在+20℃的应力-应变曲线

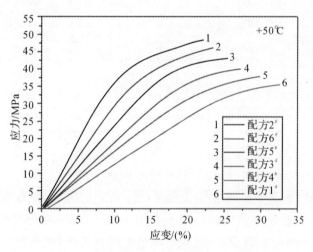

图 4-2　6 种配方在+50℃的应力-应变曲线

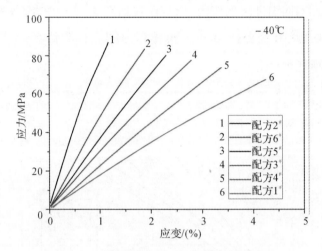

图 4-3　6 种配方在 -40℃ 的应力-应变曲线

表 4.2　6 种配方在高温、低温和常温下的拉伸强度和断裂延伸率

配方编号	拉伸强度/MPa			延伸率/(%)		
	+20℃	+50℃	-40℃	+20℃	+50℃	-40℃
1#	48.50	44.02	80.32	6.08	25.63	2.28
2#	45.71	40.74	77.45	5.53	27.64	2.78
3#	43.65	38.74	73.80	6.80	30.15	3.36
4#	50.89	47.03	83.44	4.93	23.70	1.87
5#	54.42	49.02	87.06	4.12	22.41	1.16
6#	41.95	26.02	67.84	7.07	32.95	4.25

　　由图 4-1～图 4.3 可以看出,6 种不同配方在 +20℃ 和 +50℃ 时的应力-应变曲线均表现出热固性树脂固有的硬而脆的特征,且在断裂前无明显塑性形变,整个拉伸过程中试样均未发生屈服,也未出现局部径缩现象。而在 -40℃ 时,6 种配方的应力-应变曲线接近线性特征,说明试样在此温度下呈现玻璃态,拉伸过程中会发生明显的脆断现象。

　　由表 4.2 可见,在相同的测试温度下,不同型号的不饱和聚酯树脂组成的包覆层配方的断裂延伸率和拉伸强度存在明显的区别,主要原因在于不饱和聚酯树脂固化物的力学性能与不饱和聚酯树脂低聚物中的不饱和双键的数量有密切关系。配方 3$^{\#}$、配方 5$^{\#}$ 和配方 6$^{\#}$ 分别以乙烯基酯树脂、对苯型不饱和聚酯树脂和双酚 A 型不饱和聚酯树脂作为基体,三种配方的力学性能较为均衡。配方 2$^{\#}$ 以低收缩不饱和聚酯树脂作为基体,由于固化体系中添加了热塑性的低收缩改性剂,使配方的拉伸强度低,延伸率较高。配方 1$^{\#}$、配方 4$^{\#}$ 分别以邻苯型和间苯型不饱和聚酯树脂作为基体,虽然其分子链的化学结构相似,但由于空间位型的不同,导致树脂固化物的性能存在一定的差异。邻苯型和间苯型不饱和聚酯树脂相比,邻苯型树脂的分子链间距小,固化后交联密度较大,以致固化体交联密度相对间苯型树脂大,故拉伸强度大,延伸率低。

4.3.3 应力松弛分析

应力松弛是在恒定温度和形变保持不变的情况下,聚合物内部的应力随时间而逐渐衰减的现象。一般来讲,材料的应力松弛时间越短,内应力释放越快,在成型、运输及使用过程中越不容易产生变形问题。对于固体推进剂包覆层材料而言,包覆层在装药长期贮存及发动机工作过程中要承受不同的应力及过载的考验,必须具备一定的抗形变能力。因此,研究不饱和聚酯树脂包覆层材料的应力松弛行为,对其在固体推进剂装药包覆研究领域的发展具有重要意义。

针对 6 种不同的配方,开展了高温(50℃)、低温(-40℃)和常温(20℃)下的应力松弛分析。不同温度下的应力松弛曲线如图 4-4～图 4-6 所示。

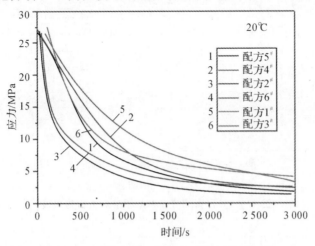

图 4-4　6 种配方在+20℃下的应力松弛曲线

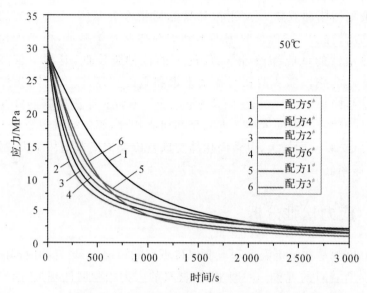

图 4-5　6 种配方在＋50℃下的应力松弛曲线

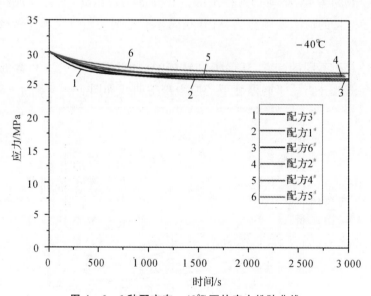

图 4-6　6 种配方在－40℃下的应力松弛曲线

由图4-4～图4-6可知:①基体树脂的结构对包覆材料的应力松弛行为产生明显的影响。191#通用邻苯型树脂所组成的配方体系的应力松弛时间最长,而192#型低收缩树脂所组成的配方体系的应力松弛时间最短。这是因为192#型低收缩树脂中添加了一定量的热塑性的低收缩剂,一方面低收缩剂可与不饱和聚酯树脂的界面位置形成孔隙或微裂纹结构,避免了内应力的产生,另一方面低收缩剂可在一定程度上降低配方体系的交联密度,交联网络对分子链段的限制能力相对较弱,从而导致材料的应力松弛时间缩短。②温度对不饱和聚酯树脂包覆材料应力松弛行为的影响较为明显。温度越高,应力松弛时间越短;反之,应力松弛时间越长。这是因为随着温度的升高,分子链段的运动能力增强,树脂的应力松弛随之加快,松弛时间则显著缩短。值得注意的是,当测试温度为－40℃时,6种配方的应力松弛时间呈现无限制增长的趋势。这是因为当树脂材料处于玻璃化转变温度以下时,体系的内摩擦阻力很大,分子链段的运动能力差,应力松弛很缓慢。

4.3.4 动态热机械分析

利用动态机械热分析(DMTA)可以测定材料在交变应力(或应变)作用下作出的应变(或应力)响应随温度或频率的变化关系。涉及参数包括玻璃化转变温度(T_g)、贮能模量(E')、损耗模量(E'')和损耗因子[$\tan(\delta) = E''/E'$]。图4-7～图4-12为6种配方的DMTA曲线,表4.3所示为6种配方的损耗因子平均值和玻璃化转变温度。

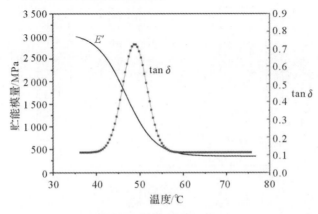

图4-7 配方1# 的DMTA曲线

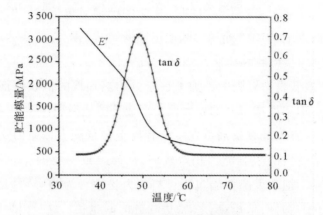

图 4-8　配方 2# 的 DMTA 曲线

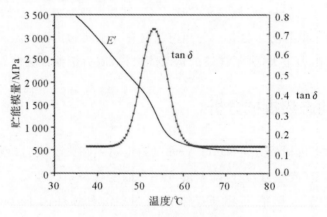

图 4-9　配方 3# 的 DMTA 曲线

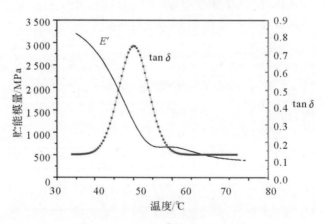

图 4-11　配方 5# 的 DMTA 曲线

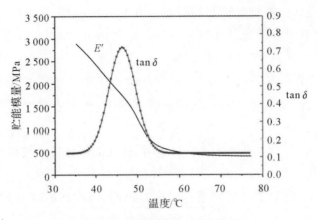

图 4 - 10　配方 4[#] 的 DMTA 曲线

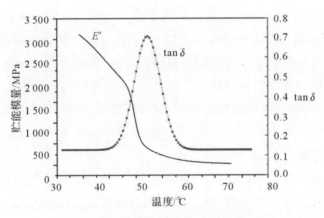

图 4 - 12　配方 6[#] 的 DMTA 曲线

表 4.3　6 种配方的损耗因子平均值和玻璃化转变温度

配方编号	1[#]	2[#]	3[#]	4[#]	5[#]	6[#]
T_g/℃	50.94	49.62	55.84	50.36	55.34	59.36
tanδ 均值($<T_g$)	0.077 1	0.041 1	0.058 2	0.061 5	0.025 9	0.039 3
tanδ 均值($>T_g$)	0.107 1	0.093 1	0.144 1	0.123 6	0.138 8	0.161 1

由图 4 - 7～图 4 - 12 和表 4.3 可知,基体树脂的结构对配方的 DMTA 曲线影响较为明显,主要可归因于配方体系中基团的空间位阻效应对于分子

链段运动以及分子链构象转变的影响。由于配方2#中添加了热塑性的低收缩剂,交联网络中分子链段具有相对较好的柔顺性,所以在降低材料收缩率的同时,也赋予材料相对较低的玻璃化转变温度。而配方6#以双酚A型不饱和聚酯树脂作为粘接剂基体,由于分子结构中刚性基团的含量相对较高,分子链运动需要克服更高的链段构象转变能垒,材料表现出更强的刚性,玻璃化转变温度则相应较高。

此外,在温度低于玻璃化转变温度时,即在玻璃化转变过程中,损耗因子的平均值呈现出与玻璃化转变温度不同的变化趋势,即玻璃化转变温度越高,材料的损耗因子平均值则越低。这是因为,当材料所处的温度低于玻璃化转变温度时,分子链段被冻结限制,自由体积也处于冷冻状态,形变主要由高分子链中原子间化学键的键长、键角改变所产生,材料表现出玻璃态,贮能模量高,此时分子链间的相互作用力对于分子链段的运动起主导作用。配方1#中的邻苯结构使分子链段的极性相对较高,分子链间的相互作用较强,在链段松弛过程中需要克服分子间的作用力也随之减弱,造成在温度达到玻璃化转变温度前损耗因子相对较高。配方5#中对苯结构的不饱和聚酯树脂分子链极性较弱,分子链间相互作用弱,则在温度达到玻璃化转变温度前损耗因子相对较低。配方6#中含有分子链极性较小的双酚A结构,因此其损耗因子也相对较低。

当温度高于玻璃化转变温度时,损耗因子则呈现出相反的变化趋势。这是因为随着温度进一步升高,分子间作用力逐渐减弱,被冻结的高分子链段逐渐开始运动,高分子链可以拉直或卷曲直至出现构象改变,贮能模量发生较大的变化。此时,影响损耗因子的最主要的因素是分子链整体位移所产生的内摩擦力。阻碍分子链整体位移的空间位阻越大,内摩擦力越大,损耗因子则越大。配方2#中添加了热塑性的低收缩剂,相对降低了材料的交联密度,分子链位移需要克服的内摩擦力相对较下,其损耗因子较低。而配方6#中含有空间体积较大的双酚A基团,分子链段旋转产生构象转变需要克服更大的能垒和内摩擦力,因此其损耗因子相对最高。

4.3.5 基于韧性不饱和聚酯树脂包覆层力学性能研究

不饱和聚酯树脂作为改性双基推进剂的包覆材料具有较大的应用潜力,

例如力学强度高、密度小、可常温常压固化且固化无副产物等。然而,由于分子结构的限制,不饱和聚酯树脂本身作为一种热固性树脂,有其固有的脆性,尤其是低温延伸率较低,与推进剂的力学性能匹配性略差,且无法满足固体推进剂装药宽温度环境贮存的技术要求。因此,需要对现有的不饱和聚酯树脂包覆层进行增韧研究,以满足复杂战场环境对固体推进剂装药力学性能日趋严苛的技术要求。

目前,国内外关于不饱和聚酯树脂增韧研究的报道较多,但取得的效果并不明显,尤其是在 $-40℃$ 时的延伸率仅为 $2.0\%\sim4.0\%$,从而较大程度上限制了不饱和聚酯树脂在固体推进剂装药包覆层中更加广泛的应用。

通过第 2 章中对不饱和聚酯树脂结构与性能的分析可知,不饱和聚酯树脂的韧性主要取决于以下四个方面:不饱和聚酯树脂分子链中饱和部分链长,不饱和键少,交联点少,不饱和聚酯树脂固化物的韧性就高。因此,提高饱和酸与不饱和酸的用量比,就可提高其韧性;在饱和二元酸中,采用脂肪族的二元酸比芳香族的二元酸对提高不饱和聚酯树脂的韧性有效,而且其韧性随饱和酸链长的增加而增大;增长饱和二元醇也可以达到提高不饱和聚酯树脂韧性的效果;不饱和聚酯树脂分子链中极性基团如酯基、芳基及羟基数量增多时,不利于不饱和聚酯树脂韧性的提高。

基于以上分析,不饱和聚酯树脂的机械强度与韧性都与交联密度有着密切的关系。交联密度大,强度增加,但韧性降低。因此,提高不饱和聚酯树脂包覆层的韧性应从不饱和聚酯树脂分子结构改性这一根本点出发。

本书分别合成了一种含有碳氮六元杂环、聚醚结构和端部不饱和双键的乙烯基酯树脂 CNUP 和一种含有聚醚结构、芳环和氨酯键的液体聚醚型不饱和聚酯树脂 PUUP,通过将 CNUP 和 PUUP 按适当比例混合,选择合适的固化体系进行固化研究,考察交联剂类型、原料配比、固化引发促进剂、固化工艺等对固化物力学性能的影响;通过配方设计,研制出性能优良的韧性不饱和聚酯树脂包覆层配方。

CNUP 和 PUUP 的合成方法见文献报道,其结构式分别如下所示:

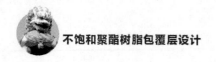

CNUP

PUUP

1. 交联剂的选择对力学性能的影响

不饱和聚酯树脂分子链中含有不饱和双键,这种不饱和双键可以与另一种乙烯类单体在引发剂和促进剂的作用下发生自由基加聚反应。因此,在不饱和聚酯树脂配方体系中,改变交联剂的品种和含量可以很大程度上影响不饱和聚酯树脂固化后的各项性能。因此,交联剂的选择和交联剂的用量是确定不饱和聚酯树脂配方研究的基础。本书从丙烯酸甲酯、丙烯酸丁酯和苯乙烯中找出一种有利于提高不饱和聚酯树脂体系韧性,且综合性能优良的交联剂。三种交联剂对 PUUP/CNUP 配方体系在高温(50℃)、低温(−40℃)和常温(20℃)下的力学性能的影响见图 4 − 13～图 4 − 15,拉伸强度和延伸率数据见表 4.4。

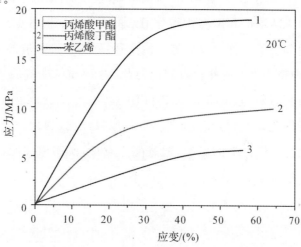

图 4 − 13　20℃下交联剂对 PUUP/CNUP 配方体系应力−应变曲线的影响

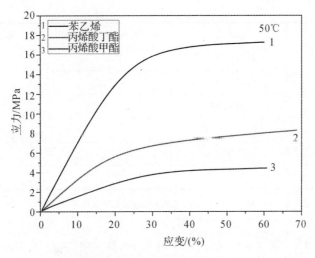

图 4-14　50℃下交联剂对 PUUP/CNUP 配方体系应力-应变曲线的影响

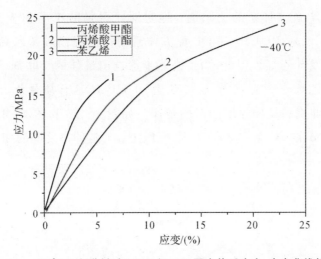

图 4-15　-40℃下交联剂对 PUUP/CNUP 配方体系应力-应变曲线的影响

表 4.4　交联剂对不饱和聚酯树脂配方体系力学性能的影响

温　度	交联剂	拉伸强度/MPa	延伸率/(%)
+20℃	丙烯酸甲酯	5.65	56.2
	丙烯酸丁酯	9.88	64.7
	苯乙烯	19.0	58.2

续表

温　度	交联剂	拉伸强度/MPa	延伸率/(%)
+50℃	丙烯酸甲酯	4.32	61.03
	丙烯酸丁酯	8.25	68.85
	苯乙烯	17.21	60.25
−40℃	丙烯酸甲酯	6.23	16.85
	丙烯酸丁酯	11.48	18.73
	苯乙烯	22.39	23.87

注:PUUP/CNUP 的质量比为 50/50,交联剂用量均为树脂质量的 30%。

由图 4-13～图 4-15 和表 4.4 可见,丙烯酸甲酯在延伸率和拉伸强度上与丙烯酸丁酯和苯乙烯均有较大的差距,因此可首先剔除丙烯酸甲酯作为 PUUP/CNUP 配方体系的交联剂。通过对比丙烯酸丁酯和苯乙烯可以发现,丙烯酸丁酯对 PUUP/CNUP 配方体系韧性的提高较苯乙烯有利,但拉伸强度却不及苯乙烯。因此,为了进一步筛选出最佳的交联剂,分别以丙烯酸丁酯和苯乙烯作为交联剂,通过变化 PUUP/CNUP 质量比,研究配方配比对体系延伸率和拉伸强度的影响规律。如图 4-16 和图 4-17 所示分别为两种不同交联剂体系在 20℃下 PUUP 含量与延伸率之间的变化关系。

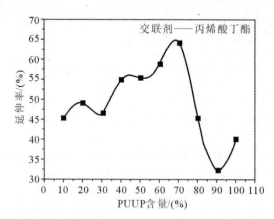

图 4-16　PUUP 质量分数与延伸率的变化关系(丙烯酸丁酯交联剂体系)

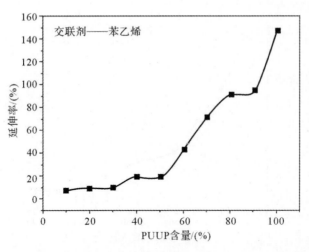

图 4-17   PUUP 质量分数与延伸率的变化关系(苯乙烯交联剂体系)

由图 4-16 可以看出,随着 PUUP 含量的增大,延伸率先呈现上升趋势,在 70% 处达到最大值。然后,随着 PUUP 含量的进一步增大,延伸率逐渐下降,这是因为不饱和聚酯树脂拉伸强度太小,很轻易就被拉断了。反观图 4-17,随着 PUUP 含量的增大,延伸率一直增大。虽然在 10%～50% 之间,没有前者的延伸率大,但当 PUUP 含量增大至 50% 以上时,体系的延伸率大幅度增加。

图 4-18 和图 4-19 所示为分别为两种不同交联剂体系在 20℃ 下 PUUP 含量与拉伸强度之间的变化关系。

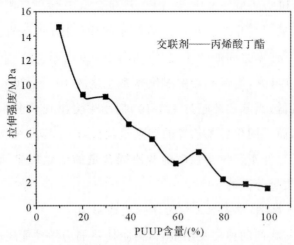

图 4-18   PUUP 质量分数与拉伸强度的变化关系(丙烯酸丁酯交联剂体系)

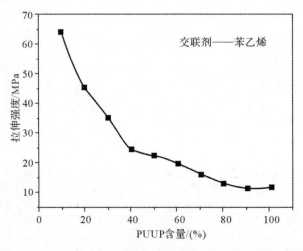

图 4-19 PUUP 质量分数与拉伸强度的变化关系(苯乙烯交联剂体系)

由图 4-18 和图 4-19 可见,两种交联体系的拉伸强度均随着 PUUP 含量的增加而降低。但在 PUUP 相同含量时以苯乙烯为交联剂的拉伸强度比以丙烯酸丁酯为交联剂的普遍大 4~5 倍,而延伸率的差距可以通过改变 PUUP 的含量来调节。因此,综合考虑,确定苯乙烯为 PUUP/CNUP 体系的最佳交联剂。

对于不饱和聚酯树脂来讲,苯乙烯的用量一般为树脂质量的 25%~35%。苯乙烯用量变化会影响材料的拉伸强度和硬度。为了确定苯乙烯与 PUUP/CNUP 树脂的最佳配比,将 PUUP 和 CNUP 按质量比 1/1 混合组成基体树脂,然后通过变化苯乙烯与基体树脂的质量比,研究苯乙烯用量与树脂拉伸强度和延伸率之间的变化关系,如图 4-20 所示。

由图 4-20 可见,当苯乙烯占固化体系总量的 10%~20%,树脂固化后硬而脆,强度较低;当苯乙烯超过 40% 时,树脂中会出现较多的苯乙烯链,使树脂韧性下降,而且固化后苯乙烯的残余量很大,严重影响树脂制品的性能。因此,综合分析延伸率和拉伸强度随苯乙烯含量的变化规律,确定苯乙烯最佳用量为树脂质量分数的 30%。

2.PUUP/CNUP 质量配比对力学性能的影响

在确定了交联剂的种类及用量后,树脂体系的力学性能还取决于 PUUP

与 CNUP 之间的配比。为了得到综合性能较好的树脂配方，对 PUUP 和 CNUP 两种组分的比例进行了筛选试验。如图 4-21～图 4-23 所示为在高温（50℃）、低温（-40℃）和常温（20℃）下树脂体系拉伸强度和延伸率随 PUUP/CNUP 质量比的变化关系。

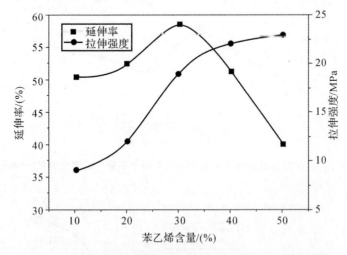

图 4-20　苯乙烯含量与树脂拉伸强度与延伸率之间的关系

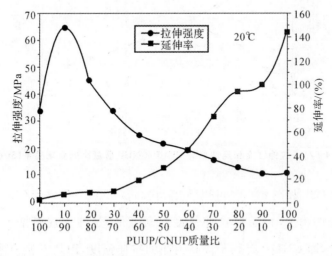

图 4-21　拉伸强度和延伸率与 PUUP/CNUP 质量比的变化关系（20℃）

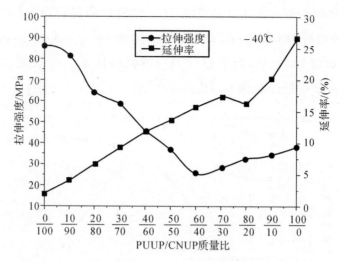

图 4 - 22 拉伸强度和延伸率与 PUUP/CNUP 质量比的变化关系(−40℃)

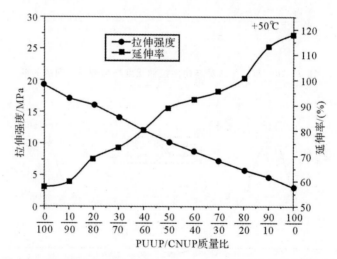

图 4 - 23 拉伸强度和延伸率与 PUUP/CNUP 质量比的变化关系(50℃)

由图 4 - 21 和图 4 - 23 可以看出,在高温(50℃)和常温(20℃)下,随着 PUUP 含量的增加,树脂的拉伸强度逐渐降低,延伸率逐渐增大。因此,可以得出结论,即 CNUP 有利于提高树脂的拉伸强度,PUUP 则有利于改善树脂的韧性。这种变化趋势与 PUUP 和 CNUP 的分子结构存在密切的关系。其中,CNUP 分子链中的碳氮六元杂环结构保证了强度和刚性,而 PUUP 中的聚醚链结构则能够赋予材料优良的低温柔顺性。因此,在这种条件下拉伸强度和延伸率不能同时得到大幅度提高,只能侧重于某一方面。本书的侧重点在于研制出一种韧性较好的不饱和聚酯树脂包覆层,则必须保证其优良的低温力学性能,即在 −40℃ 下的延伸率不低于 8%。由图 4 – 22 可知,随着 PUUP/CNUP 的质量比的变化,延伸率呈现先降低后增大的变化趋势,当 PUUP/CNUP 的质量比在 0/100～50/50 和 80/20～100/0 范围之间变化时,树脂体系的低温延伸率均在 8% 以上。综合考虑延伸率和拉伸强度,本书选择 PUUP/CNUP 的最优质量比为 40/60。

3. 应力松弛分析

在确定了 PUUP/CNUP 质量比为 40/60,交联剂苯乙烯的用量为树脂总量的 30% 的基础上,设计了韧性不饱和聚酯树脂包覆层配方如下:

基体树脂:PUUP(40 份)、CNUP(60 份)。

交联剂:苯乙烯(30 份)。

纤维:5mm 短切碳纤维(5 份)。

引发剂:过氧化环己酮(4 份)/环烷酸钴(0.5 份)。

填料:氢氧化铝(40 份)。

增塑剂:磷酸三氯乙酯(7 份)。

针对该配方,开展了高温(50℃)、低温(−40℃)和常温(20℃)下的应力松弛分析。不同温度下的应力松弛曲线如图 4 – 24 所示。

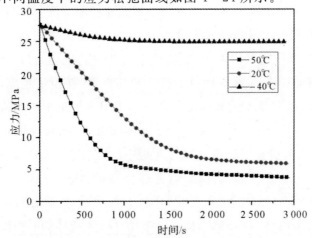

图 4 – 24 韧性不饱和聚酯树脂包覆层在不同温度下的应力松弛曲线

由图 4-24 可见,温度对韧性不饱和聚酯树脂包覆材料应力松弛行为会产生明显的影响。这是因为分子链段的运动随着温度的变化而变化,温度升高,分子链运动能力增强,其应力松弛随之加快,松弛时间缩短。当测试温度为 -40℃时,应力松弛时间呈现无限制增长的趋势。这是因为当树脂材料处于玻璃化转变温度以下时,体系的内摩擦阻力很大,分子链段的运动能力差,应力松弛很缓慢。

对比图 4-4~图 4-6 和图 4-24 可见,与商品化的 191# 邻苯型不饱和聚酯树脂、199# 间苯耐热型不饱和聚酯树脂、199A# 对苯耐热型不饱和聚酯树脂、192# 低收缩不饱和聚酯树脂、3200# 乙烯基酯树脂以及 3301# 双酚 A 耐腐蚀不饱和聚酯树脂相比,由 PUUP/CNUP 为基体树脂组成的韧性不饱和聚酯树脂包覆层配方的应力松弛时间明显缩短。这是因为该配方体系的交联密度相对较低,交联网络对分子链段的限制能力相对较弱,导致应力松弛时间缩短。此外,由于 PUUP 和 CNUP 树脂的分子结构中均含有聚醚链段,使分子链段具有较高的柔性,链段自由运动的能力较强,受外力作用后发生永久性形变的可能性较低。

4.动态热机械分析

图 4-25 所示为 PUUP/CNUP 基韧性不饱和聚酯树脂包覆层的 DM-TA 曲线。与图 4-7~图 4-12 相比可以发现,PUUP/CNUP 基韧性不饱和聚酯树脂包覆层的贮能模量(E')比 4.3 节中 4.3.4 小节所述的 191# 邻苯型树脂、199# 间苯耐热树脂、199A# 对苯耐热型树脂、192# 低收缩树脂、3200# 乙烯基酯树脂以及 3301# 双酚 A 耐腐蚀树脂 6 种配方低,而损耗模量(E'')则有所提高。有贮能模量和损耗模量所表征的物理意义可知,贮能模量表征材料的抗变形能力和刚度的大小,贮能模量越高,抗变形能力越强,刚度越高;而损耗模量则能够帮助预示材料的粘性和韧性,损耗模量越高,材料韧性越强。PUUP/CNUP 基不饱和聚酯树脂配方中引入了聚醚链和端不饱和双键结构,不仅提高了整个交联体系中分子链的柔顺性,而且降低了包覆层体系的交联密度,从而提高了材料的韧性。此外,PUUP/CNUP 基不饱和聚酯树脂配方中还含有碳氮六元杂环结构,能够提高材料韧性的同时,不至于过多损失强度。由图 4-25 还可以看出,PUUP/CNUP 基不饱和聚酯树脂配方的玻璃化转变温度为 -44.5℃,比 4.3 节中 4.3.4 所述的 6 个配方的玻璃化

转变温度均要低。这与该配方中所含的柔性聚醚链结构有直接的关系。

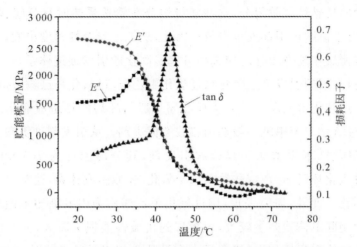

图 4 - 25 韧性不饱和聚酯树脂包覆层的 DMTA 曲线

|4.4 引发促进体系对力学性能的影响|

4.4.1 引发促进体系的选型

不饱和聚酯树脂的应用范围较广,品种较多,成型方法多样,相应的引发剂和促进剂也有多种,如偶氮类引发剂、过氧化物类引发剂、氧化还原引发剂等,也可根据引发剂的工作温度将其分为常温引发剂和高温引发剂。

与其他热固性树脂不同,不饱和聚酯树脂的固化具有如下特性:

(1)固化反应经自由基引发启动,交联单体通过加成反应不断消耗,浓度快速降低,单体转化率迅速升高,相对分子质量急剧增大,可在较短的时间内发生凝胶现象。因此,在不饱和聚酯树脂包覆层施工过程中,应重视树脂的凝胶固化时间和材料的适用期,以确保施工工艺可操作性。

(2)不饱和聚酯树脂在交联固化反应过程中会释放大量的热量,致使树脂体系的温度迅速升高,促进引发剂分解产生更多的自由基,使树脂体系温度在短期内升高至某一峰值。对于固体推进剂装药包覆而言,由于推进剂中含有大量的易燃性能量组分,这些能量组分在骤然受热时有分解、燃烧的可能性,稍有不慎则可引起安全事故。因此,从工艺安全性角度出发,不饱和聚酯树脂包覆层在配方设计时应选择可室温固化的引发促进体系。

目前,常用的引发剂主要包括过氧化甲乙酮、过氧化环己酮、过氧化二苯甲酰等。过氧化甲乙酮和过氧化环己酮一般与环烷酸钴组成氧化还原引发剂体系,过氧化二苯甲酰一般选用叔胺类促进剂。从引发剂种类和引发机理分析,过氧化二苯甲酰属于热分解引发剂,其分解温度为 70℃,半衰期为 13h;而过氧化环己酮-环烷酸钴则属于氧化-还原引发体系,通常可实现室温下引发固化。此外,研究发现,用过氧化甲乙酮作为引发剂的不饱和聚酯树脂固化后交联单体残余量较大,包覆层的机械性能损失较大,同时由于苯乙烯等交联单体有致癌作用,残余量大会导致空气里的苯乙烯浓度过大,对推进剂包覆人员产生身体伤害。因此,分别选用过氧化环己酮-环烷酸钴与过氧化二苯甲酰作为不饱和聚酯树脂的引发促进体系进行力学性能研究,进而确定不饱和聚酯树脂包覆层的最佳固化引发体系。试验配方设计见表 4.5。

表 4.5　不饱和聚酯树脂包覆层研究配方设计(力学性能.Ⅱ)

配方编号	引发促进剂/用量/份	树脂/用量/份	其他/用量/份
1#	过氧化二苯甲酰/4	191# 树脂/100	填料:氢氧化铝/40
2#	过氧化环己酮/4 -环烷酸钴/0.5		纤维:短切碳纤维(5 mm)/5
3#	过氧化二苯甲酰/4	3200# 树脂/100	
4#	过氧化环己酮/4 -环烷酸钴/0.5		增塑剂:磷酸三氯乙酯/7
5#	过氧化二苯甲酰/4	PUUP/ CNUP 树脂 40/60	交联剂:苯乙烯/30
6#	过氧化环己酮/4 -环烷酸钴/0.5		

注:过氧化二苯甲酰体系的固化温度为 70℃(分解温度),过氧化环己酮-环烷酸钴体系的固化温度为 30℃。

对上述 6 种配方进行固化,分别测试所得固化物的拉伸强度和延伸率。如图 4-26～图 4-28 所示分别为高温(50℃)、低温(-40℃)和常温(20℃)

下 6 种配方的拉伸强度和延伸率与引发促进剂的关系。

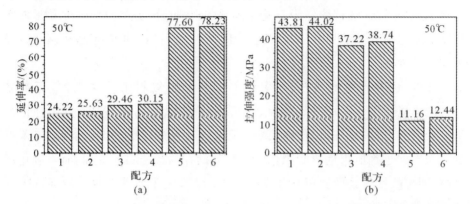

图 4 - 26　50℃下 6 种包覆层配方拉伸强度和延伸率与引发剂促进剂的关系

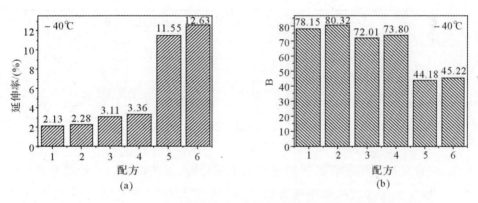

图 4 - 27　－40℃下 6 种包覆层配方拉伸强度和延伸率与引发剂促进剂的关系

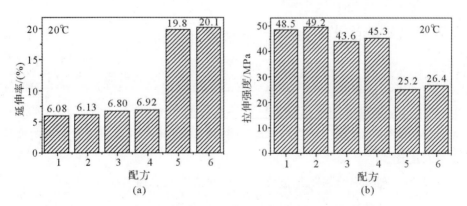

图 4 - 28　－20℃下 6 种包覆层配方拉伸强度和延伸率与引发剂促进剂的关系

由图 4-26～图 4-28 中各配方的拉伸强度和延伸率的变化趋势可知，以过氧化环己酮-环烷酸钴为引发促进剂的包覆层配方的拉伸强度和延伸率均略优于过氧化二苯甲酰引发促进体系，且与所用的不饱和聚酯树脂的结构无关。

此外，从工艺角度来看，过氧化二苯甲酰是以粉末状储存的，而且兑30％的水以防爆炸。用时需要溶解于某种溶剂，比如甲苯、苯乙烯等，操作起来比较麻烦；过氧化环己酮-环烷酸钴则无这种问题。另外，用过氧化二苯甲酰为引发促进剂所得的树脂固化物长时间储存后颜色易于变深，而过氧化环己酮-环烷酸钴体系的颜色则基本无变化。表 4.6 所示为两种引发促进体系的综合性能对比。

表 4.6　两种引发促进体系的综合性能对比

性　　能	过氧化二苯甲酰	过氧化环己酮-环烷酸钴
固化温度/℃	70	20～30
工艺性	复杂	简单
树脂颜色	久置后变深	久置无变化
树脂力学性能	＋＋＋	＋＋＋＋

综合分析不饱和聚酯树脂包覆层力学性能、工艺性能以及外观等多方面因素，确定不饱和聚酯树脂包覆层配方的引发促进剂为过氧化环己酮-环烷酸钴。

4.4.2　引发促进剂用量与力学性能

在前文已经确定了不饱和聚酯树脂包覆层配方引发促进剂种类的前提下，开展引发促进剂用量对包覆层力学性能的影响研究，主要涉及引发剂和促进剂用量对包覆层拉伸强度和延伸率的影响，确定引发剂和促进剂的最佳用量及配比。

设计不饱和聚酯树脂包覆层试验配方见表 4.7 和表 4.8。

表 4.7　不饱和聚酯树脂包覆层研究配方设计(力学性能.Ⅲ)

配方编号	树脂/用量/份	引发促进剂/用量/份		其　它/用量/份
		过氧化环己酮	环烷酸钴	
1#	191#树脂/100	3	0.5	填料:氢氧化铝/40 纤维:短切碳纤维 (5mm)/5
		4	0.5	
		5	0.5	
2#	3200#树脂/100	3	0.5	增塑剂:磷酸三氯乙酯/7 交联剂:苯乙烯/30
		4	0.5	
		5	0.5	

表 4.8　不饱和聚酯树脂包覆层研究配方设计(力学性能.Ⅳ)

配方编号	树脂/用量/份	引发促进剂/用量/份		其　它/用量/份
		过氧化环己酮	环烷酸钴	
3#	191#树脂/100	4	0.3	填料:氢氧化铝/40 纤维:短切碳纤维 (5mm)/5
		4	0.4	
		4	0.5	
4#	3200#树脂/100	4	0.3	增塑剂:磷酸三氯乙酯/7 交联剂:苯乙烯/30
		4	0.4	
		4	0.5	

　　按表 4.7 和表 4.8 中所示配方进行固化,制备力学试样并测定 20℃下的拉伸强度和延伸率。各个配方的拉伸强度和延伸率分别随过氧化环己酮和环烷酸钴用量的变化如图 4-29 和图 4-30 所示。

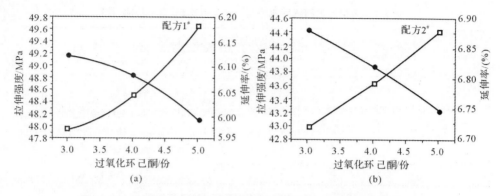

图 4-29 包覆层拉伸强度和延伸率随过氧化环己酮用量的变化关系

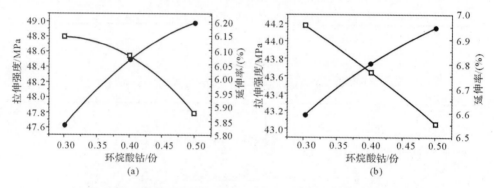

图 4-30 包覆层拉伸强度和延伸率随环烷酸钴用量的变化关系

由图 4-29 和图 4-30 可以看出,包覆层的拉伸强度和延伸率随过氧化环己酮、环烷酸钴用量的变化趋势是相反的。过氧化环己酮作为引发剂,其用量越大,产生的初级自由基越多,链增长反应的平均速率越大,使不饱和聚酯树脂的拉伸强度增大,而延伸率随之下降。而环烷酸钴作为氧化还原引发体系中的促进剂,其用量越大,不饱和聚酯树脂的拉伸强度降低,而延伸率则随之提高。从不饱和聚酯树脂的性能特点以及包覆层对优良综合性能的要求来讲,延伸率越高且强度适中是包覆层研究者所追求的目标。因此,可初步确定过氧化环己酮的推荐用量为 4~5 份/100 份树脂,环烷酸钴的推荐用量为 0.4~0.5 份/100 份树脂。

此外,从拉伸强度和延伸率的变化趋势可以看出,过氧化环己酮与环烷酸钴对力学性能的影响较小,其主要作用是影响不饱和聚酯树脂的凝胶、固化时间和后固化时间,此部分内容在后续篇幅中单独讨论。

|4.5 纳米填料对力学性能的影响|

不饱和聚酯树脂包覆层在应用研究过程中主要呈现出低温延伸率低的缺陷。因此,针对不饱和聚酯树脂包覆层的低温延伸率不能满足宽温度使用要求的问题,需要开展不饱和聚酯树脂包覆层的增韧研究。目前,不饱和聚酯树脂常用的增韧途径主要包括化学结构改性增韧、弹性体增韧、互穿聚合物网络增韧和纳米填料增韧。在这四种途径中,通过向不饱和聚酯树脂配方体系中引入纳米填料来实现材料的增韧改性,增韧的效果明显,且能够提高不饱和聚酯树脂的其他性能,例如耐烧蚀性能、抗冲击强度等。此外,通过纳米填料来增韧改性,原料来源广泛且工艺可操作性强。因此,本书主要开展纳米填料对不饱和聚酯树脂的增韧研究,重点研究纳米填料对不饱和聚酯树脂包覆层低温延伸率的影响。

4.5.1 纳米填料的选择

基于纳米填料所具有的纳米小尺寸效应和表面效应,以及纳米粒状填料对聚合物基体改性所表现出的优异性能,本书选择采用纳米氧化硅、纳米二氧化钛、纳米碳酸钙、纳米三氧化二铝作为不饱和聚酯树脂包覆层增韧改性的纳米填料,并在其中选择对不饱和聚酯树脂包覆层增韧改性效果最好的作为研究重点,进行纳米填料在不饱和聚酯树脂包覆层中分散工艺的研究,以及填料表面处理情况、填料粒径大小对不饱和聚酯树脂包覆层力学性能的影响。

本书选用的纳米填料种类、规格及生产厂家信息见表 4.9。

表 4.9 纳米填料种类、规格及生产厂家

纳米填料	规格/nm	生产厂家
纳米二氧化硅	平均粒径:20±5	浙江舟山明日纳米材料有限公司
纳米三氧化二铝	平均粒径:10±5	浙江舟山明日纳米材料有限公司

续表

纳米填料	规格/nm	生产厂家
纳米碳酸钙	平均粒径:≤40	内蒙古蒙西高新技术集团有限公司
纳米二氧化钛	平均粒径:30±	浙江舟山明日纳米材料有限公司

4.5.2　纳米填料的表面改性处理

纳米填料与树脂基体性能存在较大差异。一般来说,纳米无机类增强材料极性比基体树脂大,表面化学组成与基体树脂两者之间存在一定的差距,导致它们之间的相容性差,纳米填料在树脂基体中的分散性不佳,给复合加工和制品使用性能带来不良的影响,即使是纳米有机类增强材料,它与基体树脂的极性、表面能等也存在一定的差距,同样也会给复合加工和制品使用性能带来不良的影响。另外,纳米填料粒径较小,表面原子数占有很大的比例,导致纳米填料具有很大的表面能和表面结合能,同时由于表面原子周围缺少相邻原子,存在许多悬空键,在纳米填料的使用过程中容易发生团聚,从而影响到对树脂基体的改性效果。因此,为了制得性能优异的纳米复合材料,对纳米填料的表面进行改性处理是十分必要的。只有对它们进行表面物理或化学方法的改性处理,改变其表面形态、晶态、表面能、极性、表面化学组成以及除去表面弱边界层,调整表面性能与基体树脂相匹配,提高两者之间的相容性、浸润性、反应性以及粘接性能,才有可能制得性能优异的纳米复合材料。

一般利用偶联剂进行对纳米填料进行表面改性处理。采用的偶联剂有硅烷类、钛酸酯类以及铝酸酯类偶联剂。它们的作用机理是偶联剂分子中的一部分基团,与填料表面的化学基团反应生成化学键,另一部分基团与改性基体中的化学基团反应生成化学键,从而通过偶联剂的这种"键桥"作用,把两种性质各异的无机物与有机物结合在一起。本书考虑到成本及在工程化应用中的实际情况,采用硅烷偶联剂进行纳米填料表面的改性处理。

硅烷偶联剂是分子中同时具有两种不同反应活性基团的有机硅化合物,其化学结构一般可以用通式 $YRSiX_3$ 来表示,其中 X 为可水解性的基团,通常是卤素及烷氧基等，X 水解后形成硅烷醇：

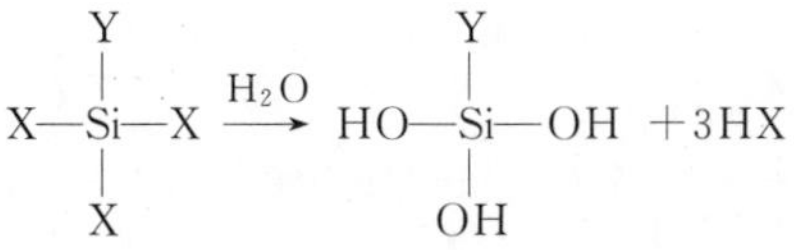

$$X—\underset{\underset{X}{|}}{\overset{\overset{Y}{|}}{Si}}—X \xrightarrow{\text{H}_2\text{O}} HO—\underset{\underset{OH}{|}}{\overset{\overset{Y}{|}}{Si}}—OH \;+3HX$$

生成的硅烷醇能与纳米填料表面发生化学反应或化学吸附，形成一定的键合形式，如：

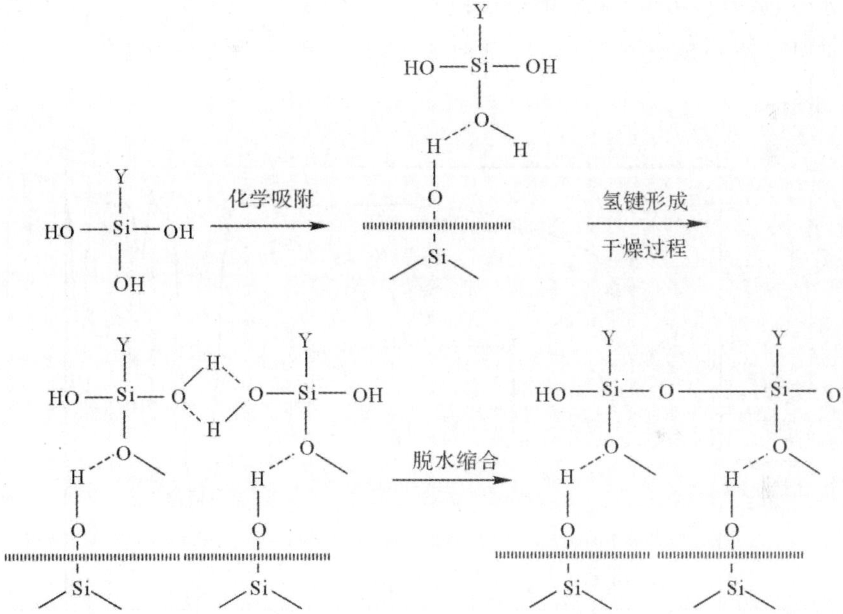

（化学反应图示）

硅烷偶联剂中的 Y 反应基团，则必须对所改性的树脂基体具有反应性。对于不饱和聚酯树脂所对应的 Y 反应基团，可以是乙烯基或甲基丙烯酰基等带有不饱和双键的基团，因为这些带有不饱和双键的硅烷偶联剂，能够在引发剂和促进剂的作用下，与不饱和聚酯树脂分子链上的双键进行反应而形成化学键，从而增强与不饱和聚酯树脂的键合力。

本书选用 KH‑570 硅烷偶联剂，即 γ‑(甲基丙烯酰氧基)丙基三甲氧基硅

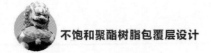

烷对纳米填料进行了表面改性。KH－570 的化学式为

$$\begin{array}{c} \text{OCH}_3 \\ | \\ \text{H}_3\text{CO}-\text{Si}-\text{OCH}_3 \\ | \qquad\qquad\quad \text{O} \\ | \qquad\qquad\quad || \\ \text{CH}_2\text{CH}_2\text{OCC}=\text{CH}_2 \\ | \\ \text{CH}_3 \end{array}$$

纳米填料表面改性处理步骤:将定量的硅烷偶联剂溶于乙醇中,用醋酸调节 pH 值在 3.5～5.5 之间,搅拌一定的时间,使硅烷偶联剂充分水解,然后将纳米填料加入其中,在高速剪切和超声振荡的联合作用下分散,升温到 100～120℃,除去水分,放入烘箱烘干,密闭保存待用。

四种纳米填料经 KH－570 改性前后的红外光谱图分别见图 4－31～图4－34。

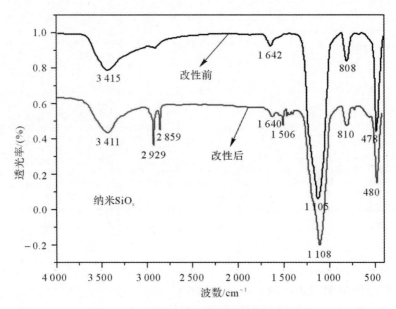

图 4-31　纳米二氧化硅改性前后红外光谱

由图 4－31 可见,改性前,478 cm^{-1}、808 cm^{-1}、1 105 cm^{-1}、1 642 cm^{-1} 和 3 415 cm^{-1} 处存在特征吸收峰,在 1 000～1 150 cm^{-1} 和 808 cm^{-1} 是纳米二氧化硅表面 Si—O 键的伸缩振动吸收峰,1 642 cm^{-1} 处是—OH 的弯曲振动吸收峰,

3 415 cm^{-1} 处是 Si—OH 键的伸缩振动吸收峰和—OH 的伸缩振动吸收峰,它可归因于纳米二氧化硅表面的羟基和吸附水的存在。改性后,在 1 506 cm^{-1} 和 2 929 cm^{-1} 处出现新的特征吸收峰。其中,1 506 cm^{-1} 处为 C—C 振动峰,2 929 cm^{-1} 处为甲基、亚甲基的振动吸收峰。这种变化说明改性后纳米二氧化硅粉体表面有有机物存在。

由图 4-32 可见,在未改性的纳米二氧化钛红外光谱中,679 cm^{-1} 处的强吸收峰为 Ti—O—Ti 的特征吸收峰,3 400 cm^{-1} 处为纳米二氧化钛表面的 O—H 键伸缩振动吸收峰。而在改性的纳米二氧化钛红外光谱中,1 710 cm^{-1}、1 165 cm^{-1} 和 1 045 cm^{-1} 处分别对应偶联剂中 C=O 的对称振动吸收峰、Si—O 伸缩振动吸收峰以及纳米二氧化钛与偶联剂相连接形成的 Ti—O—Si 的伸缩振动吸收峰。在 2 948 cm^{-1} 处的弱吸收峰则为亚甲基的伸缩振动吸收峰。此外,与改性前的红外光谱相比,3 400 cm^{-1} 处的羟基吸收峰明显减弱,表明硅烷偶联剂与纳米二氧化钛粒子表面的羟基发生脱水反应形成了共价键,说明偶联剂已经成功接枝到纳米二氧化钛粒子表面。

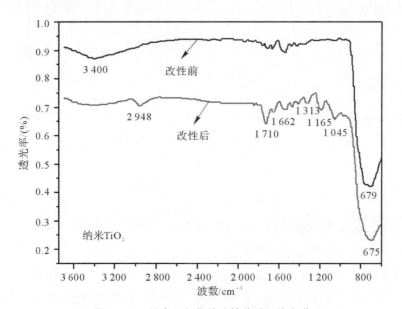

图 4-32　纳米二氧化钛改性前后红外光谱

由图 4 - 33 可见,改性前后,纳米三氧化二铝在 3 472 cm^{-1}、822～836 cm^{-1}、628～642 cm^{-1}处均有吸收峰,其中 836 cm^{-1}、822 cm^{-1}、642 cm^{-1}和 628 cm^{-1}是三氧化二铝的特征吸收峰,3 472 cm^{-1}是纳米三氧化二铝表面吸附水后羟基化形成的—OH 特征吸收峰。由于改性纳米三氧化二铝表面上的硅烷偶联剂量较少,所以本体的特征吸收峰依然可见,但各吸收峰均有所增强,说明偶联剂与纳米三氧化二铝表面发生了较强的化学作用。3 472 cm^{-1}处的吸收峰强度增加,说明偶联剂的 Si—OH 键与纳米三氧化二铝表面的—OH 键合形成羟基二聚体;1 421 cm^{-1}处出现的吸收峰未 Si—C—H 键的吸收峰,1 291 cm^{-1}处为 O—C 键的特征吸收峰。

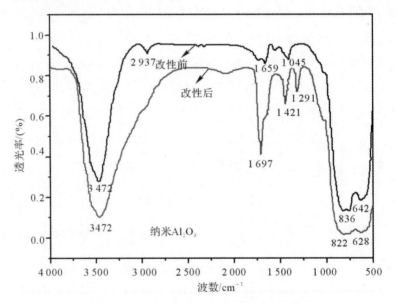

图 4 - 33　纳米三氧化二铝改性前后红外光谱

由图 4 - 34 可见,改性后的纳米碳酸钙在 2 963～3 011 cm^{-1}处出现了明显的甲基和亚甲基的伸缩振动吸收峰,在 1 733 cm^{-1}和 1 639 cm^{-1}附近分别出现 KH - 570 中 C＝C 键伸缩振动吸收峰和其酯基中 C＝O 键的伸缩振动吸收峰,并在 1 144 cm^{-1}处出现了 KH - 570 中 Si—O—Si 键的特征吸收峰,说明改性后的纳米碳酸钙被偶联剂分子包覆。

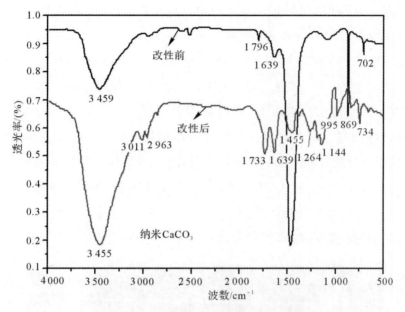

图 4 – 34　纳米碳酸钙改性前后红外光谱

4.5.3　纳米填料在不饱和聚酯树脂中的分散性

纳米填料在基体中的分散程度,直接影响到最终纳米复合材料的性能。即使经过表面改性的纳米填料,由于纳米小尺寸效应的作用,纳米填料仍有发生团聚的趋势,这时形成的团聚体为软团聚,如果对其施加一定物理作用,仍然可以将这些软团聚体解聚,使纳米填料以纳米尺度均匀分散在基体中。一般采用的物理分散方法主要有机械力分散和超声波分散。机械力分散就是借助外界剪切力或撞击力使纳米填料在基体中充分分散的一种形式,主要方式有高速分散均质、高速球磨等。本书通过采用不同的分散方式,对纳米二氧化硅、纳米二氧化钛、纳米三氧化二铝和纳米碳酸钙四种纳米填料在不饱和聚酯树脂中分散性进行了研究,其中纳米填料的添加量为树脂质量的 3%。

1.高速分散均质对纳米填料在不饱和聚酯树脂中分散性的影响

高速分散均质机是由定子和转子组成的一套分散装置。它的工作原理是:通过转子在定子空腔内高速旋转形成的负压,把将要分散的物质吸入空腔内,由于转子与定子之间的间隙很小,吸入的物质在转子与定子之间的空隙内受到强烈剪切力的作用,并且吸入的物质在这种剪切力的作用下,获得相当高的动能,从空腔内喷出,这样混合物在不断往复的作用下,使纳米填料在不饱和聚酯树脂中达到均匀分散。但是高速分散均质对纳米填料是一种强的机械力分散作用,这种作用对纳米填料团聚体的影响有限,团聚体尽管能够在强制剪切力的作用下解团,但纳米粒子间的吸附引力依然存在,团聚体解聚后可能又迅速长大团聚,从而影响分散效果。另外,混合物在高速剪切力的作用下,体系温度升高,纳米填料获得较高的动能,从而使纳米填料发生相互碰撞、团聚的概率增加,增强了纳米填料发生团聚的能力。这种现象可以从图 4-35 中经高速分散均质机分散作用后不饱和聚酯树脂固化样品的透射电镜(TEM)分析图片中反应出来。

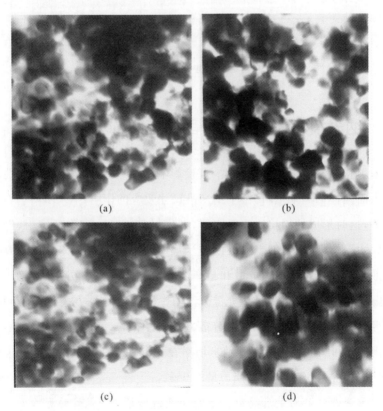

(a)　　　　　　　　　　(b)

(c)　　　　　　　　　　(d)

图 4-35　经高速分散均质机分散的纳米填料在不饱和

聚酯树脂中的分散 TEM 图(×150 000)

(a)二氧化钛;　(b)二氧化硅;　(c)三氧化二铝;　(d)碳酸钙

由图 4-35 可以看出,纳米二氧化钛、纳米二氧化硅和纳米三氧化二铝经高速分散均质机分散后,在不饱和聚酯树脂中有一定的分散效果,但体系中依然存在有大量团聚体,经测试,团聚体的粒径在 100~200 nm 之间。而纳米碳酸钙经高速分散均质机分散后团聚现象较弱,团聚体粒径在 80~95 nm 之间。

2. 超声波振荡对纳米填料在不饱和聚酯树脂中分散性的影响

超声波分散是一种降低纳米粒子团聚的有效方法。超声波是一种频率范围在 20~106 kHz,波速为 1.5 km/s,波长为 10~0.1 cm 的机械波。显然,超声波的波长远大于分子尺寸,不直接对分子产生作用,而是通过对分子周围环境的物理作用影响分子,也即是利用超声空化作用,当对样品进行超声处理时,存在于液体中的微气泡或空穴在声场的作用下振动、生长扩大、收缩和崩溃。微气泡崩溃时产生的局部高温、高压、强冲击波和微射流等可较大幅度地弱化纳米粒子间的纳米作用能,有效防止纳米粒子团聚而使之充分分散。但是,超声振荡所产生的超声空化对纳米填料的分散作用依然十分有限,如果在超声振荡前混合物不经过预先的强制剪切分散,那么纳米填料在不饱和聚酯树脂中就有大量团聚体的存在,且团聚体尺寸都维持在一个相当大的范围内,超声振荡对这些大的团聚体的空化作用有限。另外,在超声过程中,产生的局部热能和机械能,增强了纳米填料颗粒的活性,使其发生团聚的概率增加。这可以从图 4-36 中经超声振荡后固化样品的 TEM 图中反应出来。

由图 4-36 可见,经超声波振荡分散处理后,四种纳米填料在不饱和聚酯树脂中仍然存在团聚现象,但团聚体粒径较图 4-35 中团聚体的粒径均有明显下降,其中,纳米二氧化钛、纳米二氧化硅和纳米三氧化二铝分散体系中团聚体的粒径在 80~140 nm 之间,纳米碳酸钙团聚体粒径在 60~90 nm 之间说明超声振荡分散对纳米填料的分散作用较高速分散均质好。

3. 复合分散工艺对纳米填料在不饱和聚酯树脂中分散性的影响

针对采用高速均质分散或超声振荡分散,四种纳米填料在不饱和聚酯树脂中均有团聚体产生,分散效果都不甚理想的情况,考虑将两种分散工艺复合,对纳米填料在不饱和聚酯树脂中的分散性进行研究。在保持高速分散均质机转速一定的情况下,即保持对纳米填料剪切作用力相同的前提下,通过调整高速分散

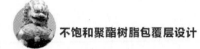

和超声振荡的时间,由不同分散工艺所对应的复合材料常温拉伸性能数据,对复合分散工艺进行了优化。表 4.10～表 4.13 分别为四种纳米填料/不饱和聚酯树脂复合材料常温拉伸性能随分散工艺的变化。

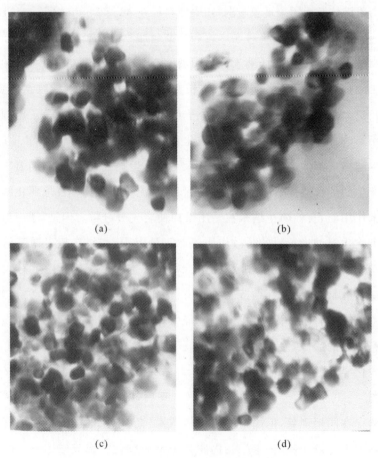

(a)　　　　　　　　　　(b)

(c)　　　　　　　　　　(d)

图 4-36　经超声波振荡分散的纳米填料在不饱和

聚酯树脂中的分散 TEM 图(×150 000)

(a)二氧化钛;　(b)二氧化硅;　(c)三氧化二铝;　(d)碳酸钙

表 4.10　复合分散工艺对纳米二氧化钛/不饱和聚酯树脂复合材料力学性能的影响(20℃)

序　　号	高速分散时间/min	超声振荡时间/min	拉伸强度/MPa	延伸率/(%)
1	10	10	69.456	5.919
2	10	15	69.884	6.243

续表

序　号	高速分散时间/min	超声振荡时间/min	拉伸强度/MPa	延伸率/(%)
3	10	20	74.186	7.372
4	15	10	73.301	7.716
5	15	15	72.569	7.299
6	15	20	64.977	7.554
7	20	10	69.709	7.568
8	20	15	69.568	7.629
9	20	20	67.315	7.816

表 4.11　复合分散工艺对纳米二氧化硅/不饱和聚酯树脂复合材料力学性能的影响(20℃)

序　号	高速分散时间/min	超声振荡时间/min	拉伸强度/MPa	延伸率/(%)
1	10	10	69.304	6.570
2	10	15	69.732	6.894
3	10	20	74.034	8.023
4	15	10	73.149	8.367
5	15	15	72.417	7.950
6	15	20	64.825	8.205
7	20	10	69.557	8.219
8	20	15	69.416	8.280
9	20	20	67.163	8.467

表 4.12　复合分散工艺对纳米三氧化二铝/不饱和聚酯树脂复合材料力学性能的影响(20℃)

序　号	高速分散时间/min	超声振荡时间/min	拉伸强度/MPa	延伸率/(%)
1	10	10	70.106	5.029
2	10	15	70.534	5.353
3	10	20	74.836	6.482

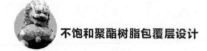

续表

序　号	高速分散时间/min	超声振荡时间/min	拉伸强度/MPa	延伸率/(%)
4	15	10	73.951	6.826
5	15	15	73.219	6.409
6	15	20	65.627	6.664
7	20	10	70.359	6.678
8	20	15	70.218	6.739
9	20	20	67.965	6.926

表 4.13　复合分散工艺对纳米碳酸钙/不饱和聚酯树脂复合材料力学性能的影响(20℃)

序号	高速分散时间/min	超声振荡时间/min	拉伸强度/MPa	延伸率/(%)
1	10	10	69.226	6.369
2	10	15	69.654	6.693
3	10	20	73.956	7.822
4	15	10	73.071	8.166
5	15	15	72.339	7.749
6	15	20	64.747	8.004
7	20	10	69.479	8.018
8	20	15	69.338	8.079
9	20	20	67.085	8.266

从表 4.10～表 4.13 可以看出,高速分散时间为 15 min,超声振荡时间为 10 min,纳米填料/不饱和聚酯树脂复合材料无论从拉伸强度,还是从延伸率方面都有较好的表现。另外,该复合材料通过液氮低温切片进行透射电镜测试,从图 4-37 可清楚地看到四种纳米填料在不饱和聚酯树脂基体中保

持着良好地分散,其颗粒平均直径为 30～40 nm。

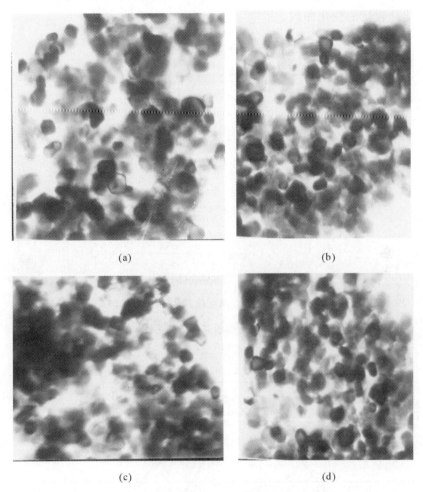

(a)

(b)

(c)

(d)

图 4－37　经复合分散的纳米填料在不饱和聚酯树脂中的分散 TEM 图(×150 000)
(a)二氧化钛；　(b)二氧化硅；　(c)三氧化二铝；　(d)碳酸钙

4.5.4　力学性能研究

1.纳米二氧化硅对不饱和聚酯树脂力学性能的影响

图 4－38～图 4－40 所示分别为不饱和聚酯树脂/纳米二氧化硅复合材

料在高温(50℃)、低温(−40℃)和常温(20℃)下的延伸率和拉伸强度随纳米二氧化硅含量的变化曲线。

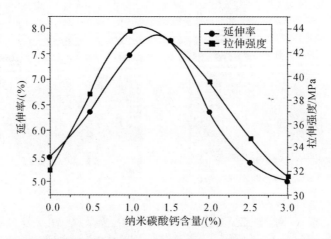

图 4 − 38　不饱和聚酯树脂/纳米二氧化硅复合材料高温(50℃)下的延伸率和
拉伸强度随纳米二氧化硅含量的变化曲线

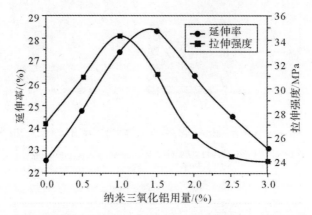

图 4 − 39　不饱和聚酯树脂/纳米二氧化硅复合材料低温(−40℃)下的延伸率和
拉伸强度随纳米二氧化硅含量的变化曲线

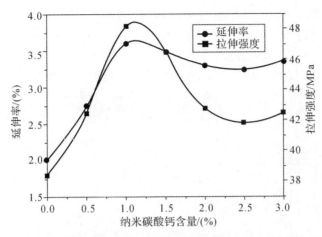

图 4-40 不饱和聚酯树脂/纳米二氧化硅复合材料常温（20℃）下的延伸率和
拉伸强度随纳米二氧化硅含量的变化曲线

由图 4-38~图 4-40 可以看出，不饱和聚酯树脂/纳米二氧化硅复合材料的延伸率随纳米二氧化硅用量的增加而增加，达到最大值后随纳米二氧化硅用量的增加而降低。这主要是由于纳米二氧化硅粒子尺寸极小，比表面较大，表面原子数目多且严重配位不足，表面结合能较高以及表面氧原子的大量流失，致使纳米二氧化硅显示出极强的活性，易与不饱和聚酯树脂中的氧原子发生键合作用，提高分子间作用力。此外，纳米二氧化硅粒子分布在不饱和聚酯树脂分子链的空隙中，因而具有较高流动性，使得到的不饱和聚酯树脂/纳米二氧化硅体系强度、韧性、延展性均有所提高。同时，纳米二氧化硅呈三维链状结构，表面的高比表面能和活性使其与不饱和聚酯树脂分子间的作用力较强，与树脂中的氧键合或镶嵌于树脂键中，使材料更致密，提高了树脂的硬度、强度。

2. 纳米碳酸钙对不饱和聚酯树脂力学性能的影响

图 4-41~图 4-43 所示分别为不饱和聚酯树脂/纳米碳酸钙复合材料在高温（50℃）、低温（-40℃）和常温（20℃）下的延伸率和拉伸强度随纳米碳

酸钙含量的变化曲线。

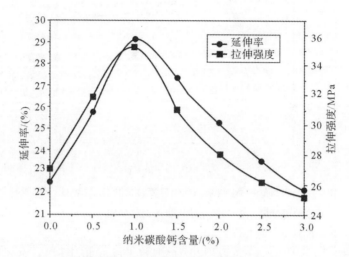

图 4-41　不饱和聚酯树脂/纳米碳酸钙复合材料高温(50℃)下的延伸率和
拉伸强度随纳米碳酸钙含量的变化曲线

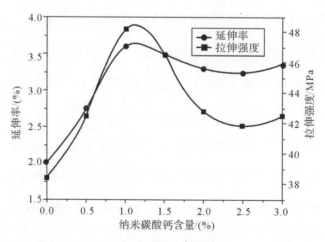

图 4-42　不饱和聚酯树脂/纳米碳酸钙复合材料低温(−40℃)下的延伸率和
拉伸强度随纳米碳酸钙含量的变化曲线

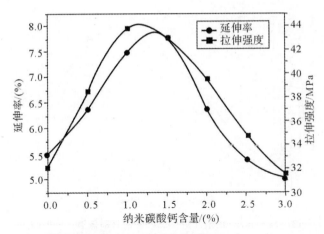

图 4-43 不饱和聚酯树脂/纳米碳酸钙复合材料常温(20℃)下的延伸率和拉伸强度随纳米碳酸钙含量的变化曲线

由图 4-41～图 4-43 可见,不饱和聚酯树脂/纳米碳酸钙复合材料的延伸率和拉伸强度随纳米碳酸钙含量的变化趋势与不饱和聚酯树脂/纳米二氧化硅复合材料基本一致。在达到最大值前,不饱和聚酯树脂/纳米碳酸钙复合材料的延伸率和拉伸强度随纳米碳酸钙含量的增加而增大,达到最大值后,延伸率和拉伸强度均呈现递减的变化趋势。

3. 纳米三氧化二铝对不饱和聚酯树脂力学性能的影响

图 4-44～图 4-46 所示分别为不饱和聚酯树脂/纳米三氧化二铝复合材料在高温(50℃)、低温(-40℃)和常温(20℃)下的延伸率和拉伸强度随纳米三氧化二铝含量的变化曲线。

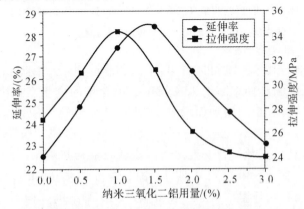

图 4-44 不饱和聚酯树脂/纳米三氧化二铝复合材料高温(50℃)下的延伸率和拉伸强度随纳米三氧化二铝含量的变化曲线

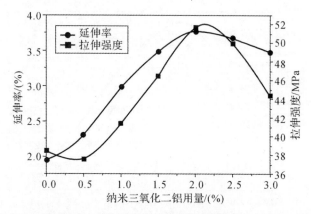

图4-45 不饱和聚酯树脂/纳米三氧化二铝复合材料低温(−40℃)下的延伸率和
拉伸强度随纳米三氧化二铝含量的变化曲线

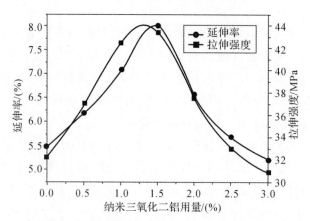

图4-46 不饱和聚酯树脂/纳米三氧化二铝复合材料常温(20℃)下的延伸率和
拉伸强度随纳米三氧化二铝含量的变化曲线

由图4-44～图4-46可以看出,不饱和聚酯树脂/纳米三氧化二铝复合
材料的拉伸强度和延伸率随纳米三氧化二铝含量的变化表现出相同的变化
趋势,先是随填料含量的增加而增大,当达到最大值后,随填料含量的增加而
减小。

4.纳米二氧化钛对不饱和聚酯树脂力学性能的影响

图4-47～图4-49所示分别为不饱和聚酯树脂/纳米二氧化钛复合材
料在高温(+50℃)、低温(−40℃)和常温(+20℃)下的延伸率和拉伸强度随
纳米二氧化钛含量的变化曲线。

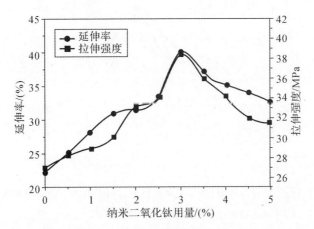

图 4‑47 不饱和聚酯树脂/纳米二氧化钛复合材料高温(50℃)下的延伸率和
拉伸强度随纳米二氧化钛含量的变化曲线

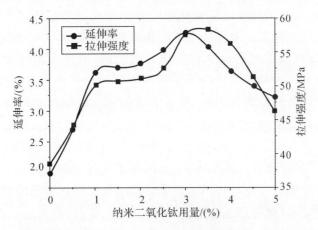

图 4‑48 不饱和聚酯树脂/纳米二氧化钛复合材料低温(−40℃)下的延伸率和
拉伸强度随纳米二氧化钛含量的变化曲线

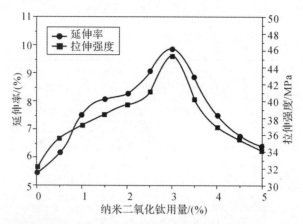

图 4-49 不饱和聚酯树脂/纳米二氧化钛复合材料常温(20℃)下的延伸率和拉伸强度随纳米二氧化钛含量的变化曲线

从图 4-47~图 4-49 可以看出,不饱和聚酯树脂/纳米二氧化钛复合材料的延伸率和拉伸强度随着纳米二氧化钛含量的增加而增加,当纳米二氧化钛含量达到 3% 左右时,其复合材料的延伸率和拉伸强度达到最大。此后,随着纳米二氧化钛含量的增加,复合材料的低温延伸率逐渐降低。

加入的纳米二氧化钛使复合材料的延伸率和拉伸强度呈现出如此变化趋势,主要是因为纳米二氧化钛在不饱和聚酯树脂基体中的增效作用。由于纳米二氧化钛具有纳米小尺寸效应和表面效应,当纳米填料含量逐渐增加时,纳米填料与不饱和聚酯树脂分子链发生物理交联的概率也逐渐增大,这样,复合材料在受到拉伸作用时,两者之间的相互作用随纳米填料含量的增大而增强,从而使复合材料的延伸率随纳米二氧化钛含量的增加而增大。同时,由于纳米填料极易发生团聚,随着纳米二氧化钛含量的增加,纳米填料发生碰撞以至团聚的概率逐渐增大,复合体系中粒径小于 100 nm 的填料逐渐减少,绝大部分填料已不具有纳米效应,所以,复合材料的延伸率和拉伸强度在纳米二氧化钛含量超过 3% 时逐渐降低。

4.5.5 纳米填料的改性机理研究

1. 拉伸断面形貌分析

力学性能是决定高分子聚合物材料使用的主要因素之一,而高聚物的力学性能取决于它的微观结构,因此对高聚物的微观结构研究就变得非常重要。研究高聚物力学性能一般有两个目的：

（1）高聚物力学性能的宏观描述；

（2）寻求力学性能与材料内部结构之间的联系，建立微观结构与宏观性能之间的关系。

高聚物的力学性能有很大的不确定性，这些不确定性的根源是材料在加工过程中会不可避免地引入一些缺陷（如微裂纹、空穴、内应力和杂质等），这样在一定应力作用下，这些缺陷将会产生不同程度的应力集中。这种应力集中效应破坏了整体材料的受力及其响应的均匀性，使材料在较低的应力作用下就可能于缺陷处引发断裂。材料发生变形后，如果应力继续增大并超过了弹性极限，可能发生两种现象：①脆性断裂；②屈服并出现塑性变形。前者称为脆性材料，后者称为韧性材料。材料的韧性是指通过吸收和耗散能量而阻止其发生破坏的能力。采用纳米填料对不饱和聚酯树脂进行改性研究，与传统改性方法相比，其复合材料表现出良好的增强增韧效果。针对纳米填料的增强增韧改性效果，所对应的改性机理有很多理论，如物理化学作用增强增韧机理、微裂纹化增强增韧机理、裂缝与银纹相互转化增强增韧机理、临界基体层厚度增韧机理、物理交联点增强增韧机理等。随着扫描电子显微镜（SEM）技术的发展，可以利用 SEM 观察材料拉伸断面的形貌，来分析纳米填料对不饱和聚酯树脂的改性机理。图 4-50 为不饱和聚酯树脂/纳米二氧化钛复合材料和空白样品拉伸断面 SEM 图。

从图 4-50（a）（c）可以看出，纳米填料改性不饱和聚酯树脂后，复合材料拉伸断面形貌非常粗糙，断面出现大量韧窝，纹理细且密，支化度高，是典型韧性断裂特征，而从图 4-50（b）（d）可以看出，空白样品拉伸断面呈大片撕裂，无韧窝，线条单一、粗大，纹理稀疏，呈现典型的脆性破坏特征。

复合材料与空白样品的拉伸断面形貌出现上述不同，这主要是由于纳米二氧化钛粒径很小，具有非常大的表面积，通过与不饱和聚酯树脂基体的充分混合，使纳米二氧化钛与不饱和聚酯树脂基体的接触面积大大增加。同时，通过对纳米二氧化钛的表面改性，使纳米二氧化钛与不饱和聚酯树脂分子链紧密结合在一起，这样均匀分布在基体中的纳米二氧化钛就像"钉子"一样，在复合材料受到拉伸作用时，产生一定的"钉扎"效应，从而引发更多的银纹，吸收更多的能量，使拉伸界面不易被破坏，改变了拉伸界面的破坏形式，同时，也是由于纳米二氧化钛的加入，改变了材料断裂的破坏机制，出现脆韧转变现象，不饱和聚酯树脂由脆性断裂转变为先屈服变形而后断裂的韧性断裂。而纯不饱和聚酯树脂的低温拉伸性能较差，就是因为在材料中存在有许多缺陷(微裂纹、杂质等),一旦受到外力的作用,这些裂纹会扩展,其能量会转化成产生新裂纹的表面能。当裂纹超过一定长度时,开裂速度就大大加快,导致材料的破坏。在不饱和聚酯树脂基体中引入纳米填料,由于纳米填料粒子表面有大量缺陷,使纳米填料不仅具有蓄能作用,而且与大分子链之间存在有较强的范德华力作用。此外,纳米填料粒子粒径很小,通过与不饱和聚酯树脂的混合,很容易进入到不饱和聚酯树脂的缺陷内部,使基体的应力集中状态发生改变,因此当复合材料受到外力作用时,能够有效阻止裂纹的扩展,表现出较好的宏观低温力学性能。

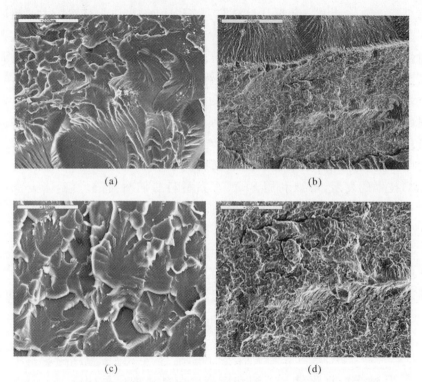

(a)　　　　　　　　　　　　(b)

(c)　　　　　　　　　　　　(d)

图 4 - 50　不饱和聚酯树脂/纳米二氧化钛复合材料、空白样品拉伸断面 SEM 图

(a)复合材料(×200);　(b)空白样品(×200);

(c)复合材料(×400);　(d)空白样品(×400)

2.玻璃化转变温度分析

纳米二氧化钛对不饱和聚酯树脂玻璃化转变温度影响见表 4.14。

表 4.14　不饱和聚酯树脂/纳米二氧化钛复合材料与空白样品 T_g 测试数据表

测试样品	填料含量/(%)	T_g/℃	T_{onset}/℃	T_{offset}/℃
空白样品	0	60.64	47.45	73.81
复合材料	1	48.86	42.24	56.12
	2	50.22	29.96	70.35
	3	51.14	23.96	78.31

注：T_{onset} 为起始温度，T_{offset} 为结束温度。

从表 4.14 可以看出，纳米二氧化钛的加入，使不饱和聚酯树脂的 T_g 降低了。纳米填料的加入，一方面是由于纳米填料表面的基团通过硅烷偶联剂与不饱和聚酯树脂分子链有相互吸引的作用，减少了不饱和聚酯树脂分子链之间发生相互作用的概率，物理交联点减少；另一方面，纳米填料颗粒尺寸比不饱和聚酯树脂分子链要小得多，纳米填料颗粒在基体中的活动比较容易，可以很方便地提供链段活动时所需要的空间。同时由于不饱和聚酯树脂物理交联点减少，不饱和聚酯树脂的交联密度减小，自由体积增大，分子链的活动受到约束的程度减小，相邻交联点的平均链长变大，所以纳米填料的加入使 T_g 减小。同时，随着纳米二氧化钛含量的逐渐增大，其复合体系的 T_g 也相应增加，原因可能是由于纳米二氧化钛极易发生团聚，随着纳米二氧化钛在不饱和聚酯树脂体系中含量的逐渐增大，纳米二氧化钛在不饱和聚酯树脂基体中发生碰撞团聚的概率增大，这样对不饱和聚酯树脂基体的内增塑作用就会减弱，T_g 也就随之升高。

4.6　纤维对力学性能的影响

纤维增强树脂基复合材料是目前技术比较成熟而且应用最为广泛的一类复合材料，这种材料多是用短切或连续纤维增强热固性或热塑性树脂基体复合而成，具有高比强度、高比模量、安全破坏性好、疲劳寿命高等优点，被广泛应用于航空、航天、兵器、船舶、交通等众多领域。目前，短切纤维复合材料

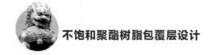

技术已被广泛应用于高性能产品的开发和应用上,这种技术的应用提高了产品的综合性能,受到越来越多材料行业从业者的青睐。

短切纤维复合材料是指具有一定长径比的增强体(或功能体)或针状、片状增强体的复合材料。与粒子复合材料不同,短切纤维复合材料中的纤维可以承受较大的纵向(轴向)载荷,使其具有明显的增强作用。事实上,当长径比趋于 1 时,即为粒子复合材料;而长径比趋于无限大时,即为连续纤维复合材料。短切纤维复合材料在制备时,一般是切成定长的短纤维,这在工艺上是比较容易实现的。但在复合材料成型过程中,纤维很容易发生取向变化,要控制取向是比较困难的,需要在工艺上进行研究解决。纤维的几何参数、基体的粘弹性及短切纤维复合材料成型过程中的工艺参数与复合材料外形的改变有着复杂的依赖关系。因此,本书选用短切碳纤维、短切玻璃纤维和短切芳纶纤维作为增强材料,对不饱和聚酯树脂包覆层开展力学性能增强和工艺性能研究。

4.6.1　短切纤维用量对力学性能的影响

为了简化研究方案,本书仅选用 191# 邻苯型不饱和聚酯树脂作为基体树脂,苯乙烯为交联剂,过氧化环己酮/环烷酸钴为引发促进剂,分别选用短切碳纤维(5 mm)、短切玻璃纤维(5 mm)和短切芳纶纤维(5 mm)作为增强材料。

基础配方设计:不饱和聚酯树脂 100 份,过氧化环己酮 4 份,环烷酸钴 0.5 份,氢氧化铝 40 份,磷酸三氯乙酯 7 份,苯乙烯 30 份。在此基础上,向基础配方中分别添加不同含量的短切碳纤维、短切玻璃纤维和短切芳纶纤维构成试验配方。图 4-51 和图 4-52 所示为 20℃时不饱和聚酯树脂包覆层拉伸强度和延伸率随三种短切纤维含量的变化曲线。

由图 4-51 可以看出,三种用量对不饱和聚酯树脂包覆层拉伸强度的影响变化趋势基本一致,拉伸强度与纤维用量之间均呈现出最大值变化关系,即纤维用量达到某一特定值之前,包覆层的拉伸强度随着纤维含量的增加而增加；随着纤维用量的继续增加，包覆层的拉伸强度随之下降。其中，短切芳纶纤维和短切碳纤维的用量达到4份时，包覆层的拉伸强度出现最大值；短切碳纤维的用量达到5份时，包覆层的拉伸强度出现最大值。这是因为纤维含量增加，即体积所占比例增大，这时会有更多的纤维承担基体传递的载荷，同时纤维所占比例越大，包覆层材料断口拔出的的纤维数量也越多，试样断裂时所消耗的拔出功越多，因而包覆层材料的拉伸强度也相应提高。添加三种纤维的包覆层的拉伸强度达到最大值后，随着纤维用量的进一步增加，包覆层的拉伸强度又逐渐降低，原因在于纤维体积含量高，基体所占比例相对较小，包覆层在成型过程中，基体间不能形成良好的粘接，基体传递载荷的作用减小，纤维也没有起到应有的增强作用，因而包覆层的拉伸强度随之下降。

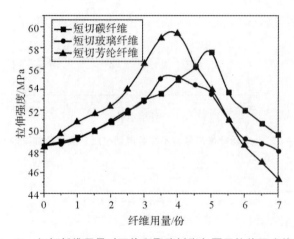

图4-51 短切纤维用量对不饱和聚酯树脂包覆层拉伸强度的影响

由图4-52可以看出，随着纤维添加量的增加，添加三种纤维的不饱和聚酯树脂包覆层的延伸率均呈现逐渐下降的趋势，并未出现类似拉伸强度随纤维含量变化出现的先增后减的最大值变化关系。这是因为纤维复合材料的延伸率主要依靠不饱和聚酯树脂基体分子之间的相互作用力和基体与纤维之间的相互作用力。在纤维用量达到拉伸强度对应的最大值之前，包覆层的延伸率主要取决于不饱和聚酯树脂基体分子之间的作用力，纤维的添加直接导致了基体所占比例降低，基体分子之间的微观界面作用力减弱（拉伸断裂能降低,延伸率提高),基体分子与纤维之间的作用力增强(拉伸断裂能提高,延伸率降低),而基体分子与纤维之间的作用力对延伸率的影响力明显强于基体分子之间的作用力,从而导致包覆层延伸率不断降低。纤维用量达到拉伸强度对应的最大值之后,包覆层的延伸率则主要取决于不饱和聚酯树脂基体与纤维之间的作用力,纤维用量越大,基体传递载荷的作用越小,包覆层的延伸率越低。

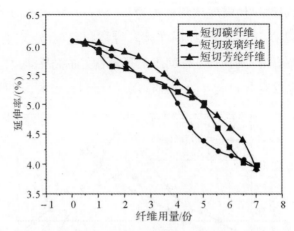

图 4-52 短切纤维用量对不饱和聚酯树脂包覆层延伸率的影响

4.6.2 短切纤维长度对力学性能的影响

选用 191# 邻苯型不饱和聚酯树脂作为基体树脂,苯乙烯为交联剂,过氧化环己酮/环烷酸钴为引发促进剂,分别选用 5 mm、10 mm、15 mm 和 20 mm 4 种规格的短切碳纤维、短切玻璃纤维和短切芳纶纤维作为增强材料。

基础配方设计:不饱和聚酯树脂 100 份,过氧化环己酮 4 份,环烷酸钴 0.5 份,氢氧化铝 40 份,磷酸三氯乙酯 7 份,苯乙烯 30 份,纤维(短切碳纤维、短切玻璃纤维和短切芳纶纤维)。在此基础上,向基础配方中分别添加 4 份三种不同的短切纤维构成试验配方。图 4-53~图 4-55 所示分别为 20℃时不同纤维长度对不饱和聚酯树脂包覆层力学性能的影响变化关系。

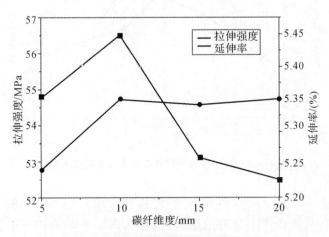

图 4 - 53 碳纤维长度对包覆层力学性能的影响

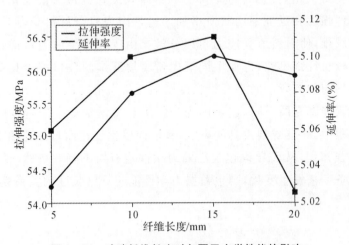

图 4 - 54 玻璃纤维长度对包覆层力学性能的影响

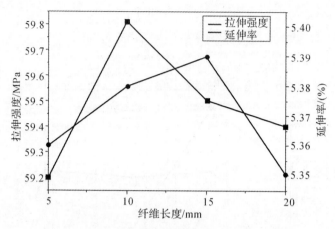

图 4-55　芳纶纤维长度对包覆层力学性能的影响

　　由图 4-53～图 4-55 可见,三种短切纤维加入到不饱和聚酯树脂包覆层配方中,在其他条件不变的情况下,当加入树脂中的短切纤维长度发生改变时,其对包覆层拉伸强度和延伸率的影响也随之变化。从图中曲线的走势可以看出,随着包覆层配方中纤维长度的增加,三种包覆层配方的拉伸强度和延伸率呈现出基本一致的变化趋势,即纤维长度增加,拉伸强度和延伸率逐渐增加至最大值,然后逐渐下降。在纤维长度达到最大值变化点之前,包覆层的拉伸强度和延伸率均有所增加。这是因为复合材料受力时基体将应力传递给纤维,使材料所受应力得以分散。由于短纤维应力传递途径较短,响应速度较长纤维迅速,再加上同等用量时短纤维的数目多于长纤维,应力分散更加均匀和有效。而当纤维长度增加至最大值变化点以上时,包覆层拉伸强度和延伸率有所下降,这是因为当纤维长度增加至一定程度时,包覆层在成型过程中,纤维受到模具的影响,其取向发生变化而自然弯曲,没有起到良好的增强作用,从而导致包覆层的力学性能有所下降。当然,模具型式与包覆层制备工艺发生变化,则包覆层力学性能与纤维长度的关系就有待于进一步研究。

参 考 文 献

[1]　张瑞庆.固体火箭推进剂[M].北京:兵器工业出版社,1991.

[2] 于同隐,何曼君,卜海山,等. 高聚物的粘弹性[M]. 上海:上海科学技术出版社,1986.

[3] 乔生儒,张程煜,王泓. 材料的力学性能[M]. 西安:西北工业大学出版社,2015.

[4] 陆立明. 热分析应用基础[M]. 上海:东华大学出版社,2010.

[5] 杨士山,工吉贵,李东林,等. 碳氮杂环基乙烯基树脂的合成与表征[J]. 火炸药学报,2004,27(4):59-62.

[6] 杨士山. 改性不饱和聚酯包覆层的合成与配方研究[D]. 西安:西安近代化学研究所,2003.

[7] 周文英,牛国良,李文泉. 不饱和聚酯树脂增韧研究[J]. 化学推进剂与高分子材料,2002,(5):9-12.

[8] 台会文,瞿雄伟,张留成. 不饱和聚酯互穿网络聚合物的力学性能和形态结构的表征[J]. 合成树脂及塑料,1998,15(2):55-57.

[9] 张以河,付绍云,李国耀,等. 聚合物基纳米复合材料的增强增韧机理[J]. 高技术通讯,2004,(5):99-105.

[10] 朱立新,王小萍,贾德民. UP 的增韧改性及机理[J]. 绝缘材料,2004(1):52-54.

[11] 周艳,郑小瑰,贾德民. 不饱和聚酯树脂基纳米复合材料研究进展[J]. 热固性树脂,2003,18(5):22-24.

[12] 张毅,马秀清,李永超,等. 纳米 SiO_2 增强增韧不饱和聚酯树脂的研究[J]. 中国塑料,2004,18(2):37-39.

[13] 徐颖,李丽利,卢凤纪,等. 纳米 TiO_2 改性不饱和聚酯树脂(nano-TiO_2/UPR)的结构与性能[J]. 西北工业大学学报,2003,21(4):387-390.

[14] 徐群华,孟卫,杨绪杰,等. 纳米二氧化钛增强增韧不饱和聚酯树脂的研究[J]. 高分子材料科学与工程,2001,17(2):158-160.

[15] 叶林忠,姜鲁华,杜芳林,等. 纳米碳酸钙粒子增韧增强不饱和聚酯树脂的研究[J]. 中国塑料,2002,16(7):67-71.

[16] 陆荣,魏无际,张延斌. UPR/Al_2O_3 复合微粒的密度及硬度研究[J]. 塑料工业,2008,(36):170-172.

[17] 马晓东,强伟,路向辉,等. 纳米 TiO_2 对不饱和聚酯树脂包覆层的改性[J]. 火炸药学报,2006,29(2):48-50.

[18] 强伟,王吉贵. 纳米填料在不饱和聚酯树脂(UP)包覆层改性中的应用前景[J]. 火炸药学报,2005,28(3):37-40.

[19] 赵凤起,单文刚,李上文. 有机硅烷偶联剂在固体火箭发动机装药中应用及其作用机理综述[J]. 含能材料,1998,6(1):37-42.

[20] 古菊,林路,覃树成,等. 硅烷偶联剂 KH-550 对纳米晶纤维素/炭黑/天然橡胶复合材料性能的影响[J]. 橡胶工业,2017,64(5):279-284.

[21] 袁才登,陈苏,段亚冲,等. 无机-有机复合改性聚磷酸铵的制备及其在不饱和聚酯中的应用[J]. 塑料工业,2015,43(7):97-101.

[22] 乔恒婷,夏茹,章于川. 新型纳米氮化铝/不饱和聚酯导热复合材料的制备与表征[J]. 合成化学,2009,17(5):609-611.

[23] 刘苏静,马星,栾永胜,等. 偶联剂 KH570 改性纳米 TiO_2 复合丙烯酸防污涂料性能研究[J]. 涂料工业,2015,45(7):14-18.

[24] 强伟,王吉贵. 纳米 TiO_2 在不饱和聚酯树脂(UP)中分散性的研究[J]. 塑料工业,2006,(34):238-246.

[25] 柯扬船. 聚合物-无机纳米复合材料[M]. 北京:化学工业出版社,2002.

[26] 张玉龙,李长德. 纳米技术与纳米塑料[M]. 北京:中国轻工业出版社,2002.

[27] 杨中文,刘西文. 纳米技术在高分子材料改性中的应用[J]. 现代塑料加工应用,1999,11(6):38.

[28] Mascia L. The role of additive in plastics. London:Applied Science Publicshers,1974.

[29] 王相田,胡黎明. 超细颗粒分散过程分析[J]. 化学通报,1995,(3):13.

[30] 张金柱,汪信,陆路德,等. 纳米无机粒子对塑料增强增韧的"裂缝与银纹相互转化"机理[J]. 工程塑料应用,2003,31(1):20.

[31] 熊传溪,闻荻江,皮正杰. 超微细 Al_2O_3 增韧增强聚苯乙烯的研究[J]. 高分子材料与工程,1994,(4):69-72.

[32] 马继盛,张树范,漆宗能.聚氨酯弹性体/蒙脱土纳米复合材料的合成、结构与性能[J].高分子学报,2001,(3):325.

[33] 詹茂盛,肖威,李智.2002 年塑料高新技术科技成果交流会论文集,杭州,2002,65.

[34] 王晓洁,梁国正,张炜,等.纤维增强树脂基隔热复合材料研究[J].宇航材料工艺,2006,(3):22 25.

[35] 贾志刚.树脂基复合材料隔热涂层的研究进展[J].材料保护,2002,35(2):7-8.

[36] 焦剑,雷渭媛.高聚物结构、性能与测试[M].北京:化学工业出版社,2003.

[37] 王再玉,喻国生.聚丙烯短切纤维增强不饱和聚酯树脂复合材料的性能研究[J].洪都科技,2006(1),45-48.

[38] 赵雨花,李其峰,王军威,等.短纤维增强热塑性聚氨酯弹性体复合材料的性能研究[J].纤维复合材料,2014,4:15-19.

[39] 季春晓,刘礼华,曹文娟.碳纤维表面处理方法的研究进展[J].石油化工技术与经济,2011,27(2):57-61.

[40] 余训章.短切碳纤维增强硬质聚氨酯泡沫复合材料压缩强度与形貌研究[J].玻璃钢/复合材料,2015,(2):28-31.

[41] 姚瑶,张广成,史学涛,等.短切碳纤维增强聚酰亚胺泡沫的制备及性能[J].工程塑料应用,2017,45(8):1-5.

[42] 郝强强,邵水源,梁姣利,等.短切玻璃纤维/丁腈橡胶复合材料的耐磨性能[J].合成橡胶工业,2017,40(4):311-314.

[43] 王建华,芦艾,周秋明,等.短切玻璃纤维增强硬质聚氨酯泡沫塑料的压缩性能[J].高分子材料科学与工程,2001,17(3):1-3.

[44] 张蔚,陈丰,张华,等.低密度长玻璃纤维增强聚氨酯泡沫复合材料的力学性能[J].工程塑料应用,2011,39(2):24-29.

[45] 上官倩芺,蔡泖华.玻璃纤维增强不饱和聚酯基复合材料的力学性能[J].机械工程材料,2012,36(4):71-76.

[46] 孙洁,李华强,冯古雨,等.短切芳纶纤维增强酚醛泡沫性能的研究[J].工程塑料应用,2015,43(4):12-16.

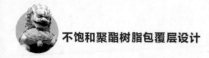

［47］ 李伟,曹应民,张电子,等. 短切芳纶纤维增强复合材料的研究进展［J］. 工程塑料应用,2010,38(9):86-88.

［48］ Van Krevelen D W. Properties of polymers, their estimation and correlation with chemical structure［M］. Amsterdam - Oxford - New York: Elsevier Scientific Publishing Company,1976.

第 5 章

不饱和聚酯树脂包覆层的热性能与耐烧蚀性能

　　本章以不饱和聚酯树脂分子结构、阻燃剂和耐烧蚀填料的功能和类型以及纤维类型、用量和规格等作为研究对象,通过热导率分析、线膨胀系数分析、动态热失重分析和极限氧指数分析和烧蚀率分析等技术手段,开展了不饱和聚酯树脂包覆层的热性能和耐烧蚀性研究。

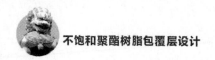

|5.1 概　　述|

包覆层除了控制装药的燃烧表面积以外，还要起到一定的隔热和阻燃作用，使推进剂燃气不直接接触发动机壳体。如果在装药燃烧过程中因包覆层烧穿而导致装药燃烧表面增大，可导致发动机燃烧室压力的急剧升高，甚至引起发动机爆炸。目前，用作包覆层的材料，绝大多数为高分子聚合物，推进剂燃烧时火焰温度可高达 3 600～3 700 K，而一般高聚物的热稳定温度低于 473 K，在推进剂火焰温度下不可能不燃。所以，在包覆层设计和应用时，并不要求包覆层完全不燃烧，而是要求在装药燃烧过程中包覆层不烧掉即可。这就要求包覆材料必须具备优良的热性能和耐烧蚀性能。此外，对包覆层热性能和耐烧蚀性能的要求随装药结构和燃烧时间的长短而异，如端面燃烧装药燃烧时间较长，对包覆层的热性能和耐烧蚀性的要求较高。而内孔燃烧装药两端的包覆层应加厚，因为这个部位的包覆层直接接触推进剂火焰。有的装药希望包覆层随装药一起燃尽，不留残渣，如为了保持恒面燃烧而包覆了两端的管状药。

不饱和聚酯树脂包覆层热性能和耐烧蚀性能的高低，主要取决于不饱和聚酯树脂、阻燃剂、耐烧蚀填料和耐烧蚀纤维等。本书将从不饱和聚酯树脂分子结构和特性、阻燃剂和耐烧蚀填料的功能和类型以及纤维类型、用量和规格等作为研究对象,开展不饱和聚酯树脂包覆层配方的热性能和耐烧蚀性研究,涉及的主要技术指标包括热导率、线膨胀系数、动态热失重分析、极限氧指数分析和烧蚀率分析。

|5.2 包覆层热性能和耐烧蚀性的研究方法|

5.2.1 热性能研究

1. 热导率

热导率表征材料在稳定传热状态下的导热能力,包覆层热导率关系到推进剂装药的热安全特性。从推进剂装药的隔热角度来讲,包覆层的热导率越低,推进剂装药的热安全性相对越高。因此,是包覆层研究的关键技术指标之一。包覆层热导率的测试可按照 GJB 8683.9—2015《烟火药物理参数试验方法 第 9 部分 护热板法》测定。

2. 线膨胀系数

线膨胀系数为固体物质的温度每改变 1℃ 时,其长度的变化和它在 0℃ 时的长度之比。线膨胀系数越小,材料在高低温状况下的稳定性越好,用于判断热胀冷缩对推进剂与包覆层的力学匹配性。对于包覆层材料而言,若线膨胀系数大,在高低温环境中贮存、使用时容易发生包覆层与推进剂脱粘等不利情况,严重影响推进剂装药的质量和安全性。因此,线膨胀系数是评价包覆层耐热性的又一关键性指标。线膨胀系数按 GJB 8683.13—2015《热机分析法》测定。

3. 动态热失重分析

动态热失重分析是研究材料热稳定性和耐高温分解特性的重要技术手段。由包覆层的烧蚀机理和物理模型可知,包覆层在高温、高压和高速燃气热流以及侵蚀性粒子的作用下会发生型面退移和尺寸变化。包覆层的烧蚀

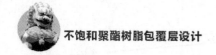

模型可分为炭化层-热解层-基体三种结构。炭化层能够起到延缓、阻止火焰对下层基体的深度烧蚀的作用,而在炭化层和基体之间的热解层的热稳定性和耐高温特性对于包覆层的整体耐烧蚀能力起着至关重要的作用。因此,包覆层材料的热稳定性和耐高温特性也是包覆材料设计、筛选过程中的主要技术指标。

5.2.2 耐烧蚀性能研究

1. 极限氧指数分析

极限氧指数分析主要用于评价材料的阻燃性能,极限氧指数越大,阻燃性越好。一般认为具有自熄性的高聚物材料的极限氧指数应在22%以上。目前,普通的不饱和聚酯树脂浇注体的极限氧指数约为18%,在空气中可完全燃烧,这并不满足包覆层对材料耐烧蚀性的要求。因此,只有通过合适的配方设计,向不饱和聚酯树脂包覆层复合材料体系中引入阻燃性添加剂,才能够保证不饱和聚酯树脂具有优良的阻燃特性,从而满足包覆层对材料阻燃性的要求。因此,对于不饱和聚酯树脂包覆层配方设计和性能评价而言,配方体系的极限氧指数是研究的重点。

2. 烧蚀率分析

烧蚀是指由于高温高速气流的作用,引起烧蚀材料的热解、熔化、气化、升华和辐射等复杂的气动-化学物理过程。烧蚀率是评价推进剂包覆材料耐烧蚀性能的关键指标,烧蚀率越小,包覆层的耐烧蚀性能越高。烧蚀率可分为线烧蚀率和质量烧蚀率。包覆层材料的烧蚀率可用静态的氧-乙炔焰烧蚀试验进行测定,但这种测试条件与实际发动机装药燃烧条件差别较大,无法真实反映发动机装药燃烧过程中包覆层的烧蚀规律和行为。所以有人将包覆层试片置于发动机中,在推进剂燃气流的直接作用下观察包覆层的烧蚀情况。但这种方法价格高,并不适宜于常规测试。因此,本书主要采用静态的氧-乙炔焰烧蚀试验进行包覆层烧蚀率测定,测定方法依照 GJB 323A—1996《烧蚀材料烧蚀试验方法》。

|5.3 不饱和聚酯树脂对包覆层热性能和耐烧蚀性能的影响|

5.3.1 树脂种类对包覆层热性能和耐烧蚀性能的影响

5.3.1.1 配方设计

分别选用 191# 邻苯型树脂、199# 间苯耐热树脂、199A# 对苯耐热型树脂、3301# 双酚 A 耐腐蚀树脂和 PUUP/CNUP 韧性树脂作为研究对象,并设计试验配方见表 5.1。

表 5.1 不饱和聚酯树脂包覆层配方设计(Ⅰ)

配方编号	树脂用量/份	引发剂用量/份	促进剂用量/份	纤维用量/份	填料用量/份	增塑剂用量/份	交联剂用量/份
1	191#/100	过氧化环己酮/4	环烷酸钴/0.5	短切碳纤维(5mm)/5	氢氧化铝/40	磷酸三氯乙酯/7	苯乙烯/30
2	199#/100						
3	199A#/100						
4	3301#/100						
5	PUUP/40 CNUP/60						

5.3.1.2 热性能研究

1.热导率

为了便于比较,本书针对未添加填料、纤维和增塑剂的各个不饱和聚酯树脂配方固化物进行了热导率的测定,结果见表 5.2。表 5.3 为 5 种不饱和聚酯树脂包覆层配方进行了热导率测定结果。

表5.2　不同型号不饱和聚酯树脂固化物的热导率

树脂型号	191#	199#	199A#	3301#	PUUP/ CNUP
热导率/(W·m^{-1}·K^{-1})	0.185	0.189	0.191	0.182	0.194

表5.3　不饱和聚酯树脂包覆层的热导率（Ⅰ）

配方编号	1	2	3	4	5
热导率/(W·m^{-1}·K^{-1})	0.215	0.219	0.224	0.212	0.226

由表5.2可以看出,不同型号的不饱和聚酯树脂固化物的热导率相差不大,均小于0.2 W·m^{-1}·K^{-1},通常认为当材料的热导率小于0.3 W·m^{-1}·K^{-1}时均属于较好的绝热材料。从表5.3可以看出,添加了相同规格的碳纤维、氢氧化铝和磷酸三氯乙酯后,5种包覆层配方的热导率均有小幅度增大,但均小于0.3 W·m^{-1}·K^{-1},并未因添加碳纤维和氢氧化铝而出现急剧增大的现象,符合推进剂装药对包覆层低导热率的要求。

2.线膨胀系数

表5.4和表5.5分别为未添加填料、纤维和增塑剂的不饱和聚酯树脂配方固化物和5种不饱和聚酯树脂包覆层配方线膨胀系数的测定结果,测定温度范围分别为$-50\sim20$℃和$20\sim100$℃。

表5.4　不同型号不饱和聚酯树脂固化物的线膨胀系数

树脂型号	191#		199#		199A#		3301#		PUUP/ CNUP	
测试温度区间/℃	$-50\sim20$	$20\sim100$	$-50\sim20$	$20\sim100$	$-50\sim20$	$20\sim100$	$-50\sim20$	$20\sim100$	$-50\sim20$	$20\sim100$
线膨胀系数/ ($\times10^{-4}$℃$^{-1}$)	1.34	1.65	1.35	1.63	1.39	1.71	1.44	1.64	1.84	1.95

表5.5　不饱和聚酯树脂包覆层的线膨胀系数（Ⅰ）

配方编号	1		2		3		4		5	
测试温度区间/℃	$-50\sim20$	$20\sim100$	$-50\sim20$	$20\sim100$	$-50\sim20$	$20\sim100$	$-50\sim20$	$20\sim100$	$-50\sim20$	$20\sim100$

续表

配方编号	1		2		3		4		5	
线膨胀系数/ ($\times 10^{-4}$℃$^{-1}$)	1.25	1.48	1.27	1.49	1.29	1.53	1.36	1.52	1.71	1.52

由表 5.4 可知,线膨胀系数与测试温度有密切的关系。同一试样,测试温度越高,热膨胀系数越大。此外,不饱和聚酯树脂分子结构对其固化物的线膨胀系数影响较大。由材料线膨胀系数的影响因素可知,线膨胀系数与材料的化学组成、结晶状态、晶体结构和键的强度等有关。通常情况下,结晶度越高,线膨胀系数越大。191$^\#$不饱和聚酯树脂低聚物由邻苯二甲酸(酐)为原料合成,邻苯构型破坏了不饱和聚酯树脂低聚物分子主链的对称性,降低了不饱和聚酯树脂低聚物的结晶倾向,其固化物的线膨胀系数较低;而 199 A$^\#$属于对苯型不饱和聚酯树脂,其低聚物结构对称,容易产生结晶,固化物的线膨胀系数较高。3301$^\#$属于双酚 A 型不饱和聚酯树脂,其低聚物分子链的对称性高,低聚物结晶倾向强,固化物的线膨胀系数高。PUUP/CNUP 属于韧性不饱和聚酯树脂,其低聚物分子链柔顺性强,其固化物交联密度较低,固化物的线膨胀系数相比其他四种树脂更大。此外,通过对比表 5.4 和表 5.5 可知,添加了填料、纤维和增塑剂的不饱和聚酯树脂包覆层配方的线膨胀系数比空白不饱和聚酯树脂固化物的线膨胀系数均有所降低,这是因为填料和纤维的添加一方面降低了不饱和聚酯树脂固化物的结晶倾向,另一方面改变了不饱和聚酯树脂固化物的化学组成。对于填料和纤维对不饱和聚酯树脂包覆层线膨胀系数的影响规律,将在后续章节详细讨论,在此不作赘述。

3.动态热失重及理论极限氧指数分析

如图 5-1 所示为配方 1～配方 5 的热失重曲线。

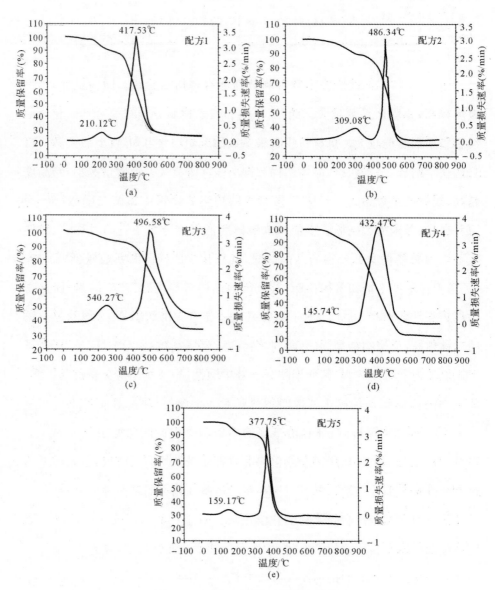

图 5-1　配方 1～配方 5 的热失重曲线

为了便于比较,将配方 1~配方 5 的初始热失重温度、最大热失重温度和 600℃ 及 800℃ 的残焦量进行归纳,具体数据见表 5.6。

表 5.6　配方 1~配方 5 的热失重数据

配方编号	初始热失重温度/℃	最大热失重温度/℃	600℃残焦量/(%)	800℃残焦量/(%)
1	210.12	417.53	26.17	24.85
2	309.08	486.34	27.83	27.56
3	228.27	496.58	47.89	33.84
4	145.74	432.47	22.63	21.89
5	159.17	377.75	12.55	12.26

由表 5.6 中的热失重数据可知,配方 1~配方 5 的热失重行为基本一致,热失重过程均可分为两个阶段,第一阶段即为初始热失重(145.74~309.08℃),第二阶段为最大热失重(377.75~496.58℃)。其中,配方 2 和配方 3 的耐热性较高,其最大热失重温度分别达到 486.34℃ 和 496.58℃,800℃ 时的残焦量分别为 27.56% 和 33.84%;配方 5 的耐热性最差,最大热失重温度为 377.75℃,800℃ 时的残焦量为 12.26%。出现这种差异的原因在于所采用不饱和聚酯树脂基体的分子结构不同。其中,配方 2 和配方 3 中的不饱和聚酯树脂基体分别为 199 间苯型耐热性树脂和 199A 对苯型耐热性树脂,其分子结构中含有对提高材料耐热性有较大贡献的芳环基团;而配方 5 所采用的不饱和聚酯树脂分子结构中含有脂肪族聚醚链段,降低了基体的热分解温度,导致不饱和聚酯树脂复合材料的耐热性较差。此外,199 和 199A 树脂结构中的大量芳环在高温下更容易发生焦化反应而形成碳盏,阻止或延缓内层基体材料的进一步热分解,使材料在高温下能够保持较高的残焦量。

由复合材料性质的可加性原理可知,由复合材料 850℃ 时的残焦量可以推导出该复合材料的理论极限氧指数。Van Krevelen 推导出了聚合物热分解时残焦量(CR)与极限氧指数(LOI)之间的半经验公式:$LOI = 17.5 + 0.4CR$,其中 CR 为聚合物在 850℃ 时的残焦量。将配方 1~配方 5 的动态热失重曲线进行 800℃ 范围内的非线性拟合,可获得各个配方残焦量 CR 与温度之间的关系式：

$$CR=24.74+72.23/\{1+\exp[(T-411.9)/43.73]\}(配方1)$$

$$CR=26.65+69.08/\{1+\exp[(T-493.73)/35.79]\}(配方2)$$

$$CR=30.11+69.05/\{1+\exp[(T-217.29)/41.72]\}(配方3)$$

$$CR=20.87+79.57/\{1+\exp[(T-206.24)/49.86]\}(配方4)$$

$$CR=4.98+101.17/\{1+\exp[(T-192.56)/60.78]\}(配方5)$$

依据上述残焦量 CR 与温度之间的关系式可以计算出各个配方在 850℃时的残焦量以及所对应的极限氧指数,具体见表 5.7。

表 5.7　配方 1～配方 5 在 850℃时的残焦量 CR 和极限氧指数 LOI

配方编号	850℃时的 CR/(%)	LOI/(%)	LOI 与阻燃性等级
1	24.74	27.40	
2	26.65	28.16	LOI>27 难燃材料
3	30.11	29.54	27>LOI>22 可燃材料
4	20.87	25.85	22>LOI 易燃材料
5	4.98	19.49	

由表 5.7 可知,配方 1～配方 3 的极限氧指数均大于 27,属于高难燃材料,其阻燃性最好;而配方 4 和配方 5 分别属于可燃和易燃材料。因此,从材料阻燃性角度考虑,应优选 191、199 和 199A 型树脂作为不饱和聚酯树脂包覆层的基体材料。

5.3.1.3　耐烧蚀性能研究

采用静态的氧-乙炔焰烧蚀试验对配方 1～配方 5 进行烧蚀率测定,烧蚀率测定结果见表 5.8。

表 5.8　配方 1～配方 5 的线烧蚀率和质量烧蚀率

配方编号	1	2	3	4	5
烧蚀现象	大量炭渣飞溅	大量炭渣飞溅	大量炭渣飞溅	大量炭渣飞溅	大量炭渣飞溅
烧蚀面宏观形貌	少量炭化层	少量炭化层	少量炭化层	无炭化层	极少量炭化层

续表

配方编号	1	2	3	4	5
线烧蚀率/(mm·s^{-1})	0.678	0.651	0.644	0.715	0.703
质量烧蚀率/(g·s^{-1})	0.812	0.808	0.796	0.869	0.853

由表 5.8 可见,配方 1～配方 5 的线烧蚀率均大于 0.6 mm/s,且烧蚀过程中均有大量炭渣剥落,说明配方 1～配方 5 的耐烧蚀性较差,配方设计和组成并不满足固体推进剂装药对包覆层耐烧蚀性的要求。

此外,利用扫描电镜对烧蚀残渣进行表面形貌分析,图 5-2 和图 5-3 所示分别为配方 1～配方 5 经烧蚀后的宏观形貌和烧蚀残渣表面的微观形貌。

配方1　　　　　　　　　　配方2　　　　　　　　　　配方3

配方4　　　　　　　　　　配方5

图 5-2　配方 1～配方 5 的宏观烧蚀形貌

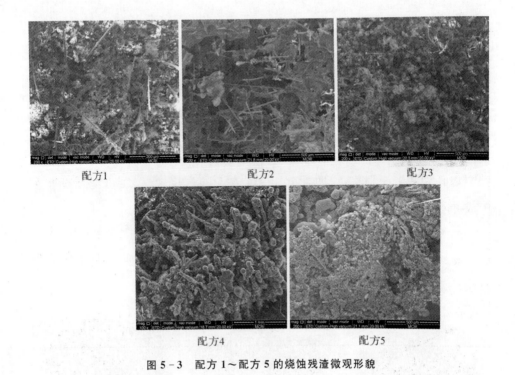

配方1　　　　　　　　配方2　　　　　　　　配方3

配方4　　　　　　　　配方5

图 5-3　配方 1～配方 5 的烧蚀残渣微观形貌

由图 5-2 和图 5-3 可见,配方 1～配方 5 经烧蚀后基本无炭化层形成,且烧蚀残渣呈现松散、不连续的状态。这说明 5 种配方的耐烧蚀性以及在烧蚀过程中的成炭和结炭性能较差。由此可见,对于改性双基推进剂的包覆层而言,仅仅依靠不饱和聚酯树脂基体自身的性能已无法满足推进剂对包覆层耐烧蚀性的要求。因此,要提高不饱和聚酯树脂包覆层的耐烧蚀性和成炭、结炭性能,还需向配方体系中引入能够提高耐烧蚀性的功能填料和纤维。

5.3.2　填料对包覆层热性能和耐烧蚀性能的影响

5.3.2.1　配方设计

分别选用氢氧化铝[Al(OH)$_3$]、六(4-醛基苯氧基)环三磷腈(PN-CHO)、六(4-羟甲基苯氧基)环三磷腈(PNOH)、六(2,4,6-三溴苯氧基)环三磷腈(PNBr)、联二脲(DBH)和八苯基聚倍半硅氧烷(POSS)作为填料,研究其对不饱和聚酯树脂包覆层热性能的影响。试验配方设计见表 5.9。

表 5.9 不饱和聚酯树脂包覆层配方设计(Ⅱ)

配方编号	填料	树脂型号	引发剂用量/份	促进剂用量/份	纤维用量/份	增塑剂用量/份	交联剂用量/份
1	Al(OH)₃						
2	PNCHO						
3	PNOH	191#	过氧化环己酮/4	环烷酸钴/0.5	短切碳纤维(5mm)/5	磷酸三氯乙酯/7	苯乙烯/30
4	PNBr						
5	DBH						
6	POSS						

5.3.2.2 热性能研究

1.热导率

(1)填料种类对热导率的影响。针对表 5.9 中的不饱和聚酯树脂包覆层配方开展填料种类对热导率的影响研究,填料添加量为 40 份/100 份树脂。表 5.10 为添加不同填料的不饱和聚酯树脂包覆层热导率和相对于仅添加纤维和增塑剂的各个不饱和聚酯树脂配方固化物的热导率增加值。

表 5.10 不饱和聚酯树脂包覆层的热导率(Ⅱ)

配方编号	1	2	3	4	5	6
热导率/$(W \cdot m^{-1} \cdot K^{-1})$	0.215	0.203	0.201	0.200	0.211	0.204
热导率增加值/$(W \cdot m^{-1} \cdot K^{-1})$	0.028	0.016	0.014	0.013	0.024	0.017

注:仅添加纤维和增塑剂的 191# 树脂固化物的热导率为 $0.187\ W \cdot m^{-1} \cdot K^{-1}$;填料添加量为 40 份/100 份树脂,填料粒径均为 800 目。

由表 5.10 可见,在树脂基体、引发剂、促进剂、增塑剂等其他条件相同的情况下,不同分子构型的填料对包覆层的热导率变化的影响也不同。通过比较填料所带来的包覆层热导率增加值可以发现,配方 1 由于添加了无机结构的氢氧化铝,相比有机物具有较高的导热能力,因此,添加了氢氧化铝的不饱

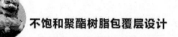

和聚酯树脂包覆层的热导率最大。配方2、配方3、配方4和配方6的热导率相差不大,这与所添加的填料的分子结构有直接关系。配方2～配方4添加的填料均属于环状磷腈衍生物,其分子构型为磷氮六元杂环为母体的立体结构(见图5-4～图5-6),而配方6添加的POSS具有笼状立体结构(见图5-7)。环状立体结构和笼状立体结构所带来的填料自身的分子空穴效应以及填料与基体分子之间的界面存在的结合不良造成的空隙弱场效应共同阻碍材料内部的热传递过程,导致复合材料的热导率相对降低。配方5中添加了近似平面构型的联二脲,分子自身的空穴效应以及填料与基体之间的空隙弱场效应相对较弱,对材料内部热传递过程的阻碍作用较弱,复合材料热导率相对较高。

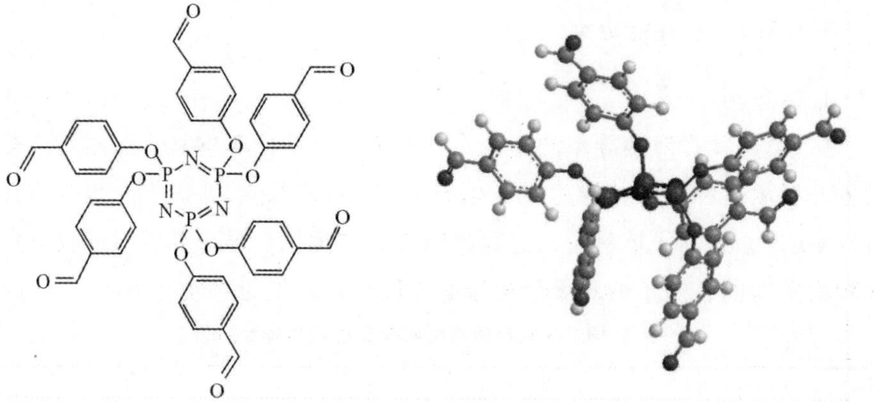

图5-4 PNCHO分子结构及空间构型

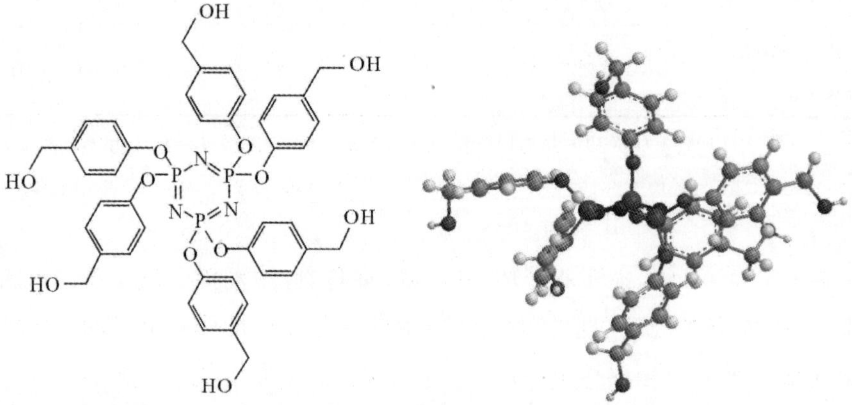

图5-5 PNOH分子结构及空间构型

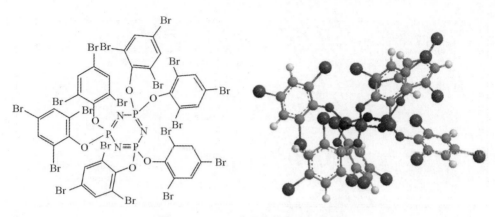

图 5-6　PNBr 分子结构及空间构型

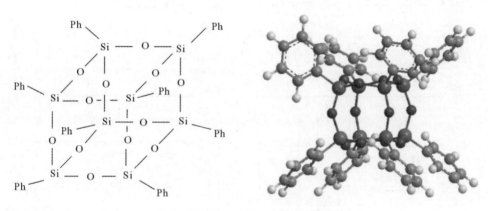

图 5-7　POSS 分子结构及空间构型

图 5-8　DBH 分子结构及空间构型

（2）填料粒径和用量对热导率的影响。图 5-9 所示为不同填料粒径和用量对不饱和聚酯树脂包覆层热导率的影响情况。

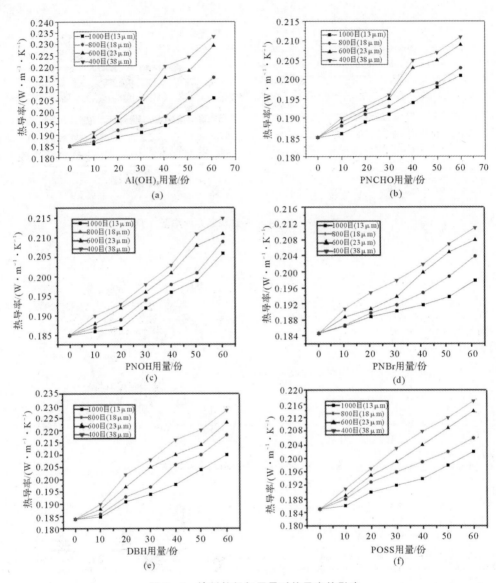

图 5-9　填料粒径与用量对热导率的影响

由图 5-9 可以看出,不同填料填充的不饱和聚酯树脂包覆层,其热导率都有相似的变化规律,即不饱和聚酯树脂包覆层的热导率均随填料用量的增加而升高;填料用量相同时,大粒径填料填充的包覆层的热导率均比小粒径填料填充的要高。产生这种现象的原因,主要是因为在同样的填料使用量时,粒径小的填料颗粒更多,使得热振动在传递过程中经过更多的"基体-填料"界面,而这种界面通常具有较大的热阻,从而消耗更多的热振动能,导致包覆层的热导率相对较低。

2. 线膨胀系数

(1)填料种类对线膨胀系数的影响。针对表5.9中的不饱和聚酯树脂包覆层配方开展填料种类对热导率的影响研究,填料添加量为40份/100份树脂。表5.11为添加不同填料的不饱和聚酯树脂包覆层的线膨胀系数和相对于仅添加纤维和增塑剂的各个不饱和聚酯树脂配方固化物的线膨胀系数减少值。

表 5.11　不饱和聚酯树脂包覆层的线膨胀系数(Ⅱ)

配方编号	1		2		3	
测试温度区间/℃	$-50\sim20$	$20\sim100$	$-50\sim20$	$20\sim100$	$-50\sim20$	$20\sim100$
线膨胀系数/$(\times10^{-4}℃^{-1})$	1.25	1.71	1.26	1.70	1.25	1.71
线膨胀系数减少值/$(\times10^{-4}℃^{-1})$	0.07	0.07	0.06	0.08	0.07	0.07
配方编号	4		5		6	
测试温度区间/℃	$-50\sim20$	$20\sim100$	$-50\sim20$	$20\sim100$	$-50\sim20$	$20\sim100$
线膨胀系数/$(\times10^{-4}℃^{-1})$	1.24	1.72	1.24	1.71	1.25	1.70
线膨胀系数减少值/$(\times10^{-4}℃^{-1})$	0.08	0.06	0.08	0.07	0.07	0.08

注:仅添加纤维和增塑剂的191#树脂固化物在不同温度范围内的线膨胀系数为$1.32\times10^{-4}℃^{-1}$($-50\sim20℃$)和$1.78\times10^{-4}℃^{-1}$($20\sim100℃$);填料添加量为40份/100份树脂,填料粒径均为800目。

由表5.11可以看出,在纤维用量和尺寸、填料用量及其他条件相同的情况下,相同粒径的不同分子结构的填料对包覆层的线膨胀系数影响甚微。原因在于,对于不饱和聚酯树脂包覆层配方体系,影响线膨胀系数的主要因素包括:①纤维对基体分子链段的位阻作用;②填料对基体分子链段的位阻作用;③基体的结晶情况。由于填料目数相同,因此填料对基体分子链段的位阻作用相当,故不饱和聚酯树脂包覆层的线膨胀系数基本一致。

(2)填料粒径和用量对线膨胀系数的影响。图5-10~图5-15所示分别为$-50\sim20℃$和$20\sim100℃$温度区间内,不同填料粒径和用量对不饱和聚酯树脂包覆层线膨胀系数的影响情况。

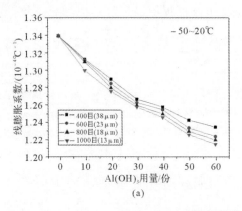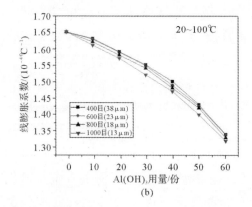

图 5 - 10 Al(OH)₃粒径与用量对线膨胀系数的影响

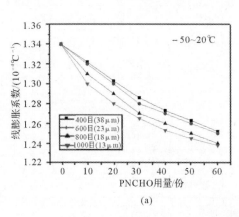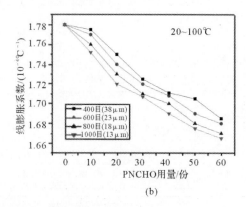

图 5 - 11 PNCHO 粒径与用量对线膨胀系数的影响

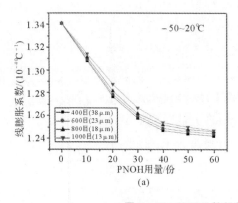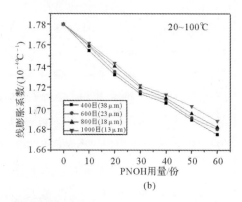

图 5 - 12 PNOH 粒径与用量对线膨胀系数的影响

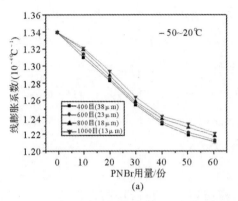

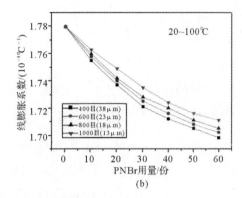

图 5-13　PNBr 粒径与用量对线膨胀系数的影响

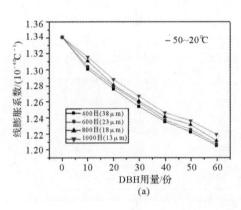

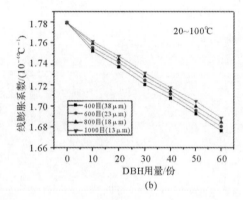

图 5-14　DBH 粒径与用量对线膨胀系数的影响

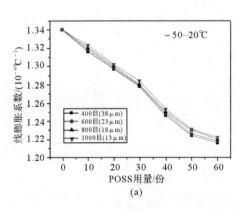

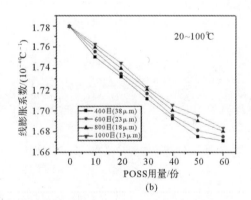

图 5-15　POSS 粒径与用量对线膨胀系数的影响

由图 5-10～图 5-15 可见,不同填料填充的不饱和聚酯树脂包覆层,其线膨胀系数随填料用量的变化趋势基本一致,即不饱和聚酯树脂包覆层的线膨胀系数均随填料用量的增加而降低;填料用量相同时,大粒径填料填充的包覆层的线膨胀系数均比小粒径填料填充的要高。这是因为在同样的填料使用量时,粒径越大的填料颗粒越少,填料对基体分子链段运动的阻碍作用越小,不饱和聚酯树脂包覆层的线膨胀系数越大。

3. 动态热失重及理论极限氧指数分析

针对表 5.9 中的不饱和聚酯树脂包覆层配方开展填料种类对耐热性的影响研究,各填料添加量均为 40 份/100 份树脂。图 5-16 所示为配方 1～配方 6 的热失重曲线。

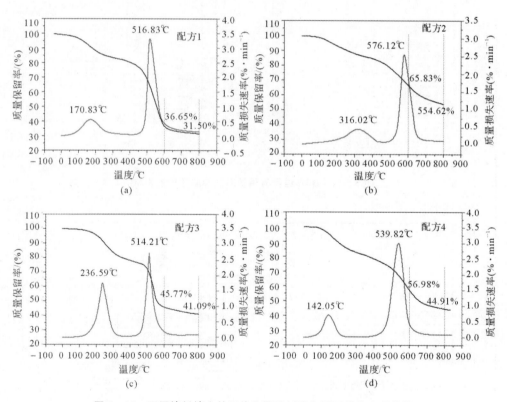

图 5-16　不同填料填充的不饱和聚酯树脂包覆层的热失重曲线

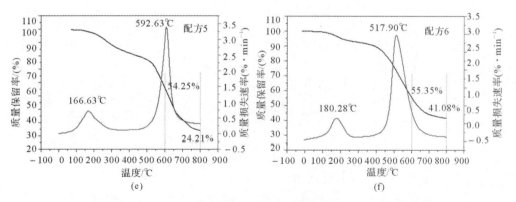

续图 5‑16　不同填料填充的不饱和聚酯树脂包覆层的热失重曲线

为了便于比较,将 6 种配方的热失重数据归纳于表 5.12。

表 5.12　6 种配方的热失重数据

配方编号	初始热分解温度/℃	最大热失重温度/℃	600℃残焦量/(%)	800℃残焦量/(%)
1	170.83	516.83	36.65	31.50
2	316.02	576.12	65.83	54.62
3	236.59	514.24	45.77	41.09
4	142.05	539.82	56.98	44.91
5	166.63	592.63	54.24	24.21
6	180.28	517.90	55.35	41.08

由图 5‑16 和表 5.12 可见,填料种类对不饱和聚酯树脂包覆层分解温度以及高温下的残焦量影响较大。从初始热分解温度方面考虑,配方 1、配方 4、配方 5 和配方 6 均在 100～200℃范围内会发生少量的热失重,而配方 2 和配方 3 的初始热失重则发生在 200℃以上。这是因为配方 2 和配方 3 所用填料 PNCHO 和 PNOH 分子结构中含有可发生分子内或分子间缩合反应的活性基团,其中 PNCHO 可经醛基之间的安息香缩合反应而交联,PNOH 则可经羟基之间的醚化反应而交联。PNCHO 和 PNOH 的缩合机理如下:

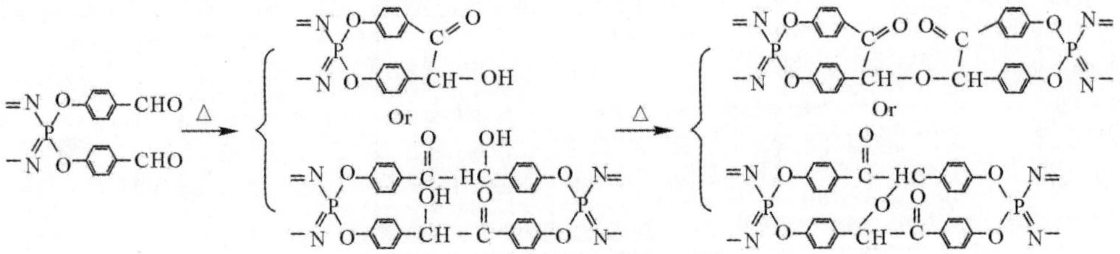

PNCHO的缩合机理

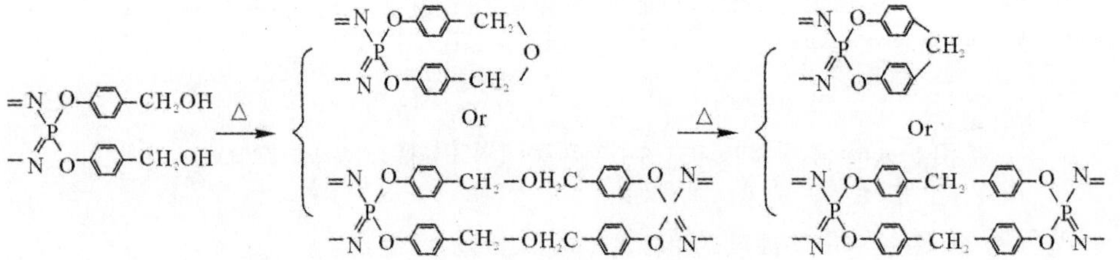

PNOH的缩合机理

　　从包覆层在高温下的残焦量方面考虑,6 种配方在 800℃时的残焦量大小排序为:配方 2>配方 4>配方 3≈配方 6>配方 1>配方 5。如上所示,配方 2 中的填料 PNCHO 在高温下能够发生醛基间的安息香缩合反应,其在 600℃和 800℃时的残焦量分别为 80.52% 和 75.15%;配方 3 中的填料 PNOH 也能够发生分子间的缩合反应,但其在 600℃和 800℃时的残焦量分别为 58.38% 和 6.22%,耐热性较 PNCHO 差。值得注意的是,配方 4 中所含的 PNBr 在 800℃时的残焦量仅为 14.30%,但其填充的不饱和聚酯树脂包覆层在 800℃时的残焦量却高达 44.91%,这可能与包覆层配方各组分之间的协同效应有关。此外,配方 5 添加的填料为联二脲,具有近似平面的结构,其耐热性较 PNCHO、PNOH、PNBr 以及 POSS 等体型结构化合物差,因此导致联二脲填充的不饱和聚酯树脂包覆层的耐热性甚至低于氢氧化铝填充体系。

　　根据残焦量(CR)与极限氧指数(LOI)之间的半经验公式:LOI=17.5+0.4CR,可以计算各配方的理论极限氧指数。将配方 1~配方 6 的动态热失重曲线进行 800℃范围内的非线性拟合,可获得各个配方残焦量 CR 与温度之间的关系式:

$$CR = 18.73 + 81.73 / \{1 + \exp[(T - 213.30)/62.70]\} （配方 1）$$

$$CR = 29.86 + 73.64 / \{1 + \exp[(T - 222.10)/72.68]\} （配方 2）$$

$$CR=31.40+74.80/\{1+\exp[(T-179.10)/65.04]\}（配方 3）$$
$$CR=20.35+87.65/\{1+\exp[(T-542.91)/234.4]\}（配方 4）$$
$$CR=13.41+74.50/\{1+\exp[(T-275.31)/106.4]\}（配方 5）$$
$$CR=34.71+64.90/\{1+\exp[(T-190.30)/39.35]\}（配方 6）$$

依据上述残焦量 CR 与温度之间的关系式可以计算出各个配方在 850℃ 时的残焦量以及所对应的极限氧指数,具体见表 5.13。

表 5.13　配方 1～配方 6 在 850℃ 时的残焦量 CR 和极限氧指数 LOI

配方编号	850℃ 时的 CR/(%)	LOI/(%)	LOI 与阻燃性等级
1	18.73	24.99	
2	29.87	29.45	
3	31.40	30.06	LOI>27 难燃材料
4	38.97	33.09	27>LOI>22 可燃材料
5	13.69	22.98	22>LOI 易燃材料
6	34.71	31.38	

由表 5.13 可知,配方 2、配方 3、配方 4 和配方 6 的极限氧指数均大于 27,属于高难燃材料,其阻燃性最好;配方 1 和配方 5 属于可燃材料。因此,从材料阻燃性角度考虑,配方 2、配方 3、配方 4 和配方 6 均符合包覆层的阻燃特性要求。

5.3.2.3　耐烧蚀性研究

采用静态的氧-乙炔焰烧蚀试验对表 5.9 中配方 1～配方 6 进行烧蚀率测定,烧蚀率测定结果见表 5.14。

表 5.14　配方 1～配方 6 的线烧蚀率和质量烧蚀率

配方编号	1	2	3	4	5	6
烧蚀现象	少量炭渣飞溅	烧蚀稳定	烧蚀稳定	烧蚀稳定	少量炭渣飞溅	烧蚀稳定
烧蚀面宏观形貌	少量炭化层	完整炭化层	完整炭化层	完整炭化层	少量炭化层	完整炭化层
线烧蚀率/(mm·s^{-1})	0.678	0.125	0.181	0.116	0.615	0.126

续表

配方编号	1	2	3	4	5	6
质量烧蚀率/(g·s⁻¹)	0.812	0.218	0.203	0.206	0.841	0.212

由表 5.14 可见,添加氢氧化铝和联二脲的不饱和聚酯树脂包覆层的线烧蚀率均大于 0.6 mm/s,包覆层的耐烧蚀性较差。配方 2、配方 3、配方 4 和配方 6 的线烧蚀率均小于 0.2 mm/s,且烧蚀过程稳定,无炭渣剥落且能够形成结构完整、具有一定力学强度的炭化层。这说明添加 PNCHO、PNOH 和 PNBr 等环磷腈类填料以及 POSS 聚倍半硅氧烷类填料均能大幅度提高不饱和聚酯树脂包覆层的耐烧蚀性能。

利用扫描电镜对配方 1~配方 6 的烧蚀残渣进行表面形貌分析,图 5-17 和图 5-18 所示分别为配方 1~配方 6 经烧蚀后的宏观形貌和烧蚀残渣表面的微观形貌。

图 5-17　配方 1~配方 6 的宏观烧蚀形貌

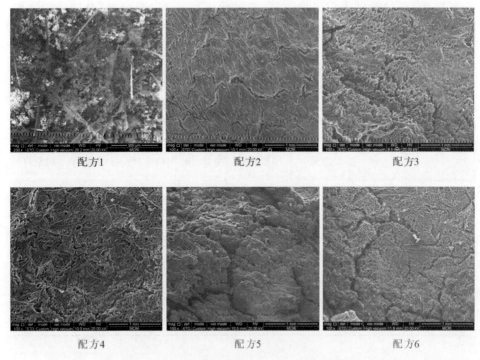

图 5-18　配方 1～配方 6 的烧蚀残渣微观形貌

由图 5-17 和图 5-18 可见,添加氢氧化铝和联二脲的不饱和聚酯树脂包覆层烧蚀残渣表面呈现较为松散的片状和颗粒状形态,烧蚀后基本无炭化层形成,且烧蚀残渣呈不连续松散状态。这说明添加氢氧化铝和联二脲两种填料的不饱和聚酯树脂包覆层配方的耐烧蚀性以及在烧蚀过程中的成炭和结炭性能较差。配方 2、配方 3、配方 4 和配方 6 的不饱和聚酯树脂包覆层烧蚀后残渣表面致密、连续,具有一定的强度。因此,综合考虑各个配方的线烧蚀率以及烧蚀残渣形貌,可优选 PNCHO、PNOH、PNBr 以及 POSS 作为不饱和聚酯树脂包覆层的耐烧蚀填料。

5.3.3　纤维对包覆层热性能和耐烧蚀性能的影响

5.3.3.1　配方设计

选用 191# 邻苯型不饱和聚酯树脂作为基体树脂,苯乙烯为交联剂,过氧化环己酮/环烷酸钴为引发促进剂,氢氧化铝(800目)为填料,分别选用碳纤维(5 mm、10 mm、15 mm、20 mm)、聚酰亚胺纤维(5 mm、10 mm、15 mm、20 mm)和芳纶1414纤维(5 mm、10 mm、15 mm、20 mm)作为增强材料。研究其对不饱和聚酯树脂包覆层热性能的影响。试验配方设计见表5.15。

表5.15 不饱和聚酯树脂包覆层配方设计(Ⅲ)

配方编号	纤　维	树脂型号	引发剂用量/份	促进剂用量/份	填料用量/份	增塑剂用量/份	交联剂用量/份
1	碳纤维						
2	聚酰亚胺纤维	191#	过氧化环己酮/4份	环烷酸钴/0.5份	氢氧化铝(800目)/40份	磷酸三氯乙酯/7份	苯乙烯/30份
3	芳纶1414纤维						

5.3.3.2　热性能研究

1.热导率

(1)纤维种类对热导率的影响。针对表5.15中的不饱和聚酯树脂包覆层配方开展纤维种类对热导率的影响研究,纤维添加量为5份/100份树脂。表5.16为添加不同纤维的不饱和聚酯树脂包覆层热导率和相对于仅添加填料和增塑剂的各个不饱和聚酯树脂配方固化物的热导率增加值。

表5.16 不饱和聚酯树脂包覆层的热导率(Ⅲ)

配方编号	1	2	3
热导率/$(W \cdot m^{-1} \cdot K^{-1})$	0.215	0.174	0.192
热导率增加值/$(W \cdot m^{-1} \cdot K^{-1})$	0.025	−0.016	0.002

注:仅添加填料和增塑剂的191#树脂固化物的热导率为0.190 $W \cdot m^{-1} \cdot K^{-1}$;纤维添加量为5份/100份树脂,纤维长度均为5 mm。

由表 5.16 可以看出,在填料、增塑剂、纤维长度等其他条件保持不变的情况下,纤维的种类对于不饱和聚酯树脂包覆层的热导率有一定的影响。三种纤维对不饱和聚酯树脂包覆层热导率的影响作用大小顺序为:碳纤维＞聚酰亚胺纤维＞芳纶 1414 纤维。产生这种现象的原因在于三种纤维自身具有的热导率不同,其中碳纤维的热导率为 $400\sim700\ W\cdot m^{-1}\cdot K^{-1}$,属于高导热性纤维;而聚酰亚胺纤维的热导率为 $0.1\ W\cdot m^{-1}\cdot K^{-1}$,芳纶 1414 纤维的热导率为 $0.23\ W\cdot m^{-1}\cdot K^{-1}$,均属于低导热性纤维。因此,碳纤维的填充可使不饱和聚酯树脂包覆层的热导率增加,芳纶 1414 纤维的填充可使不饱和聚酯树脂包覆层的热导率略有增加,而聚酰亚胺纤维的填充则可降低不饱和聚酯树脂的热导率。

(2)纤维用量和长度对热导率的影响。图 5－19～图 5－21 所示为不同纤维长度和用量对不饱和聚酯树脂包覆层热导率的影响情况。

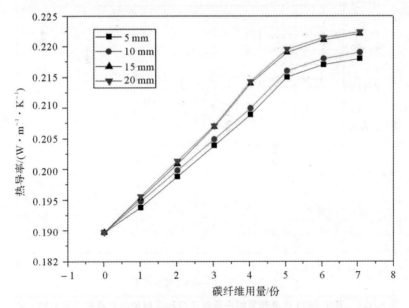

图 5－19　碳纤维长度和用量对不饱和聚酯树脂包覆层热导率的影响

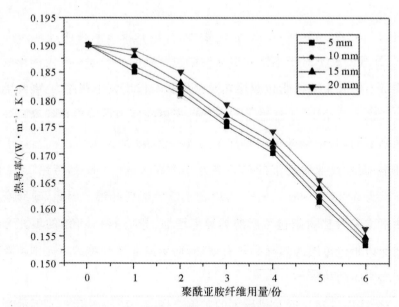

图 5-20　聚酰亚胺纤维长度和用量对不饱和聚酯树脂包覆层热导率的影响

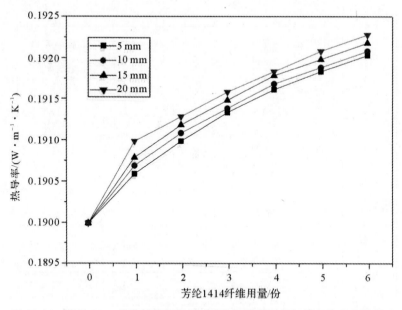

图 5-21　芳纶 1414 纤维长度和用量对不饱和聚酯树脂包覆层热导率的影响

由图 5-19～图 5-21 可见,碳纤维填充不饱和聚酯树脂体系的纤维长度和用量对热导率的影响变化趋势与聚酰亚胺纤维、芳纶纤维填充体系存在较大差异。在碳纤维填充不饱和聚酯树脂包覆层体系中,随着纤维用量的增大,与不饱和聚酯树脂包覆层的热导率随之增大;对于聚酰亚胺纤维和芳纶纤维填充体系,纤维用量越大,包覆层的热导率反而越小。这是因为三种纤维自身具有的热导率不同,其中碳纤维属于高导热性纤维,热导率远大于添加填料和增塑剂的 191# 树脂固化物的热导率,所以碳纤维填充量越大,包覆层的热导率越大;聚酰亚胺纤维属于低导热性纤维,热导率小于添加填料和增塑剂的 191# 树脂固化物的热导率,故聚酰亚胺纤维填充量越大,包覆层的热导率越小;芳纶 1414 纤维也属于低导热性纤维,但其热导率略高于添加填料和增塑剂的 191# 树脂固化物的热导率,因此芳纶 1414 纤维填充量越大,包覆层的热导率略有增加。此外,当纤维填充量一定时,随着纤维长度的增加,包覆层的热导率也略有增加。这是因为纤维长度增加,纤维在包覆层配方体系中更容易团聚,纤维团聚体内部存在贯通的气孔,增大了纤维团聚体内气体的对流传热,从而导致包覆层的整体热导率升高。

2. 线膨胀系数

(1)纤维种类对线膨胀系数的影响。针对表 5.15 中的不饱和聚酯树脂包覆层配方开展纤维种类对线膨胀系数的影响研究,纤维添加量为 5 份/100 份树脂。表 5.17 所示为添加不同纤维的不饱和聚酯树脂包覆层线膨胀系数和相对于仅添加填料和增塑剂的各个不饱和聚酯树脂配方固化物的线膨胀系数增加值。

表 5.17　不饱和聚酯树脂包覆层的线膨胀系数(Ⅲ)

配方编号	1		2		3	
测试温度区间/℃	$-50\sim$ 20	$20\sim$ 100	$-50\sim$ 20	$20\sim$ 100	$-50\sim$ 20	$20\sim$ 100
线膨胀系数/(10^{-4}℃$^{-1}$)	1.25	1.69	1.28	1.72	1.15	1.59
线膨胀系数减少值/(10^{-4}℃$^{-1}$)	0.06	0.07	0.03	0.04	0.16	0.17

注:仅添加填料和增塑剂的 191# 树脂固化物在不同温度范围内的线膨胀系数为 1.31×10^{-4}℃$^{-1}$($-50\sim20$℃)和 1.76×10^{-4}℃$^{-1}$($20\sim100$℃);纤维添加量为 5 份/100 份树脂,纤维长度均为 5 mm。

由表 5.17 可见,在填料粒径和用量、纤维用量及其他条件相同的情况下,不同的纤维对包覆层的线膨胀系数影响较小。这是因为纤维对复合材料线膨胀系数的影响主要包括纤维自身的线膨胀系数、纤维与基体之间的相互作用和对基体分子链段运动的位阻效应两方面。由于纤维长度添加量和纤维长度相同,纤维对基体分子链段运动的位阻也相同,因此,对于本书体系来讲,不饱和聚酯树脂包覆层的线膨胀系数仅受纤维自身线膨胀系数和纤维与基体之间的相互作用的影响。碳纤维的线膨胀系数为 $-0.726 \times 10^{-4}℃^{-1}$($-50 \sim 20℃$)和 $-0.647 \times 10^{-4}℃^{-1}$($20 \sim 100℃$),芳纶纤维的线膨胀系数为 $-4.70 \times 10^{-4}℃^{-1}$($-50 \sim 20℃$)和 $-4.81 \times 10^{-4}℃^{-1}$($20 \sim 100℃$),聚酰亚胺纤维的线膨胀系数为 $0.2 \times 10^{-4}℃^{-1}$($-50 \sim 20℃$)和 $0.3 \times 10^{-4}℃^{-1}$($20 \sim 100℃$)。由于碳纤维、芳纶纤维和聚酰亚胺纤维的线膨胀系数均小于仅添加填料和增塑剂的不饱和聚酯树脂的线膨胀系数,根据复合材料混杂定律可知,三种纤维均可降低填充不饱和聚酯树脂的线膨胀系数。此外,由于三种纤维与基体的线膨胀系数绝对值的差值不同,所以导致填充后线膨胀系数的减小值有所差异。

从纤维与基体的力学匹配性分析,纤维增强树脂复合材料中纤维和树脂拥有不同的线膨胀系数,因而在经历高温固化和后续的冷却过程后,由于纤维和树脂的体积收缩率不匹配,同时又要保持变形的一致性,就会在复合材料内部产生热残余应力,从而影响纤维与基体界面粘接性能。热残余应力可由下式计算

$$\tau_{\text{thremal}} = E_f \beta r_f (\alpha_f - \alpha_m)\left(\frac{\Delta T}{2}\right)$$

式中,E_f,r_f——纤维的拉伸弹性模量和半径;

β——剪力滞常数;

α_f,α_m——纤维和树脂浇注体的线膨胀系数;

ΔT——玻璃化转变温度与室温的差值。

由热残余应力的计算公式可知,纤维和树脂浇注体的线膨胀系数差异越

小,在复合材料界面产生的热应力就越小,其复合材料界面结合就越好。由于碳纤维和芳纶纤维的线膨胀系数为负值,而聚酰亚胺纤维和不饱和聚酯树脂浇注体的线膨胀系数均为正值,所以从基体与纤维界面结合优劣性方面分析,三种填充体系的热应力大小顺序为碳纤维/不饱和聚酯树脂>芳纶纤维/不饱和聚酯树脂>聚酰亚胺纤维/不饱和聚酯树脂,即聚酰亚胺纤维与不饱和聚酯树脂界面结合性最好,而碳纤维与不饱和聚酯树脂界面结合性最差。

(2)纤维用量和长度对线膨胀系数的影响。针对表 5.15 中的不饱和聚酯树脂包覆层配方开展纤维用量和长度对线膨胀系数的影响研究,纤维添加量为 5 份/100 份树脂。图 5-22～图 5-24 所示为不同纤维长度和用量对不饱和聚酯树脂包覆层线膨胀系数的影响情况。

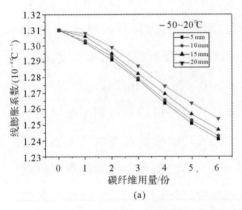

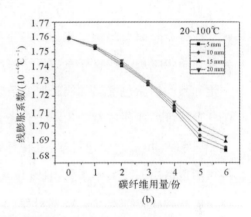

图 5-22 碳纤维长度和用量对不饱和聚酯树脂包覆层线膨胀率的影响

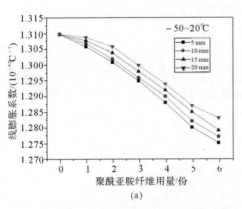

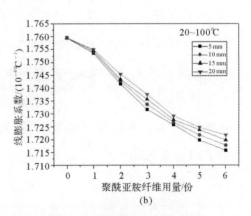

图 5-23 聚酰亚胺纤维长度和用量对不饱和聚酯树脂包覆层线膨胀率的影响

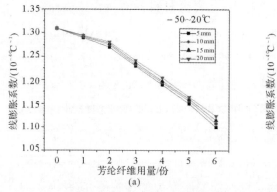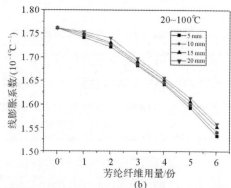

图 5-24 芳纶纤维长度和用量对不饱和聚酯树脂包覆层线膨胀率的影响

由图 5-22~图 5-24 可见,三种纤维长度和用量对不饱和聚酯树脂包覆层线膨胀系数的影响变化趋势基本一致,即随着纤维用量的增加,不饱和聚酯树脂包覆层的线膨胀系数逐渐减小;当纤维用量相同时,纤维长度越长,不饱和聚酯树脂包覆层的线膨胀系数越大。出现这种变化规律的原因在于:①三种纤维的线膨胀系数均小于仅添加填料和增塑剂的不饱和聚酯树脂的线膨胀系数,由混杂定律可知,三种纤维的加入均会降低纤维填充不饱和聚酯树脂包覆层的线膨胀系数,且纤维用量越大,不饱和聚酯树脂包覆层填充体系的线膨胀系数越小。②当纤维用量相同时,纤维长度越长,纤维在包覆层复合材料体系中更容易团聚,一方面降低了单位体积内纤维对基体分子链运动的位阻作用;另一方面形成的纤维团聚体内部存在贯通的孔穴,从而降低了单位体积内纤维与基体界面的作用力。

3.动态热失重及理论极限氧指数分析

针对表 5.15 中的不饱和聚酯树脂包覆层配方开展纤维种类对耐热性的影响研究,各填料添加量均为 40 份/100 份树脂。图 5-25 所示为配方1~配方 3 的热失重曲线。

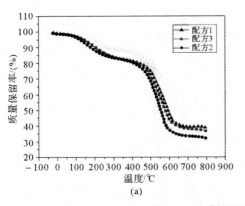

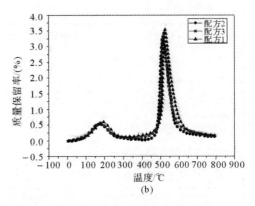

图 5 - 25 不同纤维填充的不饱和聚酯树脂包覆层的热失重曲线

(a)TG 曲线； (b)DTG 曲线

为了便于比较,将三种配方的热失重数据归纳于表 5.18。

表 5.18 三种配方的热失重数据

配方编号	初始热分解温度/℃	最大热失重温度/℃	600℃残焦量/(%)	800℃残焦量/(%)
1	170.83	516.83	36.65	31.50
2	168.52	514.63	34.65	30.03
3	158.93	510.75	31.22	28.22

由图 5 - 25 和表 5.18 可见,纤维种类的不同将会影响不饱和聚酯树脂包覆层的耐热性能。综合初始热分解温度、最大热失重温度以及 800℃时的残焦量数据可知,三种纤维对不饱和聚酯树脂包覆层耐热性的贡献大小顺序为短切碳纤维＞聚酰亚胺纤维＞芳纶纤维。出现这种现象的原因在于纤维的化学组成和分子结构的不同,其自身的耐热性也相差较大。表 5.19 为三种纤维的主要性能数据。

表 5.19 三种纤维的主要性能数据

纤 维	短切碳纤维	芳纶 1414 纤维	聚酰亚胺纤维
密度/(g·cm^{-3})	1.80	1.45	1.41
连续使用温度/℃	550	204	260
分解温度/℃	1200	400	500

续表

纤　维	短切碳纤维	芳纶 1414 纤维	聚酰亚胺纤维
强度保持率/(%) (300℃,100 h)	—	60~65	60~65
LOI/%	55.0	29.0	36.5
拉伸强度/(cN·tex^{-1})	203	200	28~35
拉伸模量/(cN·tex^{-1})	13 070	8 300	60~785
断裂延伸率/(%)	0.5~1.4	2.5	30~35

注:1CN·tex^{-1}=91 MPa

由表 5.19 可见,三种纤维自身的耐热性大小顺序为短切碳纤维>聚酰亚胺纤维>芳纶纤维。其中,短切碳纤维属于无机纤维,耐高温性能最好,但其密度较高,大量添加将会带来包覆层密度大的问题;芳纶 1414 纤维和聚酰亚胺纤维均属于有机纤维,其结构式如下。

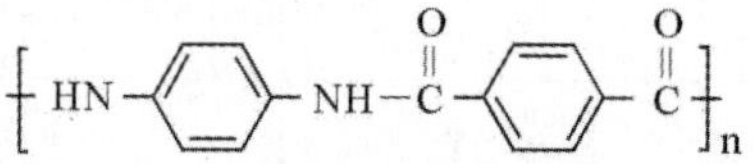

芳纶1414纤维结构式

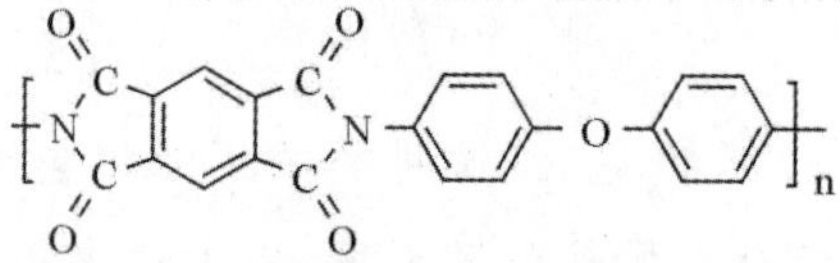

聚酰亚胺纤维

由芳纶 1414 纤维和聚酰亚胺纤维的化学结构可以看出,两种纤维分子结构中均含有大量的芳环,这对于提高不饱和聚酯树脂包覆层的成炭和结炭性能有较大的帮助。此外,芳纶 1414 纤维和聚酰亚胺纤维均属于有机纤维,其密度较碳纤维低,且综合力学性能优良,适合作为低密度不饱和聚酯树脂包覆层的耐烧蚀填料。综上所述,从包覆层耐热性角度分析,三种纤维对不饱和聚酯树脂包覆层耐热性的贡献大小顺序为短切碳纤维>聚酰亚胺纤维>芳纶纤维,但在实际应用过程中,需综合考虑力学性能、工艺性能等其他因素,必要时可以复配使用以满足装药性能要求。

根据残焦量(CR)与极限氧指数(LOI)之间的半经验公式:LOI=17.5+0.4CR,可以计算各配方的理论极限氧指数。将三种配方的动态热失重曲线进行 800℃ 范围内的非线性拟合,可获得各个配方残焦量 CR 与温度之间的关系式:

$$CR=18.73+81.73/\{1+\exp[(T-213.30)/62.70]\}(配方 1)$$
$$CR=17.23+65.05/\{1+\exp[(T-241.82)/94.22]\}(配方 2)$$
$$CR=17.84+64.12/\{1+\exp[(T-218.35)/64.21]\}(配方 3)$$

依据上述残焦量 CR 与温度之间的关系式可以计算出各个配方在 850℃ 时的残焦量以及所对应的极限氧指数,具体见表 5.20。

表 5.20　配方 1～配方 3 在 850℃ 时的残焦量 CR 和极限氧指数 LOI

配方编号	850℃ 时的 CR/(%)	LOI/(%)	LOI 与阻燃性等级
1	18.73	24.99	LOI>27 难燃材料
2	18.14	24.76	27>LOI>22 可燃材料
3	17.83	24.63	22>LOI 易燃材料

由表 5.20 可见,纤维种类的不同,对不饱和聚酯树脂包覆层阻燃性的影响不明显。此外,在填料选用氢氧化铝的条件下,三种不饱和聚酯树脂包覆层均属于可燃材料,并不符合包覆层对阻燃性的要求。

5.3.3.3　耐烧蚀性研究

采用静态的氧-乙炔焰烧蚀试验对表 5.15 中三种配方的不饱和聚酯树脂包覆层进行烧蚀率测定,烧蚀率测定结果见表 5.21。

表 5.21　配方 1～配方 3 的线烧蚀率和质量烧蚀率

配方编号	1	2	3
烧蚀现象	少量炭渣飞溅	少量炭渣飞溅	少量炭渣飞溅
烧蚀面宏观形貌	少量炭化层	少量炭化层	少量炭化层
线烧蚀率/(mm·s⁻¹)	0.678	0.663	0.632
质量烧蚀率/(g·s⁻¹)	0.812	0.769	0.722

由表 5.21 可见,三种纤维对包覆层的线烧蚀率会产生不同的影响,三种

纤维对包覆层耐烧蚀性的贡献大小顺序为聚酰亚胺纤维＞芳纶纤维＞短切碳纤维。值得注意的是,前述关于纤维对不饱和聚酯树脂包覆层耐热性的贡献大小顺序为短切碳纤维＞聚酰亚胺纤维＞芳纶纤维。这是因为聚酰亚胺纤维和芳纶纤维分子结构中均含有大量的有助于同时提高包覆层成炭和结炭性能的芳环基团,而碳纤维在包覆层烧蚀过程中仅对包覆层的烧蚀结炭性有贡献,而自身在包覆层烧蚀过程中并不会以焦炭的形式保留,对提高包覆层的成炭性贡献较小。

利用扫描电子显微镜对三种配方的不饱和聚酯树脂包覆层的烧蚀残渣进行表面形貌分析,图 5-26 和图 5-27 所示分别为配方 1～配方 3 经烧蚀后的宏观形貌和烧蚀残渣表面的微观形貌。

配方1　　　　　　　配方2　　　　　　　配方3

图 5-26　配方 1～配方 3 的宏观烧蚀形貌

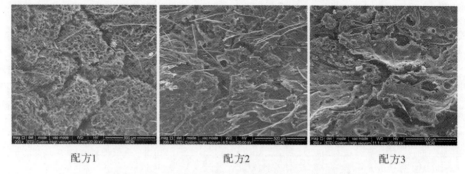

配方1　　　　　　　配方2　　　　　　　配方3

图 5-27　配方 1～配方 3 的烧蚀残渣微观形貌

由图 5-26 和图 5-27 可见,配方 1～配方 3 经烧蚀后基本无炭化层形成,且烧蚀残渣呈现松散、不连续的状态。这说明 3 种配方的耐烧蚀性以及在烧蚀过程中的成炭和结炭性能较差。因此,在包覆层配方设计及实际应用过程中,还需将纤维与耐烧蚀填料进行合理搭配,以满足包覆层对阻燃性的要求。关于不同纤维与不同耐烧蚀填料的复配对不饱和聚酯树脂包覆层耐热性能的研究在此不作赘述。

参 考 文 献

[1] ZARRELLI M, PARTRIDGE I K, AMORE A D. Warpage induced in bimatrial specimens: Coefficient of thermal expansion. chemical shrinkage and viscoelastic modulus evolution during cure[J]. Composites Part A: Applied Science and Manufacturing. 2006, 37(4): 565-570.

[2] SALEHI K A, STONE J J, ZHONG W H. Improvement of interfacial adhesion between UHMWPE fiber and epoxy matrix using functionalized graphitic nanofibers[J]. Composite Materials, 2007, 41(10): 1163-1176.

[3] 李东林,曹继平,王吉贵. 不饱和聚酯树脂包覆层的耐烧蚀性能[J]. 火炸药学报,2006,29(3):17-19.

[4] 杨士山. 改性不饱和聚酯包覆层的合成与配方研究[D]. 西安:西安近代化学研究所,2003.

[5] 杨士山,张伟,王吉贵. 聚氨酯增韧不饱和聚酯包覆层的研究[J]. 现代化工,2011,31(4):59-61.

[6] 杨士山,张伟,王吉贵. 功能添加剂对不饱和聚酯树脂包覆剂粘度和凝胶时间的影响[J]. 火炸药学报,2011,34(4):75-82.

[7] 杨士山,王吉贵,李东林,等. 碳氮杂环基乙烯基树脂的合成与表征[J]. 火炸药学报,2004,27(4):59-62.

[8] 皮文丰,王吉贵. 包覆红磷在 UPR 包覆层耐烧蚀改性中的应用[J]. 火炸药学报,2009,32(3):54-57.

[9] 皮文丰,杨士山,曹继平,等. APP/层状硅酸盐填充 UPR 包覆层的耐

烧蚀机理[J]. 火炸药学报,2009,32(5):62-65.

[10] 陈国辉,李军强,杨士山,等. OPS 化合物对不饱和聚酯树脂包覆层性能影响的研究[J]. 化工新型材料,2019,47(11):125-127.

[11] 史爱娟,刘晨,强伟. 纳米填料对不饱和聚酯树脂包覆层性能影响[J]. 化工新型材料,2017,45(3):122-123,127.

[12] 吴淑新,刘剑侠,邵重斌,等. 不饱和聚酯树脂包覆层在固体推进剂中的应用[J]. 化工新型材料,2020,48(3):6-8.

[13] 马晓东,强伟,路向辉,等. 纳米 TiO_2 对不饱和聚酯树脂包覆层的改性[J]. 火炸药学报,2006,29(2):48-50.

[14] 张保卫. 玻璃纤维/不饱和聚酯 191 复合材料阻燃性能的研究[J]. 山西化工,2016,(6):10-13.

[15] 童晓梅,冯浩,闫子英,等. 碳纤维增强不饱和聚酯自修复复合材料的制备及性能[J]. 现代化工,2017,37(6):120-125.

[16] 彭金涛,任天斌. 碳纤维增强树脂基复合材料的最新应用现状[J]. 中国粘接剂,2014,23(8):48-52.

[17] 魏佳佳,何小芳,许明路,等. 植物纤维改性不饱和聚酯树脂复合材料研究进展[J]. 2015,43(10):133-136.

[18] 游长江,陶潜,刘迪达,等. 不饱和聚酯复合材料的改性研究[J]. 高分子材料科学与工程,2004,20(4):33-37.

[19] 张林,周莉,张建中. 短切玻璃纤维毡增强不饱和聚酯树脂复合材料的性能研究[J]. 当代化工,2010,39(6):622-624.

[20] 黄发荣. 塑料工业手册:不饱和聚酯树脂[M]. 北京:化学工业出版社,2001.

[21] 王再玉,喻国生. 聚丙烯短切纤维增强不饱和聚酯树脂复合材料的性能研究[J]. 洪都科技,2006,(1):45-48.

[22] 肖啸. 环三磷腈基绝热包覆材料合成与性能[D]. 西安:西安近代化学研究所,2012.

[23] 李军强,肖啸,刘庆,等. 六(2,4,6-三溴苯氧基)环三磷腈对固体推进剂三元乙丙橡胶包覆层性能的影响[J]. 火炸药学报,2019,42(3):289-294.

[24] 肖啸，甘孝贤，刘庆，等. 六(4-醛基苯氧基)环三磷腈的合成、表征及其热性能研究[J].化学推进剂与高分子材料，2011,9(5):72-75.

[25] 肖啸，甘孝贤，刘庆，等. 六(2,4,6-三溴苯氧基)环三磷腈(BPCPZ)的合成、热性能及应用[J].火炸药学报，2011,34(5):16-19.

[26] 吴茜，张琳萍，张璇，等. 六(4-醛基苯氧基)环三磷腈的合成及其在PET 阻燃中的应用[J].化工新型材料，2013,41(12):171-173.

[27] 李鹏，刘晨，杨士山，等. 六(4-羟甲基苯氧基)环三磷腈阻燃剂/聚酰亚胺纤维对三元乙丙橡胶包覆层烟雾性能的影响[J]. 化工新型材料，2019,47(7):107-110.

[28] 陈国辉，周立生，杨士山，等. 磷腈阻燃剂对不饱和聚酯树脂包覆层性能影响[J]. 工程塑料应用，2020,48(4):129-133.

[29] 李淑荣，高俊刚，孔德娟，等. MAP-POSS 改性不饱和聚酯树脂的固化反应[J]. 合成树脂及塑料，2008,25(4):27-30.

[30] 董翠芳，高俊刚，杜永刚，等. 笼型倍半硅氧烷改性 UPR 的固化性能与热性能[J]. 热固性树脂，2009,24(6):18-21.

[31] 王斌，王文平. POSS/PS 纳米复合材料的制备与热性能[J]. 高分子材料科学与工程，2008,24(8):97-103.

[32] 陈旭东. POSS-聚合物复合材料制备的研究进展[J]. 合成材料老化与应用，2015,(4):104-106.

[33] 尹正帅，刘义华，刘艳辉. 耐烧蚀硅橡胶复合材料的制备及其烧蚀性能研究[J]. 航天制造技术，2016,(5):63-66.

[34] 黄德欣，邱海鹏，刘善华. 我国碳纤维增强 SiC 基复合材料抗烧蚀改性进展研究[J]. 航空制造技术，2018,61(5):95-100.

[35] 赵丹，张长瑞，胡海峰，等. 3 维 C/SiC-ZrC 复合材料的制备及其性能研究[J]. 国防科技大学学报，2011,33(6):129-133.

[36] 韩忠强，吴战鹏，武德珍. 纤维结构对 EPDM 复合材料性能的影响[J]. 宇航材料工艺，2013,(6):45-48.

[37] 徐义华，胡春波，李江，等.纤维和 SiO_2 填料对 EPDM 复合材料烧蚀性能影响的实验研究[J].西北工业大学学报，2010,28(4):491-496.

[38] 宋月贤，郑元锁，袁安国，等.芳纶短纤维增强橡胶耐烧蚀柔性绝热层

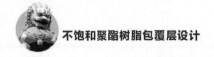

材料的研究进展[J].橡胶工业,2011,48(11):697-699.

[39] 杨军杰,孙飞,张国慧,等.轶纶聚酰亚胺短纤维的性能极其应用[J]. 高科技纤维与应用,2012,37(3):57-60.

[40] 张锦伟,胡伟伟,梁燕.聚酰亚胺纤维热稳定性的热重分析评价方法 [J].高科技纤维与应用,2017,42(2):50-53.

[41] 丁孟贤.聚酰亚胺化学、结构与性能的关系及材料[M].北京:科学出 版社,2006.

[42] 雷瑞.高性能聚酰亚胺纤维研究进展[J].合成纤维工业,2014,37 (3):53-55.

[43] 张雄斌,贺辛亥.芳纶纤维表面改性及其增强树脂基复合材料制备的 研究进展[J].工程塑料应用,2018,46(8):149-152.

[44] 董庆亮.多巴胺改性芳纶纤维及其复合材料界面性能研究[D].哈尔 滨:哈尔滨工业大学,2014.

[45] 洪波,罗筑,夏忠林,等.芳纶纤维界面改性研究进展[J].工程塑料应 用,2014,42(6):126-130.

[46] 李同起,王成扬.影响芳纶纤维及其复合材料性能的因素和改善方法 [J].高分子材料科学与工程,2013,19(5):5-8.

[47] 陈佳,夏忠林,洪波,等.芳纶纤维的表面改性及增强高分子复合材料 的研究进展[J].广州化工,2017,24(24):3-5.

[48] VAN KREVELEN D W. Properties of polymers, their estimation and correlation with chemical structure[M]. Amsterdam - Oxford - New York:Elsevier Scientific Publishing Company,1976.

第6章

不饱和聚酯树脂包覆层粘接性能与相容性

本章分析了包覆层与推进剂界面粘接本质、粘接与脱粘机理、防脱粘措施等基本概念,开展了不饱和聚酯树脂包覆装药过渡层配方性能研究和不饱和聚酯树脂包覆层与改性双基推进剂的相容性研究。

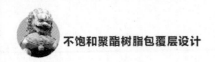
6.1 概　　述

　　推进剂与包覆层的界面粘接性能是改性双基推进剂装药技术研究的一个重点。推进剂与包覆层界面的良好粘接对于提高推进剂装药质量稳定性、发动机弹道稳定性乃至武器系统的使用安全性具有至关重要的影响。因此，为了深入研究不饱和聚酯树脂包覆层与改性双基推进剂的界面粘接性能，首先需要将包覆层与推进剂界面粘接本质、粘接与脱粘机理、防脱粘措施等基本概念阐述清楚，以便于为与不饱和聚酯树脂和改性双基推进剂界面粘接性能相关的过渡层配方设计与应用、推进剂药柱表面处理工艺及装药包覆工艺等研究方案的制定奠定理论基础。

6.2　包覆层与推进剂界面粘接问题

6.2.1　包覆层与推进剂界面粘接本质

　　包覆层与推进剂之间应具有良好的粘接性能，以保证推进剂装药在贮存、使用过程中不脱粘。包覆层与推进剂的粘接有两种类型：一种是包覆材料自身之间与推进剂粘接，如采用注射包覆工艺时将热塑性的包覆材料加热熔融后挤塑到推进剂表面；或是将包覆材料溶解到溶剂中，配成漆液后浸渍、涂刷或喷涂到药柱表面；或是用纯溶剂将包覆层粘贴到药柱上，然后将溶剂烘干；或是将用作包覆层的聚合物单体或预聚物浇注到装药药柱的模具中再使之固化。另一种类型是通过粘接剂将包覆层与推进剂药柱粘接起来，例如用 502 胶(α-氰基丙烯酸乙酯)来粘接丁腈橡胶包覆层和改性双基推进剂药柱。

从包覆层与双基系(双基和改性双基)推进剂粘接机理和粘接本质上讲，包覆层与推进剂的粘接实质就是包覆层中的高分子骨架与推进剂中 NC 的粘接。NC 是纤维素的衍生物，其分子结构式为

NC 是由纤维素经硝硫混酸硝化反应制得的。在纤维素的硝化反应过程中，由于化学反应程度的原因，其中 NC 中仍有少部分的羟基未被硝化，仍为游离羟基。这些游离的羟基能够为推进剂和包覆层界面粘接提供化学位点。例如，双基推进剂采用乙基纤维素、醋酸纤维素，甚至硝化纤维素作为包覆材料时，包覆层中的羟基能够与推进剂药柱中 NC 结构中残留的游离羟基产生氢键作用，从而在包覆层与推进剂之间形成良好粘接。又如，双基推进剂采用不饱和聚酯树脂包覆层时，在未设置粘接过渡层的前提下，由于不饱和聚酯树脂结构中含有的端羟基和端羧基能够与 NC 中的游离羟基发生相互作用及不饱和聚酯树脂的极性分子主链与 NC 分子主链之间的静电吸附作用，就可使不饱和聚酯树脂包覆层与推进剂粘接良好。

与双基推进剂不同，典型的改性双基推进剂的主要成分为 RDX/HMX/NC/NG，在此基础上发展起来的复合改性双基推进剂和交联改性双基推进

剂中还含有高氯酸铵(AP)、纳米铝粉(Al)等成分,RDX、HMX、AP、Al 等成分在一定程度上削弱包覆层与推进剂界面的物理吸附作用,从而降低包覆层与推进剂的界面粘接性能。因此,对于不饱和聚酯树脂包覆层和改性双基推进剂体系,仅仅依靠羟基之间的氢键作用和基体分子链之间的静电吸附作用使包覆层与推进剂界面形成物理粘接,已无法满足推进剂装药对界面粘接强度的要求。在此情况下,需要在包覆层和推进剂物理粘接作用的基础上,通过引入极性化学基团,使包覆层与推进剂界面之间形成化学粘接作用,从而提高推进剂与包覆层的界面粘接强度。

6.2.2 包覆层与推进剂界面粘接机理

研究包覆层与推进剂界面粘接机理与提高粘接强度有密切的关系。关于粘接机理的理论很多,但还没有一种能够完美地解释包覆层与推进剂系统的界面粘接问题。通常,关于界面粘接机理的理论主要有机械理论、吸附理论、相互扩散理论、极性理论、化学结合理论、静电吸附理论、弱界面层理论等。这些理论各自反映出有关粘接的某个方面,各自解释某些现象。

机械理论是最早提出的粘接理论。该理论认为,粘接剂渗入被粘接物凹凸不平的多孔表面内,并排除其界面上吸附的空气,固化产生锚合、钩合、锲合等作用,使粘接剂与被粘接物结合在一起。粘接剂和被粘接物连续接触,并渗入被粘接物体表面凹陷和空隙的过程叫浸润。要使粘接剂完全浸润被粘接物表面,粘接剂的表面张力应小于被粘接物的临界表面张力。如果粘接剂在表面的凹陷与空隙处被架空,便减少了粘接剂与被粘接物的实际接触面积,从而降低界面的粘接强度。因此,粘接剂粘接经机械粗糙化处理的材料比表面光滑的材料效果好。但是,机械理论无法解释致密被粘接物(如玻璃、金属等)粘接的缘由。对于不饱和聚酯树脂包覆层与改性双基推进剂界面粘接而言,不饱和聚酯树脂粘度适中,其表面张力远小于改性双基推进剂的表面张力,且推进剂包覆之前往往需要经机械打磨对其进行表面处理,从而强化不饱和聚酯树脂包覆层胶料在推进剂表面的浸润作用,提高不饱和聚酯树脂包覆层与推进剂的界面粘接强度。

吸附理论认为,粘接是与吸附现象类似的表面过程。粘接剂的大分子通过链段分子与分子链的运动,逐渐向被粘接物表面迁移,极性基团相互靠近。当分子链之间的距离小于 0.5 nm 时,原子、分子或原子团之间必然发生相互作用,产生分子间作用力,即范德华力。固体表面由于范德华力的作用能够吸附液体和气体,这种作用称为物理吸附。其中,范德华力包括偶极力、诱导力和色散力,有时由于电负性的作用还会产生氢键力,从而形成粘接。因此,吸附理论将粘接看作是一种表面过程,是以分子间力为基础的。对于不饱和聚酯树脂包覆层与改性双基推进剂界面粘接而言,不饱和聚酯树脂低聚物分子链具有一定的极性,且分子结构中含有端羟基和端羧基。一方面极性的不饱和聚酯树脂低聚物分子链能够与改性双基推进剂中的 NC 分子链以及 RDX、HMX 等极性杂环基团产生范德华作用力;另一方面,不饱和聚酯树脂低聚物分子链中的端羟基和端羧基能够与改性双基推进剂配方中 NC 结构所含的游离羟基之间产生氢键作用力。两种作用力的存在为不饱和聚酯树脂包覆层与改性双基推进剂的界面粘接提供了理论基础。

扩散理论认为,粘接是通过粘接剂与被粘接物界面上的分子扩散产生的。由于聚合物的链状结构和柔性,粘接剂大分子的链段通过热运动引起相互扩散,大分子缠结交织,类似表层的相互溶解过程,固化后则粘接在一起。如果粘接剂能以溶液形式涂于被粘接物表面,而被粘接物又能在此溶剂中溶胀或溶解,彼此间的扩散行为则更容易进行,粘接强度则更高。因此,溶剂或热的作用能够促进相溶聚合物之间的扩散作用,加速粘接的完成和粘接强度的提高。扩散理论主要用来解释聚合物之间的粘接,但无法解释聚合物与金属表面粘接的过程。对于不饱和聚酯树脂包覆层与改性双基推进剂界面粘接而言,为了进一步强化包覆层与推进剂界面的粘接强度,需要在包覆层和推进剂物理粘接作用的基础上,通过设置过渡层而引入极性化学基团,使包覆层与推进剂界面之间通过过渡层的化学桥联作用形成化学粘接。结合以往不饱和聚酯树脂包覆层包覆工艺实践经验可知,在过渡层配方设计和应用时,往往需要将起粘接作用的粘接剂组分溶解到具有一定挥发性的溶剂中配置成一定浓度的溶液。这样操作是从三方面综合考虑的:①所用粘接剂通常为合成的高分子聚合物,本体粘度较大,涂覆工艺性较差。若将其溶解并配成溶液后则有利于过渡层的涂覆施工,提高过渡层的工艺性能。②在过渡层涂覆过程中,溶剂的部分挥发能够带走过渡层涂覆过程中产生的工艺气泡。

③未挥发的溶剂有助于过渡层对粘接面的浸润和渗透作用,使过渡层中的预聚物与推进剂组分更加接近,有效粘接面增大,并在一定程度上使过渡层与推进剂形成一体,粘接强度得以提高。因此,扩散理论对于不饱和聚酯树脂包覆层与推进剂界面粘接的解释也是行得通的。

除此之外,极性理论、化学结合理论、静电吸附理论、弱界面层理论等的局限性较大,对于推进剂和包覆层粘接系统的粘接机理,尚有待于进一步的研究。

6.2.3 包覆层与推进剂界面脱粘分析及防脱粘措施

1.界面脱粘原因分析

改性双基推进剂装药在火箭发动机贮存、使用过程中会受到不同的载荷作用,主要包括环境温度变化引起的热应力、包覆层受压和受外力撞击作用而引起的机械应力和发动机点火、飞行等过程中产生的过载。若包覆层与推进剂的力学匹配性差,则会导致装药在贮存和使用过程中发生界面脱粘现象,在发动机点火过程中造成推进剂燃面增大,发动机燃气压力增加,使导弹性能偏离原设计方案,甚至引起发动机爆炸。因此,包覆层与推进剂界面脱粘是发动机发生故障的主要原因之一,也是包覆层研究领域的重点。

假设外界载荷作用引起的脱粘应力为 σ,令 σ_1 和 σ_2 分别代表推进剂及包覆层本身的应力极限值,σ_{1-2} 表示推进剂与包覆层粘接界面的粘接强度极限值。当推进剂装药在外界载荷作用下使 $\sigma \geqslant \sigma_1$ 或 $\sigma \geqslant \sigma_2$ 时,推进剂或包覆层就会因本身受到破坏而产生开裂;当 $\sigma \geqslant \sigma_{1-2}$ 时,推进剂与包覆层粘接界面发生脱粘。

环境湿气和水分对推进剂和包覆层粘接界面的形成、稳定十分不利,这也是影响包覆层和推进剂界面脱粘的重要因素。湿气和水分对粘接面的影响主要包括:①推进剂包覆时湿气和水分容易被粘接表面吸收,使粘接界面上的活性反应点减少或消失,降低了粘接界面的表面能,增大了接触角,使粘接剂难以浸润、流变、扩散渗透以及不易成键,因而不易形成牢固的粘接;②推进剂装药在贮存时,由于水分子体积小、极性大,能够通过渗透、扩散聚集于粘接界面,取代以及形成的次价键,水解某型化学键,从而削弱界面间的相互作用。

此外,NG 的迁移也是导致包覆层与推进剂界面脱粘的原因之一。NG 的迁移可导致包覆层的溶胀、降解和药柱的收缩,造成粘接界面的破坏。推进剂中 RDX、HMX 等成分的晶析也是造成包覆层与推进剂界面脱粘的因素。晶析不仅对推进剂性能会产生影响,也会削弱包覆层与推进剂界面的粘接强度。其原因在于晶析的结果使粘接表面形成低分子富集区,即所谓的弱界面层。

综上所述,影响包覆层与推进剂界面粘接性能的因素是多方面的,既有化学因素,又有物理因素。而对于改性双基推进剂与不饱和聚酯树脂包覆层粘接体系而言,除了上述影响粘接质量的几方面因素以外,也有其独特之处。不饱和聚酯树脂包覆层的固化成型机理属于自由基聚合,如果推进剂中含有具有阻聚作用的成分,如 2,4 -二硝基甲苯,会在不饱和聚酯树脂包覆层的固化成型产生阻聚作用而形成弱粘接层。而不饱和聚酯树脂包覆层的固化收缩率较大(8%~10%),这种弱粘接层不能承受不饱和聚酯树脂包覆层固化收缩产生的收缩应力,将会导致不饱和聚酯树脂包覆层与推进剂的大面积脱粘。

2. 防止脱粘的措施

推进剂与包覆层的界面粘接力归纳起来有三种形式:由范德华力引起的缔合型粘接、越界面的链缠绕作用和界面分子的化学键合。其中,以后两者的粘接方式效果最佳。为了达到良好的粘接效果,可采取的措施包括以下几种:

(1)粘接表面的预处理。由于推进剂药柱表面的清洁程度、粗糙度、微观形态及表面能等均对推进剂与包覆层界面的粘接性能产生重要影响。在双基或改性双基推进剂包覆技术领域,普遍采用的表面处理技术有机械法、化学清洗法、表面涂层法、接枝共聚法和等离子体处理等方法。例如,对双基推进剂表面使用等离子体进行表面处理后,用环氧胶粘剂粘接醋酸纤维素包覆层,处理后的粘接强度提高 70%以上。

(2)增设过渡层。为了改善推进剂与包覆层界面粘接性能,往往需要在推进剂与包覆层之间增设过渡层。这种过渡层可以是一种低吸收硝化甘油的聚合物,并具有粘接作用。例如,聚乙烯醇缩醛类化合物或是由三异氰酸酯化合物构成的高交联度的粘接层等。聚乙烯醇缩甲醛用甲基甲氧基糖醛交联剂在 60℃下交联可形成坚硬的涂层；三异氰酸酯化合物的异氰酸酯基可与推进剂中 NC 的游离羟基反应，形成高交联度硬质过渡层。此外，三异氰酸酯化合物也可与包覆层中的羟基反应形成化学交联结构，有助于提高推进剂与包覆层界面的粘接强度。

(3)选择适宜的高聚物。粘接是由被粘接物表面和粘接剂发生物理粘附、化学键合以及机械抛锚等综合作用。据理论分析，机械作用对粘接强度的贡献为 $1.4\sim7.0$ MPa，物理作用对粘接强度的贡献为 $7.0\times10^2\sim7.0\times10^3$ MPa，化学键合作用的贡献为 $7.0\times10^3\sim7.0\times10^4$ MPa。可见，化学键合作用比物理作用大一个数量级，而物理作用又比机械作用大两个数量级。因此，选择能形成化学键、氢键的高分子聚合物作为包覆层基体材料是提高粘接强度的有效方法。为此，推进剂包覆工作者积极选择一些相容性好，在包覆过程中能与药柱形成次价键和主价键的高聚物作为包覆层基体材料。通常采用的办法是选择支化键的数量多，固化后还有剩余活性基团的聚合物，或者在表面涂上一层偶联剂以增加其粘接强度。例如，推进剂为双基或改性双基推进剂，包覆层基体为端羟基聚丁二烯，包覆层固化剂为六次甲基二异氰酸酯。由于六次甲基二异氰酸酯既可与端羟基聚丁二烯反应，由能与推进剂中 NC 的游离羟基反应，起到强化粘接的作用。

(4)增加机械结合力。粘接机械理论认为被粘接物表面在微观上是高低不平的凹凸结构，因此粘接剂渗入被粘接物凹凸不平的多孔表面内，固化产生锚合、钩合、锲合等作用，使粘接剂与被粘接物结合在一起。为了强化粘接，一种常用的办法就是在包覆层或过渡层中添加固体粒子，这种固体粒子一半嵌入包覆层中，一半由于与推进剂一起固化而吸收推进剂中的增塑剂而溶胀，能够牢牢地嵌入到推进剂中，形成机械结合。所用的固体粒子可以是铝粉，也可以是硝化纤维素微球或聚氯乙烯、聚苯乙烯、乙基纤维素等。例如，在壳体粘接式改性双基推进剂装药浇注工艺中，在衬层未完全固化时在其表面均匀撒上一层球形药药粒，再浇注推进剂。由于增加了粘接界面的粗糙程度，也增大了推进剂与包覆层的接触面积，起到了"抛锚"效应，因而提高了粘接强度。

(5)设置人工脱粘层。对于大型壳体粘接式发动机装药包覆，由于装药的推进剂肉厚较大,产生的内应力也较大,一般包覆层与推进剂的粘接强度适应不了这种装药的需要,因而在发动机端部的绝热层与衬层(或包覆层)之间增设人工脱粘层,消除推进剂固化时产生的收缩应力,预防推进剂与绝热层脱粘。这种方式主要适用于复合推进剂壳体粘接式装药,而不饱和聚酯树脂包覆层与改性双基推进剂装药体系主要采用自由装填式包覆工艺,因此在装药结构设计时一般不考虑设置人工脱粘层。

|6.3 过渡层配方设计|

依据前述过渡层配方设计准则,并结合包覆层与双基或改性双基推进剂界面脱粘本质及机理,本书针对不饱和聚酯树脂包覆层与改性双基推进剂粘接问题,提出如下过渡层配方设计思路。

1. 异氰酸酯组分

由于不饱和聚酯树脂分子主链能与改性双基推进剂中的 NC 分子链及 RDX、HMX 等极性杂环基团产生范德华作用力,且不饱和聚酯树脂低聚物分子链中的端羟基和端羧基能够与改性双基推进剂配方中 NC 结构所含的游离羟基之间产生氢键作用力,这两种作用力已能够保证在无过渡层存在的情况下不饱和聚酯树脂包覆层与改性双基推进剂具有一定的界面粘接强度,但这种粘接本质上属于物理粘接。为了进一步提高粘接强度,需要设置基于化学粘接结构的过渡层,过渡层配方优先选用含有异氰酸酯基的体系,以便于在过渡层固化的过程中包覆层和推进剂中的羟基分别与过渡层中的异氰酸酯基发生化学反应,形成以氨基甲酸酯基为桥联点的界面粘接体系,示意图如图 6-1 所示。

2. 羟基组分

根据前文对包覆层与推进剂界面脱粘的原因分析可知,当外界载荷作用引起的脱粘应力大于过渡层本身的应力极限值时,过渡层自身发生撕裂,推进剂与包覆层粘接面即发生破坏而造成脱粘。因此,所设计的过渡层自身必须具有优良的力学性能,才能保证推进剂装药在外界载荷环境下包覆层和推进剂不脱粘。在已确定过渡层基体含有异氰酸酯基的前提下,可选用力学性能优良的聚氨酯体系作为过渡层基体。因此,过渡层配方含有异氰酸酯基的同时,还需添加含有羟基的组分,通过固化反应形成聚氨酯交联的过渡层本体结构,示意图如图 6-2 所示。

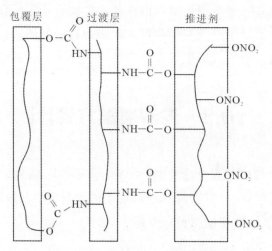

图 6-1 异氰酸酯组合粘接体系图

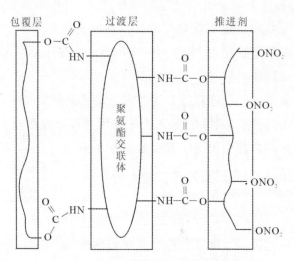

图 6-2 羟基组分过度层本体结构

3. 硅烷偶联剂

通常,过渡层的交联密度越高,其抗 NG 迁移的能力越强。例如,由三异氰酸酯构成的高交联度过渡层能够起到很好的抗 NG 迁移作用。因此,综合考虑不饱和聚酯树脂包覆层与改性双基推进剂的粘接性能和抗 NG 迁移性能,一方面应选择高官能度的异氰酸酯组分或羟基组分,以保证过渡层在固化交联过程中形成高密度阻隔膜;另一方面可以在过渡层配方中加入适量的硅烷偶联剂,以提高不饱和聚酯树脂包覆层与改性双基推进剂之间的粘接强度。

4.溶剂

过渡层在满足粘接性、力学性能、抗迁移性等技术要求的同时,还应具有良好的工艺性能,以便将过渡层的厚度控制在特定的范围内。因此,在实际应用过程中,使用合适的溶剂对过渡层材料预先进行溶解和稀释,然后再涂覆于推进剂药柱表面,不仅能够保证良好工艺性,而且在一定程度上提高了装药包覆质量的稳定性。溶剂的选择应考虑过渡层材料的溶解度参数和溶剂的挥发性,既能满足涂覆工艺性能的要求,又能在施工过程中具有一定的挥发适用期。

基于以上分析,设计过渡层配方见表 6.1。

表 6.1　过渡层配方

组　　分	三官能度异氰酸酯 A	双官能度端羟基聚酯 B	硅烷偶联剂	二月桂酸二丁基锡	乙酸乙酯
规格	NCO%＝12.5% M_n＝700～800	OH%＝5.4% M_n＝700～900	分析纯	分析纯	分析纯
用量/份	54.96～56.96	100	5	5	30

|6.4　过渡层性能研究|

6.4.1　R值对过渡层性能的影响

过渡层本身的力学性能与异氰酸酯组分 A 和端羟基聚酯 B 的相对分子

质量有关。通常,相对分子质量大,则过渡层固化物本体力学性能好,反之则差。但当预聚物相对分子质量确定后,固化物的力学性能则与 A 和 B 的配比有直接关系。在此,可以用异氰酸酯指数(R 值)即异氰酸酯基与羟基的摩尔比作为控制过渡层固化物本体力学性能的指标。表 6.2 为不同 R 值时过渡层的本体力学性能数据。

表 6.2　R 值对过渡层力学性能的影响

R 值	温度/℃	过渡层本体力学性能	
		拉伸强度/MPa	延伸率/(%)
0.915	20	6.21	106.36
	50	2.73	145.83
	−40	35.58	6.95
0.989	20	9.73	115.21
	50	3.41	153.69
	−40	53.22	7.15
1.000	20	14.65	121.52
	50	4.09	168.53
	−40	89.24	8.38
1.273	20	9.86	135.23
	50	3.53	175.85
	−40	53.97	10.69
1.318	20	6.38	142.53
	50	2.84	198.98
	−40	36.53	12.63
1.414	20	5.21	151.23
	50	2.13	203.63
	−40	31.55	14.05

由表 6.2 可见,随着 R 值的增大,过渡层的拉伸强度和延伸率均呈现先升高后降低的变化趋势。R 值越接近 1,过渡层本体的力学性能越好。

表 6.3 为 R 值对某配浆浇注改性双基推进剂与不饱和聚酯树脂包覆层粘接强度的影响。

表 6.3　R 值对配浆浇注改性双基推进剂与不饱和聚酯树脂包覆层粘接强度的影响

R 值	温度/℃	环剪切强度/MPa	断面情况	推进剂本体力学性能	
				拉伸强度/MPa	延伸率/(%)
0.915	20	1.21		1.58	9.8
	50	0.51		0.63	18.3
	−40	9.38		11.2	2.8
0.989	20	1.25	粘接界面破坏	1.58	9.8
	50	0.59		0.63	18.3
	−40	9.88		11.2	2.8
1.000	20	1.54		1.58	9.8
	50	0.61		0.63	18.3
	−40	10.25		11.2	2.8
1.273	20	1.59		1.58	9.8
	50	0.65		0.63	18.3
	−40	11.4	推进剂破坏	11.2	2.8
1.318	20	1.58		1.58	9.8
	50	0.64		0.63	18.3
	−40	11.3		11.2	2.8
1.414	20	1.53	粘接界面破坏	1.58	9.8
	50	0.62		0.63	18.3
	−40	10.26		11.2	2.8

表 6.4 为 R 值对某粒铸改性双基推进剂与不饱和聚酯树脂包覆层粘接强度的影响。

表 6.4　R 值对粒铸改性双基推进剂与不饱和聚酯树脂包覆层粘接强度的影响

R 值	温度/℃	环剪切强度/MPa	断面情况	推进剂本体力学性能	
				拉伸强度/MPa	延伸率/(%)
0.915	20	2.35		5.76	46.4
	50	0.65		0.88	80.0
	−40	9.38		31.51	3.2
0.989	20	3.44	粘接界面破坏	5.76	46.4
	50	0.71		0.88	80.0
	−40	10.25		31.51	3.2
1.000	20	4.36		5.76	46.4
	50	0.75		0.88	80.0
	−40	12.48		31.51	3.2
1.273	20	5.78		5.76	46.4
	50	0.89		0.88	80.0
	−40	31.68		31.51	3.2
1.318	20	5.77	推进剂破坏	5.76	46.4
	50	0.88		0.88	80.0
	−40	31.55		31.51	3.2
1.414	20	5.13		5.76	46.4
	50	0.77	粘接界面破坏	0.88	80.0
	−40	12.25		31.51	3.2

综合表 6.2~6.4 可知,当 R 值小于 1 时,A 与 B 为不等量反应,这时两种预聚体 A、B 的反应不完全,即有未被反应的端羟基聚酯存在,这时过渡层体系的力学性能、粘接性能较低,无法满足使用要求。当 R 值等于 1 时,A 与 B 为等量反应,过渡层固化物的力学性能最佳,但包覆层与推进剂的粘接性能较差。这是因为 A 组分中的异氰酸酯基全部与 B 组分的羟基反应,没有剩余的异氰酸酯基存在,无法与改性双基推进剂中 NC 以及包覆层中的羟基反应,导致过渡层本体力学性能优良而与推进剂和包覆层的粘接强度却较

低。对于过渡层而言,其最主要的作用在于保证包覆层和推进剂粘接的可靠性。因此,过渡层配方设计时应控制 R 值大于 1,并处于合适的范围内,才能保证过渡层中有过量的异氰酸酯基与包覆层和推进剂中的羟基发生交联反应,使两者在过渡层的作用下形成牢固的整体粘接结构。

由表 6.3 可知,当 R 值为 1.273 和 1.318 时,不饱和聚酯树脂包覆层与配浆浇注改性双基推进剂的粘接强度已大于推进剂的本体强度,粘接试件在测试过程中发生推进剂断裂,说明粘接强度可靠,过分追求粘接强度的提高是没有意义的。因此,对于不饱和聚酯树脂包覆层与配浆浇注改性双基推进剂的粘接体系而言,R 值为 1.273～1.318 时,均能够满足粘接强度的要求。

由表 6.4 可知,对于不饱和聚酯树脂包覆层与粒铸改性双基推进剂的粘接体系而言,所有 R 值对应的过渡层配方的拉伸强度均低于推进剂的本体强度。在此情况下,R 值的选取对于粘接强度的影响是至关重要的。由表 6.2～表 6.4 中数据可见,随着 R 值的增大,不饱和聚酯树脂包覆层与粒铸改性双基推进剂的粘接强度呈现先升高后降低的变化趋势,当 R 值为 1.273 时,粘接强度达到最大值,且与粒铸改性双基推进剂的本体强度基本一致,满足包覆层与推进剂的粘接强度要求。

综上所述,设计的基于聚氨酯交联体系的过渡层配方能够满足改性双基推进剂的粘接性要求。目前,关于包覆层与推进剂的粘接强度具体多大合适还没有统一的标准,这是因为不同的包覆层和不同的推进剂其力学性能不尽相同;不同的装药结构和不同的使用环境条件对包覆层与推进剂粘接强度的要求也有所差别,应视具体情况具体分析。就一般情况而言,在进行包覆层与推进剂粘接试验时,只要断裂面不发生在粘接面而发生在推进剂或包覆层本身,说明粘接强度已足够大,这时的粘接强度值便是理想的最大粘接强度。因此,针对不同类型的改性双基推进剂,由于其自身的力学强度存在差异,可在过渡层应用过程中将 R 值统一取 1.273,均能够满足改性双基推进剂与不饱和聚酯树脂包覆层的粘接强度要求。

6.4.2　过渡层与改性双基推进剂的相容性

由于过渡层与推进剂大面积接触,过渡层与推进剂是否相容是过渡层能否应用的前提。因此,针对不饱和聚酯树脂与改性双基推进剂粘接体系,通过 DSC 法和真空安定性(VST)法开展了聚氨酯过渡层与配浆浇注改性双基推进剂和粒铸改性双基推进剂的相容性研究,重点考察不同 R 值对于过渡层和推进剂相容性的影响。DSC 法和 VST 法的相容性评判标准见表 6.5 和表 6.6,过渡层与粒铸改性双基推进剂和浇注改性双基推进剂的相容性具体数据见表 6.7～表 6.10。

表 6.5　DSC 法的相容性评判标准

DSC 法评判标准 ΔT_m/℃	等级	相容性
≤2	A	相容性好,相容
3～5	B	相容性较好,轻微敏感
6～15	C	相容性较差,敏感
>15	D	相容性差,危险

表 6.6　VST 法的相容性评判标准

VST 法评判标准 净增放气量/mL	等级
<3.0	相容
3.0～5.0	中等反应
>5.0	不相容

表 6.7　R 值为 1.000 时的相容性数据

样品名称	DSC		VST		结论
	峰温 T_m/℃	ΔT_m/℃	放气量/mL	净增放气量/mL	
粒铸推进剂	203.9　235.0	—	3.4	—	—
浇注推进剂	203.8　236.0	—	3.1	—	—
粒铸推进剂/ 聚氨酯过渡层	203.5　230.8	−0.4　−4.2	4.8	0.9	相容
浇注推进剂/ 聚氨酯过渡层	203.5　233.1	−0.3　−2.9	3.3	−0.3	相容

表 6.8 R 值为 1.273 时的相容性数据

样品名称	DSC			VST		结论
	峰温 T_m/℃		ΔT_m/℃	放气量/mL	净增放气量/mL	
粒铸推进剂	203.9	235.0	—	—	3.4	—	—
浇注推进剂	203.8	236.0	—	—	3.1	—	—
粒铸推进剂/聚氨酯过渡层	204.5	234.5	0.6	−0.5	5.3	1.9	相容
浇注推进剂/聚氨酯过渡层	203.7	235.3	−0.1	−0.7	4.5	1.4	相容

表 6.9 R 值为 1.318 时的相容性数据

样品名称	DSC			VST		结论
	峰温 T_m/℃		ΔT_m/℃	放气量/mL	净增放气量/mL	
粒铸推进剂	203.9	235.0	—	—	3.4	—	—
浇注推进剂	203.8	236.0	—	—	3.1	—	—
粒铸推进剂/聚氨酯过渡层	204.8	235.2	0.9	0.2	5.5	2.1	相容
浇注推进剂/聚氨酯过渡层	203.9	236.3	0.1	0.3	4.7	1.6	相容

表 6.10 R 值为 1.414 时的相容性数据

样品名称	DSC			VST		结论
	峰温 T_m/℃		ΔT_m/℃	放气量/mL	净增放气量/mL	
粒铸推进剂	203.9	235.0	—	—	3.4	—	—
浇注推进剂	203.8	236.0	—	—	3.1	—	—
粒铸推进剂/聚氨酯过渡层	205.1	235.4	1.2	0.4	5.7	2.3	相容
浇注推进剂/聚氨酯过渡层	204.2	236.5	0.4	0.5	4.9	1.8	相容

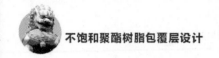

由表 6.7～表 6.10 中的相容性数据可知,在较宽的 R 值范围内,设计的聚氨酯过渡层与粒铸改性双基推进剂和浇注改性双基推进剂的相容性良好。

6.4.3　溶剂用量对装药弹道性能的影响

在聚氨酯过渡层配方中,溶剂乙酸乙酯的含量为 15％～16％。对于不饱和聚酯树脂浇注包覆工艺而言,某装药一发过渡层用量约为 65 g,按 16％ 计算的溶剂最大含量仅为 10.4 g,实际上要小得多,因为在过渡层涂覆以及过渡层表干过程中,大部分的乙酸乙酯会挥发掉。因此,一发装药重 6 000 g,即便 10.4 g 乙酸乙酯全部渗透到推进剂药柱中并假定其不发生挥发,乙酸乙酯仅占总装药量的不到 0.2‰,远远小于药粒内挥的允许量。更何况微量的乙酸乙酯对火药的燃烧性能没有明显影响。此外,在浇注改性双基推进剂所用主要成分硝化棉球形药的制造过程中,所用的溶剂正是乙酸乙酯。所以,0.2‰左右的微量溶剂乙酸乙酯即使全部渗透到推进剂中,也不会影响推进剂的燃烧性能。此结论已经过大量的发动机试验得以证明,用聚氨酯过渡层包覆的多型改性双基推进剂装药,经高、低、常温静止地面发动机试验工作正常,充分证明了过渡层中适量溶剂的存在并不影响装药的弹道性能。

┃6.5　不饱和聚酯树脂包覆层与改性双基推进剂相容性研究┃

包覆层与推进剂的相容性是评价包覆层能否应用的关键指标。通常,包覆层与推进剂的相容性可分为化学相容性和物理相容性。化学相容性是指包覆层的组分与推进剂的组分之间不发生化学反应,不影响推进剂的化学安定性。因此,选择包覆材料时应首先考虑包覆材料与推进剂组分的化学相容性。目前,关于包覆层与推进剂化学相容性的测试方法可分为差热分析法和真空安定性法等。

包覆层与推进剂的物理相容性主要是指组分的迁移,包括推进剂中液态组分向包覆层中的迁移和包覆层中的组分向推进剂中的迁移。由于组分的迁移往往会引起推进剂力学性能和燃烧性能的变化,以及包覆层的耐烧蚀性、与推进剂界面的粘接性等发生变化,因此,包覆层与推进剂的物理相容性往往比化学相容性更为关键。对于不饱和聚酯树脂包覆层与改性双基推进剂装药体系而言,组分的迁移主要是指推进剂中 NG 向包覆层及过渡层的迁移。

因此,本节主要围绕不饱和聚酯树脂包覆层与改性双基推进剂的化学相容性和物理相容性(即抗 NG 迁移性)展开研究。

6.5.1　不饱和聚酯树脂包覆层与改性双基推进剂的化学相容性

针对不饱和聚酯树脂与改性双基推进剂体系,分别通过 DSC 法和 VST 法开展了不饱和聚酯树脂包覆层与改性双基推进剂主要组分 NG、NC、RDX 以及 HMX 的相容性研究。为了简化实验方案,本书设计了表 6.11 中的不饱和聚酯树脂包覆层配方。

表 6.11　不饱和聚酯树脂包覆层相容性试验配方

配方编号	填料用量/份	树脂型号	引发剂用量/份	促进剂用量/份	增塑剂用量/份	交联剂用量/份	纤维用量/份
UP-1	Al(OH)$_3$/40	191$^{\#}$	过氧化环己酮/4	环烷酸钴/0.5	磷酸三氯乙酯/7	苯乙烯/30	碳纤维/5
UP-2	PNCHO/40						
UP-3	PNOH/40						
UP-4	POSS/40						

用 DSC 法测定了四种不饱和聚酯树脂树脂包覆层配方分别与 NC、NG、RDX 和 HMX 的热分解曲线,具体如图 6-3~图 6-6 所示。测试温度范围为 50~350℃,气氛为动态高纯氮,流量 50 mL/min,升温速率 10℃/min,压力为 0.1 MPa。

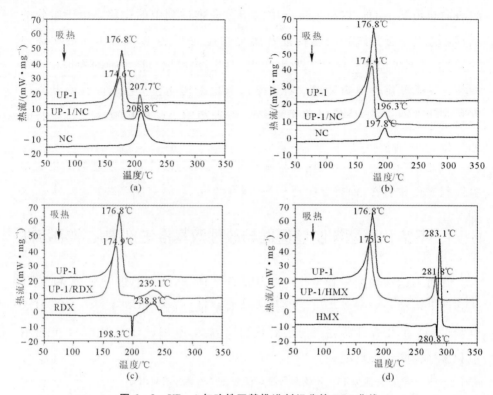

图 6 - 3　UP - 1 与改性双基推进剂组分的 DSC 曲线

（a）UP - 1/NC；（b）UP - 1/NG；（c）UP - 1/RDX；（d）UP - 1/HMX

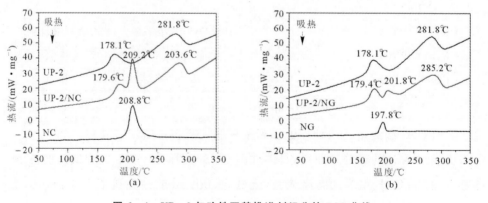

图 6 - 4　UP - 2 与改性双基推进剂组分的 DSC 曲线

（a）UP - 2/NC；（b）UP - 2/NG；

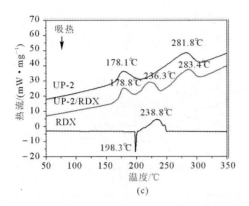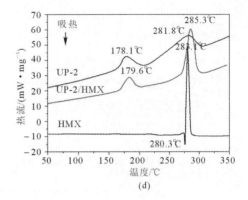

续图 6－4　UP－2 与改性双基推进剂组分的 DSC 曲线

(c)UP－2/RDX；　(d)UP－2/HMX

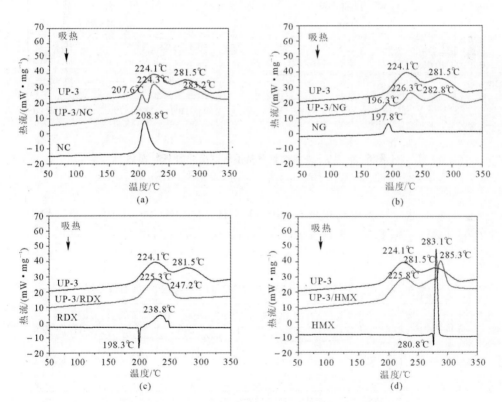

图 6－5　UP－3 与改性双基推进剂组分的 DSC 曲线

(a)UP－3/NC；　(b)UP－3/NG；　(c)UP－3/RDX；　(d)UP－3/HMX

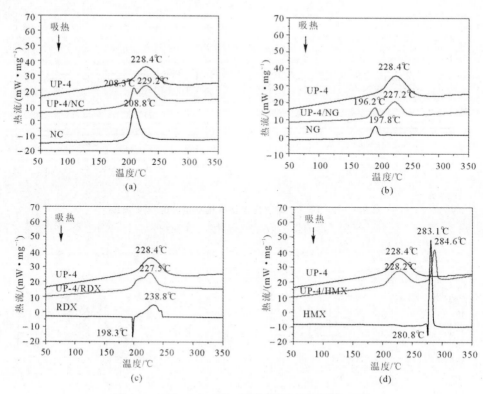

图 6-6 UP-6 与改性双基推进剂组分的 DSC 曲线

(a)UP-4/NC; (b)UP-4/NG; (c)UP-4/RDX; (d)UP-4/HMX

4 种不饱和聚酯树脂包覆层 UP-1、UP-2、UP-3 和 UP-4 与改性双基推进剂主要组分 NC、NG、RDX 和 HMX 的 DSC 和 VST 相容性数据见表 6.12。

表 6.12 UP-1 与 NC、NG、RDX 和 HMX 的 DSC 和 VST 相容性数据

混合体系	DSC 法			VST 法	相容性等级
	T_{pm}/℃	T_{pl}/℃	ΔT_p/℃	ΔV/mL	
UP-1/NC	174.6	176.8	2.2	1.9	相容性较好
UP-1/NG	174.4	176.8	2.4	1.8	相容性较好
UP-1/RDX	174.9	176.8	1.9	1.6	相容性好
UP-1/HMX	175.3	176.8	1.5	1.3	相容性好

续表

样品名称	VST		相容性等级
	放气量/mL	净增放气量/mL	
UP-2	1.3	—	—
UP-3	1.2	—	—
UP-4	1.1	—	—
粒铸改性双基推进剂	3.4	—	—
浇注改性双基推进剂	3.1	—	—
UP-1/粒铸改性双基推进剂	5.2	0.7	相容
UP-2/粒铸改性双基推进剂	5.4	0.7	相容
UP-3/粒铸改性双基推进剂	5.5	0.9	相容
UP-4/粒铸改性双基推进剂	5.3	0.8	相容
UP-1/浇注改性双基推进剂	5.1	0.9	相容
UP-2/浇注改性双基推进剂	5.5	1.1	相容
UP-3/浇注改性双基推进剂	5.2	0.9	相容
UP-4/浇注改性双基推进剂	5.3	1.1	相容

由表 6.13 可见,四种不饱和聚酯树脂包覆层与粒铸改性双基推进剂、浇注改性双基推进剂多组分混合体系均具有良好的相容性。

6.5.2 不饱和聚酯树脂包覆层的抗NG迁移性

6.5.2.1 NG迁移对装药的影响及试验方法

推进剂和包覆层中均含有一定量的可流动性组分,如改性双基推进剂中的 NG、二乙二醇二硝酸酯、苯二甲酸二丁酯、二硝基甲苯等及包覆层中的液态增塑剂磷酸三氯乙酯等。推进剂装药在长期贮存和服役过程中,这些可流动性组分能够逐渐通过推进剂与包覆层的粘接界面而进入相邻的材料体系中。对于改性双基推进剂与不饱和聚酯树脂包覆层组成的装药体系而言,NG 的迁移影响最大。当包覆层中 NG 的含量达到一定的程度时,就变成易燃材料,失去了包覆层应有的限制燃面的作用,有可能导致装药工作过程中发动机发生爆炸。此外,NG 的迁移也会使推进剂与包覆层的力学性能发生变化,甚至引起装药界面脱粘或包覆层开裂。因此,对于不饱和聚酯树脂包覆层与改性双基推进剂装药体系而言,包覆层的抗 NG 迁移性是影响装药质量和安全性的关键因素之一。

目前,为了选择合适的包覆材料并预估包覆层在装药贮存过程中受 NG 迁移影响的程度,通常可采用液体浸渍法、夹层法、杯具溶胀法和装药老化试验法等测试方法。

1. 液体浸渍法

液体浸渍法将一定形状和面积的包覆层试样直接浸渍于装有 NG 的容器中,经一定时间间隔,取出样品,用滤纸擦干后称重,然后继续浸渍直至到达平衡或试样破坏。这种方法虽与装药的贮存条件不同,但可以测定材料对 NG 吸收的极限量。此外,也有将包覆层直接制作成哑铃状力学试件,在 NG 中浸泡一定时间后测定其抗拉强度和延伸率。

英国国防部火炸药研究发展中心采用的液体浸渍试验的条件是将 2.5 mm 厚的包覆层试样悬浸在密闭容器的 NG 中。从安全性角度考虑,NG 用 24% 的三醋精稀释,并加入 1% 中定剂作为安定剂。

2. 夹层法

夹层法将一定面积的片状包覆层试样置于两片推进剂试样之间,在密闭条件下于一定温度下加热,定期取出部分试样进行称重,称量包覆层试样的增重,直至试样不再继续增重为止。然后得出增重与加热时间的关系曲线。为了保证包覆层试样与推进剂试样之间的良好接触,试样表面应尽可能地光滑平整。试验时在推进剂试样上面放置一定重量的金属压块。为了减少测定结果的误差,应同时作一个空白试验,即将一同样大小的包覆层试样单独放置于铝盒内,不放推进剂试样,在相同密闭条件下加热,定期测定重量以对夹层试验结果进行修正。试验结束后,用化学分析法测定包覆层试样中硝化甘油的含量。

英国国防部火炸药研究发展中心采用的夹层试验条件如下:包覆层试验面积为 25 mm^2,厚为 2.5mm,夹在两片面积为 25 mm^2,厚度为包覆层试样 5 倍的推进剂试样之间,在夹层上放置 200 g 重物以保证良好的接触。整个

夹层封闭于铝皿上的烧杯内,于60℃加热。

3. 杯具溶胀法

杯具溶胀法是以包覆材料暴露于NG中的溶胀变化为依据的。将液体包覆层胶料注入于直径25.4 mm开口铝管底部,加热使其固化并将铝管底部封住。包覆层试样的厚度约为1.6 mm。然后往铝管内倒入一定量的NG,观察包覆层试样外形随时间的变化。

4. 装药老化试验法

为了更符合推进剂装药的实际情况,国内外均有研究者把带有包覆层的推进剂装药制作成试样进行热老化试验。英国国防部火炸药研究发展中心采用了两种推进剂装药老化试验,以便确定实际的迁移情况。一种是用一块厚度为1.7 mm的包覆层圆片和长为50 mm、直径为28 mm的推进剂药柱的组合件,放到密闭容器中,在54.5℃下贮存到给定时间,然后用车床将试样车成薄层,用极谱法和红外光谱法测定每层中的NG含量。另一种方法是应力消除法,将包覆长为500 mm、直径为45 mm的推进剂药柱,在不密封的情况下于54.5℃贮存,然后除去包覆层和端部25 mm的一段,剩下的部分切下一小段作分析用。

还有一种装药老化试验应用DSC进行样品的检测,可以大大减少老化试样用量及分析取样量。改性双基推进剂装药老化试验是将试样放置在专用的密闭老化样池内,再放入恒温箱中进行,试样老化程度的监测采用DSC密封式样品池分析的,即将直径为70 mm带有侧面包覆层的推进剂装药用车床车成厚度为10~15 mm的片状,两端分别用粗细纱布(纸)打磨平滑,用脱脂棉擦去粉尘,准确称量后放入专用老化样品池内,并以平板玻璃盖好试样的上下表面,再盖上老化样品池的密封盖。最后将装有老化试样的样品池放置于恒温箱中,于(67±2)℃连续加热一定时间。加热到预定时间后取出试样,在与装药试样上下表面平行的中间部位的平面上取分析样。取样必须严格称量,每次取样量要尽量相近,取样部位也尽量一致。最后用DSC进行测试,试验数据是以单位毫克试样与DSC图上热值对应的面积表示。试验曲线包括的面积表示该分析试样的热分解值。通过分析和比较热老化前后推进剂药柱中心部位与边缘部位、包覆层内外侧的热分解值梯度变化就可以得出NG迁移情况。该方法由于需要试样较少,从而能够实现沿装药的药柱直径及沿包覆层的厚度方向的微小空间取样分析，求出组分梯度分布图。

6.5.2.2　不饱和聚酯树脂包覆层抗 NG 迁移性

通过夹层法开展了不饱和聚酯树脂包覆层的抗 NG 迁移性研究。为了简化实验方案，本书设计了表 6.14 中的不饱和聚酯树脂包覆层配方。

表 6.14　不饱和聚酯树脂包覆层抗 NG 迁移性试验配方

配方编号	填料用量/份	树脂型号	引发剂用量/份	促进剂用量/份	增塑剂用量/份	交联剂用量/份	纤维用量/份
UP-1	Al(OH)$_3$/40	191$^\#$	过氧化环己酮/4	环烷酸钴/0.5	磷酸三氯乙酯/7	苯乙烯/30	碳纤维/5
UP-2	PNCHO/40						
UP-3	PNOH/40						
UP-4	POSS/40						

不饱和聚酯树脂包覆层试样和改性双基推进剂试样尺寸分别为 Φ28 mm×2 mm，Φ33 mm×10 mm。试验方法执行 WJ 2137—93 硝化甘油迁移量测定标准中 5.2 夹层法。

1.表观 NG 迁移量

图 6-7 所示分别四种不饱和聚酯树脂包覆层在 5 d、10 d、15 d、20 d、25 d、30 d、35 d、40 d、45 d 和 50 d 的表观 NG 迁移量变化趋势。

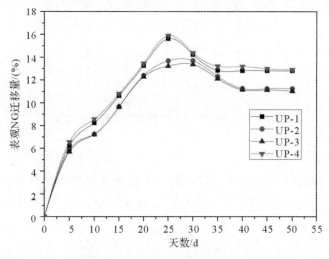

图 6-7　表观 NG 迁移量变化趋势

由图 6-5 可见,四种不饱和聚酯树脂包覆层的 NG 迁移量在 25 d 时达到最大值,之后则呈现先下降后平稳的变化趋势。这是因为在本测试方法中,NG 迁移量定义为在一定测试条件下,忽略了推进剂中除 NG 以外的其他组分向包覆层的迁移以及包覆层中增塑剂向推进剂中的迁移而测得的表观 NG 迁移量。实际上,不饱和聚酯树脂包覆层中含有多种添加剂,而且部分添加剂中含有少量水分、挥发性杂质等物质。因此,在 50℃ 的测试条件下,不饱和聚酯树脂包覆层中添加剂水分和挥发性杂质的挥发、增塑剂向推进剂中的迁移,使不饱和聚酯树脂包覆层试样的质量不断减轻。因此,在 25 d 后造成表观 NG 迁移量呈现下降趋势。

2. 包覆层空白试样的挥发量

为了更加准确地评价不饱和聚酯树脂包覆层试样的 NG 迁移量,在相同条件下做了包覆层空白试验挥发量测定试验,以对表观 NG 迁移量实验结果进行修正。图 6-8 所示为包覆层空白试样的挥发量变化趋势。

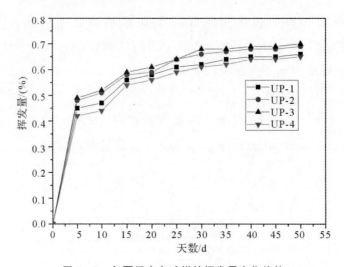

图 6-8 包覆层空白试样的挥发量变化趋势

3. 实际 NG 迁移量

包覆层的实际 NG 迁移量为表观 NG 迁移量与空白试样挥发量的差值。图 6-9 所示为修正后的实际 NG 迁移量变化趋势。

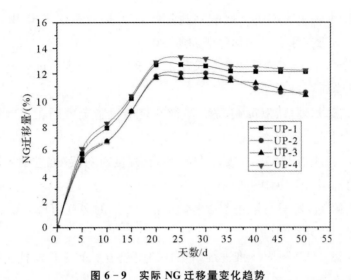

图 6 - 9　实际 NG 迁移量变化趋势

　　由图 6 - 9 可见,四种不饱和聚酯树脂包覆层的 NG 迁移量随着天数的增加而呈现先增大后平缓的变化趋势。NG 迁移量在 25 d 时达到最大值,随后由于包覆层中 NG 的含量趋于饱和,故在随后的测试中 NG 迁移量基本保持不变。此外,UP - 2 和 UP - 3 两个配方的最大 NG 迁移量均低于 UP - 1 和 UP - 4,这可能与所选用填料的极性以及包覆层的整体交联密度有关。据有关资料报道,包覆层中的 NG 迁移量≤20%是可以接受的,若 NG 迁移量>20%则会影响装药的性能。因此,四种不饱和聚酯树脂包覆层的抗 NG 迁移性能均可以满足改性双基推进剂的装药使用要求。

参 考 文 献

[1]　张瑞庆. 固体火箭推进剂[M]. 北京:兵器工业出版社,1991.

[2]　达文纳斯. 固体火箭推进技术[Z]. 北京:航天工业总公司第三十一研究所,1995.

[3]　詹惠安,郑郉勇,赵文忠,等. 固体推进剂包覆层的研究进展[J]. 舰船防化,2009,3:1 - 5.

[4]　杨士山. 粒铸 XLDB 推进剂衬层界面粘接技术及其作用机理研究 [D]. 西安:西安近代化学研究所,2011.

[5]　杨士山. 改性不饱和聚酯包覆层的合成与配方研究[D]. 西安:西安近代化学研究所,2003.

[6]　吴淑新,刘剑侠,邵重斌,等. 不饱和聚酯树脂包覆层在固体推进剂中的应用[J]. 化工新型材料,2020,48(3):6-8.

[7]　杨士山,潘清,皮文丰,等. 衬层预固化程度对衬层/推进剂界面粘接性能的影响[J]. 火炸药学报,2010,33(3):88-90.

[8]　李东林. 包覆层与推进剂表/界面相互作用的研究[D]. 西安:西安近代化学研究所,1991.

[9]　赵凤起. 双基系固体推进剂硝化甘油向包覆层的迁移及抑制技术[J]. 固体火箭技术,1993,(2):69-73.

[10]　芮久后,王泽山. 端面粘贴包覆火药界面粘接强度研究[J]. 火炸药学报,2002,(1):1-3.

[11]　李瑞琦,姜兆华,王福平,等. 推进剂与硅橡胶包覆层间粘接性能研究 [J]. 材料科学与工艺,2003,11(3):265-267.

[12]　王吉贵,牛保祥,甘孝贤. 双基系推进剂包覆过渡层的研究[J]. 火炸药学报,1990,(3):8-14.

[13]　包昌火,陈昌珍. 双基系推进剂包覆层的迁移与脱粘问题[C]//中国兵工学会火炸药学会固体推进剂包覆技术研讨会. 北京,1985.

[14]　李东林,牛西江,崔伟. 双基系推进剂与包覆层之间的迁移和脱粘问题[J]. 火炸药学报,1996,(3):15-17.

[15]　余家泉,许进升,陈雄,等. 推进剂/包覆层界面脱粘率相关特性研究 [J]. 航空学报,2015,36(12):3861-3867.

[16]　武威. 粘接性强、抗硝化甘油迁移的双基推进剂包覆层设计与研究 [D]. 南京:南京理工大学,2016.

[17]　张习龙,刘苗娥,王祝愿,等. BEBA 对丁羟推进剂界面粘接作用的研究[J]. 固体火箭技术,2016,39(5):667-671.

[18]　蒙上阳,唐国金,雷勇军. 固体发动机包覆层与推进剂界面脱粘裂纹稳定性分析[J]. 固体火箭技术,2004,27(1):46-49.

[19] 詹国柱,黄洪勇,楼阳,等. 界面推进剂弱强度层的形成与抑制[J]. 固体火箭技术,2014,37(3):391 - 395.

[20] 李士学. 粘接过程的配价键力作用[J]. 粘接,1983,4(2):1 - 6.

[21] 翁熙祥. 粘接理论研究的一些新进展[J]. 中国胶粘剂,1999,8(5):1 - 6.

[22] 丁佩章. 粘接理论及其评价[J]. 滨州师专学报,1993,9(2):25 - 27.

[23] 李士学. 胶粘剂制备及应用[M]. 天津:天津科技出版社,1983.

[24] 周瑞明. 粘接机理的扩散理论与溶解度参数[J]. 温州师范学院学报,1994,(3):60 - 63.

[25] 刘秀,刘艳芳,张大伦. 水分和 NG 迁移对分子筛改性包覆层性能的影响[J]. 装备环境工程,2007,4(5):44 - 47.

[26] 杨秋秋,聂海英,黄志萍. GAP 推进剂粘接体系组分迁移动力学研究[J]. 含能材料,2017,25(8):639 - 645.

[27] 刘戎,干效东,何德伟. 固体推进剂组分迁移研究进展[C]//中国宇航学会固体火箭推进推进专业委员会第二十七届年会,大连,2010.

[28] Bar L G. Migration of plasticizer between bonded propellant interfaces[J]. Propellants,Explosives,Pyrotechnics,2003,28(1):12—17.

[29] Juliano L S. Study of plasticizer diffusion in a solid rocket motor's bondline[J]. Journal of Aerospace Technology and Management,2010,1(2):223 - 229.

[30] 尹华丽,王玉,李东峰. NEPE 推进剂粘接体系中的组分迁移及影响[J]. 固体火箭技术,2009,32(5):527 - 530.

[31] 红霞,强洪夫,武文明. 丁羟推进剂粘接体系中增塑剂迁移的分子模拟[J]. 火炸药学报,2008,31(5):74 - 78.

[32] 虞振飞,付小龙,蔚红建,等. 聚氨酯弹性体中 NG 和 BTTN 迁移的介观模拟[J]. 含能材料,2015,23(9):858 - 864.

[33] 李东林,王吉贵,仲绪玲. 推进剂中硝化甘油向包覆层迁移的研究[J]. 火炸药学报,1995,(2):1 - 4.

[34] 王晓,姚大虎,白森虎. NG 在聚氨酯中扩散性能的分子动力学模拟研究[J]. 含能材料,2013,21(5):594 - 598.

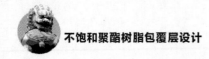

［35］ 张艳,王新华,赵凤起.硝化甘油向包覆层迁移量的测试方法(浸渍法)研究[J].火炸药,1993,(3):39-43.

第 7 章

不饱和聚酯树脂包覆层的工艺性能

本章介绍了不饱和聚酯树脂的成型工艺,研究了不饱和聚酯树脂包覆层的固化反应动力学,考察了不饱和聚酯树脂包覆层固化工艺与包覆层力学性能的关系,并分析了功能添加剂对包覆层胶料粘度和凝胶时间的影响规律。

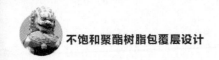

|7.1 概　　述|

改性双基推进剂主要采用自由装填式包覆工艺,即先将推进剂制成药柱,再对药柱进行包覆。因此,根据包覆材料物性的不同,包覆工艺也呈现多样化。目前,国内自由装填包覆工艺主要包括注射包覆、缠绕包覆、浇注包覆、预制包覆和离心包覆等,各包覆工艺涉及的工艺流程、单元操作以及工艺参数也有明显区别。不饱和聚酯树脂包覆层胶料未固化成型前属于液体复合材料,因此,复配的不饱和聚酯树脂包覆层胶料能否顺利浇注、固化过程中是否出现沉降现象、包覆层是否存在缺陷、固化过程中的放热效应及包覆装药质量的一致性等均为不饱和聚酯树脂包覆成型过程中所必须考虑的因素。因此,必须对影响不饱和聚酯树脂包覆工艺未来可实现工程化应用的主要因素进行较为详细的研究。

|7.2　不饱和聚酯树脂成型工艺简介|

不饱和聚酯树脂的成型工艺主要可分为手糊成型、喷射成型、缠绕成型、模压成型、连续成型和浇注成型等。而目前改性双基推进剂用树脂类包覆层最常用的成型工艺主要有缠绕成型和浇注成型。

7.2.1 缠绕成型

缠绕成型是一种低成本、自动化或半自动化制备不饱和聚酯树脂复合材料的方法,它适用于生产二维半拉伸所形成的几何体、正曲率的回转体和球体。缠绕成型是指在张力控制下,将浸有不饱和聚酯树脂的连续纤维纱带或织物带,按照一定的规律稳定地将纤维纱带或织物带不重叠、不离缝地缠绕到芯模或内衬上,经固化后脱模成为复合材料制品的工艺过程。其工艺流程如图 7-1 所示。

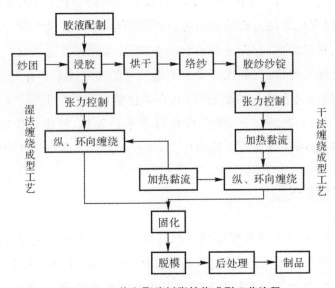

图 7-1　不饱和聚酯树脂缠绕成型工艺流程

（1）缠绕成型工艺优点:①采用无捻粗纱等连续纤维,避免了纤维在纺织过程中的强度损失;②避免了布纹经纬交织点或短切纤维末端的应力集中;③制品的铺层结构设计是依据制品的受力状况进行的,纤维含量高达80%,充分发挥纤维的强度,能够实现数字化产品生产;④生产率高,成本低,宜实现机械化和自动化,便于大批量生产。

（2）缠绕成型工艺缺点:①不能用于任何结构形状的制品的成型,仅适合二维半拉伸所形成的几何体、正曲率的回旋体和球体，如圆柱体、圆台体及多棱体等几何形体；②缠绕成型制品的孔隙率高，表现为层间剪切强度、抗压缩强度低；③缠绕设备投资较大，只有大批量生产时成本才能降低。

（3）缠绕成型工艺对不饱和聚酯树脂的要求：

1）性能要求：①树脂基体具有良好的热氧稳定性和抗紫外老化性能；②树脂基体具有良好的力学性能和韧性及耐热性；③固化物具有优异的耐腐蚀性；④固化物具有阻燃性，且发烟量低，毒性小；⑤固化收缩率低，以保证缠绕制品的尺寸稳定性；⑥来源广泛，价格低廉。

2）工艺要求：①缠绕成型要求树脂体系粘度较低，一般在 0.35～1 Pa·s 范围，使得纤维浸渍完全，纱片中的气泡尽量溢出和带胶量均匀；②适用期长，至少要 4 h 以上，在工作条件下具有较长的凝胶时间；固化条件下，凝胶时间要短，以保证缠绕过程的顺利进行；③具有良好的粘接性能，与纤维能够形成良好的粘接界面；④毒性和刺激性小，对环境和人类健康友好。

3）固化体系要求：缠绕成型要求不饱和聚酯树脂体系具有适宜的固化特性，在缠绕期间具有较长的凝胶时间；在固化阶段凝胶时间短、固化速率快、无挥发性产物；生产环境下，树脂固化时应平稳放热，使能量能够均匀地放出，以避免制品内部存在较大的热应力，导致产品开裂或产生微裂纹。

7.2.2 浇注成型

浇注成型是以不饱和聚酯树脂为基体，将一定比例不同细度的填料、不同颜色的色浆与助剂等原料混合，通过搅拌、浇注、凝胶和固化等一系列工艺过程制成不饱和聚酯树脂复合材料。其工艺流程如图 7-2 所示。

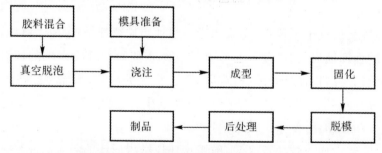

图 7-2　不饱和聚酯树脂浇注成型工艺流程

（1）浇注成型工艺优点：①设备简单，成型时一般不需要加压设备，对模具强度的要求较低；②浇注成型对制品尺寸的限制较少，宜生产小批量的大型制件；③制品内应力低，质量良好。

（2）浇注成型工艺缺点：成型周期长，制品尺寸的精确性略差等。

（3）浇注成型工艺对不饱和聚酯树脂的要求：

1）性能要求：①树脂必须能快速、充分地均匀浸润填料，要求树脂的粘度低，通常在 0.6～8 Pa·s 范围；②树脂具有良好的贮存稳定性，使用寿命通常在 3～6 个月；③生产环境下，树脂固化时应平稳放热，使热量能够均匀地放出，以免制品内部存在较大的热应力，导致产品开裂或产生微裂纹；④树脂固化后要具有良好的耐热性、耐冲击性，在急冷急热、多次反复冲击下不产生过度的内应力而导致产品损坏；⑤固化物具有良好的阻燃性，且发烟量低，毒性小，刺激性小；⑥固化收缩率低，以保证缠绕制品的尺寸稳定性；⑦来源广泛，价格低廉。

2）固化体系的要求：在不饱和聚酯树脂浇注成型工艺中，引发剂对不饱和聚酯树脂的适用期、不饱和聚酯树脂粘度的变化和成型工艺周期等具有重要的影响。随着引发剂用量的增加，反应速率加快，有利于不饱和聚酯树脂的粘度增大。但引发剂用量过大，则会导致反应速率过快，放热量骤增，从而使制品在固化过程中急剧收缩；若引发剂用量太少，则会使固化反应速率变慢，甚至造成固化不足，影响制品的力学性能。

7.3　不饱和聚酯树脂包覆层固化反应动力学

对于热固性树脂而言，合适的固化体系、恰当的固化工艺对热固性树脂为基体的复合材料的各方面的性能，尤其是力学性能有着较大的影响。因此，对于某种给定的热固性树脂及固化体系，如何得到最佳的固化工艺对产品生产过程及产品质量来说是重要问题。不饱和聚酯树脂的固化动力学参数，包括反应级数、反应活化能等是不饱和聚酯树脂固化工艺制定的理论基础。不饱和聚酯树脂的固化反应过程具有如下特性：不饱和聚酯树脂固化包含多种反应，彼此有着联系，反应开始后则很难停留在某一特定阶段；反应产物为交联结构,不熔且不溶,很难采用通常的物理化学方法进行测试。因此,对于不饱和聚酯树脂的固化反应过程,其固化反应机理和动力学参数研究具有一定的困难。目前,研究热固性树脂固化反应动力学的方法很多,而学术界主要通过 DSC 来研究不饱和聚酯树脂的固化全过程,并研究不饱和聚酯树脂的固化动力学参数。

7.3.1 不饱和聚酯树脂的固化反应动力学

为了简化研究方案,便于数据处理和分析,本书选用 191$^{\#}$ 邻苯型不饱和聚酯树脂、199$^{\#}$ 间苯型耐热不饱和聚酯树脂、192$^{\#}$ 低收缩不饱和聚酯树脂、3200$^{\#}$ 乙烯基酯树脂及 3301$^{\#}$ 双酚 A 耐腐蚀不饱和聚酯树脂和 PUUP/CNUP 韧性不饱和聚酯树脂作为基体树脂,苯乙烯为交联剂,过氧化环己酮/环烷酸钴为引发促进剂,开展不饱和聚酯树脂结构与固化动力学关系研究,利用 Kissinger 方程以及 Crane 方程对数据进行拟合,得到固化反应的动力学参数,并最终利用 $T-\beta$ 外推法确定不同不饱和聚酯树脂体系的最佳固化工艺。

1. 基础配方设计

不饱和聚酯树脂 100 份:配方 1$^{\#}$ ～配方 6$^{\#}$ 分别选用 191$^{\#}$ 邻苯型不饱和聚酯树脂、199$^{\#}$ 间苯型耐热不饱和聚酯树脂、192$^{\#}$ 低收缩不饱和聚酯树脂、3200$^{\#}$ 乙烯基酯树脂以及 3301$^{\#}$ 双酚 A 耐腐蚀不饱和聚酯树脂和 PUUP/CNUP 韧性不饱和聚酯树脂。

引发促进剂:过氧化环己酮(4 份)/环烷酸钴(0.5 份)。

2. 试验方法

首先在 DSC 的铝坩埚中加入一定量的不饱和聚酯树脂配方试样,然后设定温度控制程序,以 5℃/min、10℃/min、15℃/min、20℃/min 的速率对树脂进行升温,并实时记录流入到树脂试样和参比样之间的能量差与温度变化的函数关系,获得 DSC 曲线。根据 DSC 曲线上的放热峰就可以得到不同升温速率下该配方的凝胶温度即反应的起始温度(T_i)、反应速率最快时的温度即峰值温度(T_p)、反应结束时的温度(T_f)以及固化反应热效应(ΔH)。利用 Kissinger 方程及 Crane 方程计算表观反应活化能、指前因子、反应级数等动力学参数,并最终利用 $T-\beta$ 外推法确定不同不饱和聚酯树脂体系的凝胶温度、固化温度和后固化温度等固化工艺参数,确定最佳固化工艺。

3.DSC 曲线及动态固化反应参数分析

如图 7-3 所示为配方 1$^{\#}$ ~配方 6$^{\#}$ 在不同升温速率下的 DSC 曲线。

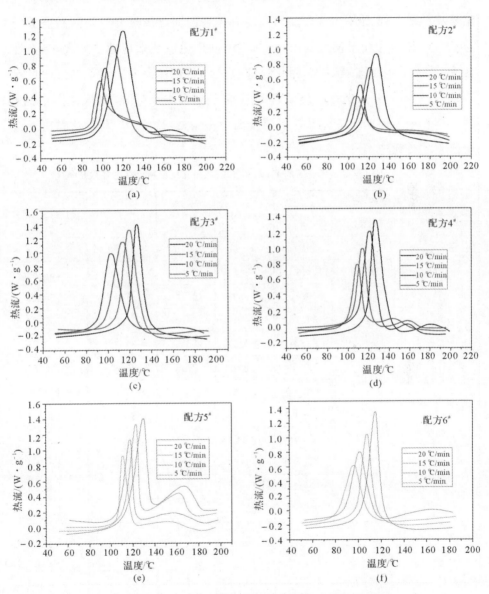

图 7-3　配方 1$^{\#}$ ~配方 6$^{\#}$ 在不同升温速率下的 DSC 曲线

由图 7-3 可以看出,6 种不饱和聚酯树脂包覆层配方在不同的升温速率下的放热峰均不同。其中,配方 1#、配方 4# 和配方 6# 均具有两个放热峰,其中一个是固化反应的放热峰,第二个为后固化放热峰。对于不饱和聚酯树脂固化反应动力学研究,可以针对性地选择处理第一个放热峰。随着升温速率的增大,6 种不饱和聚酯树脂配方体系的固化放热峰温均向高温方向移动。这是因为升温速率的增加,单位时间产生的热效应随之增大,热惯性也大,产生的温度差就越大,固化反应放热峰就必然会向高温移动。通过对图 7-3 中不同升温速率下的动态 DSC 曲线进行分析,可得到表 7.1 中的 6 种不饱和聚酯树脂配方体系在不同升温速率下的 T_i、T_p 和 T_f 以及固化反应所产生的热效应 ΔH。

表 7.1　不同升温速率 β 下的 T_i、T_p 和 T_f 以及固化反应所产生的热效应 ΔH

配方编号	升温速率 $\beta/$ $(℃ \cdot min^{-1})$	$T_i/℃$	$T_p/℃$	$T_f/℃$	$(T_f - T_i)/℃$	$\Delta H/(J \cdot g^{-1})$
1#	5	86.02	97.33	137.62	51.60	−134.28
	10	90.14	102.51	138.63	58.49	−132.60
	15	93.89	110.09	141.40	47.51	−130.25
	20	94.93	120.41	144.49	49.56	−132.23
2#	5	93.23	107.35	124.55	31.32	−138.65
	10	100.12	111.09	125.55	25.43	−137.55
	15	103.90	120.41	135.18	31.28	−132.04
	20	108.00	126.95	147.24	39.24	−130.21
3#	5	87.03	102.62	123.10	36.07	−131.75
	10	93.86	113.64	131.21	37.35	−130.01
	15	104.22	119.52	140.29	36.07	−129.33
	20	111.70	126.97	144.86	33.16	−128.85
4#	5	96.33	108.69	120.76	24.43	−128.62
	10	100.12	113.88	128.29	28.17	−127.04
	15	105.26	120.76	136.58	31.32	−125.38
	20	113.18	126.59	148.28	35.10	−124.65

续 表

配方编号	升温速率 β/($^\circ$C · min^{-1})	T_i/$^\circ$C	T_p/$^\circ$C	T_f/$^\circ$C	($T_f - T_i$)/$^\circ$C	ΔH/(J · g^{-1})
5#	5	101.63	110.39	121.13	19.50	−130.60
	10	103.89	117.22	124.38	20.49	−129.65
	15	108.13	122.77	128.94	20.81	−128.89
	20	109.12	129.60	137.38	28.26	−128.14
6#	5	79.04	95.87	111.79	32.75	−127.21
	10	85.15	101.37	117.29	32.14	−126.74
	15	95.57	107.81	122.47	26.90	−125.95
	20	98.01	114.85	129.21	31.20	−125.21

由表 7.1 中数据可以发现,配方 1#~配方 5# 在固化反应中的热效应相近,均在 −130 J/g 左右,而其中配方 6# 的热效应最低,这与不饱和聚酯树脂配方体系中的不饱和双键含量与分子结构有关。此外,在相同的升温速率下,6 种配方体系的 T_i、T_p 和 T_f 以及固化反应温差($T_f - T_i$)均有明显的差别。

为了获得各配方的最佳固化工艺参数,需要对其进行固化动力学参数分析,如表观活化能、反应级数等对了解固化反应有重要的作用。其中,表观活化能的大小直接决定了固化反应的难易程度,固化体系只有获得大于表观活化能的能量时,固化反应才能正常进行;而反应级数是反应复杂与否的宏观表征,通过反应级数的计算可以初步得到固化反应方程。

根据固化反应动力学可知,若不饱和聚酯树脂固化反应速率是 dα/dt,则固化反应的速率与固化度的关系为

$$\frac{d\alpha}{dt} = Kf(\alpha) \tag{7-1}$$

式中,α 为固化度;K 为反应速率常数;$f(\alpha)$ 为反应机理函数。

反应速率常数复合 Arrherius 关为

$$K = A\exp[-E/(RT)]$$

式中,A 为频率因子;E 为表观活化能。

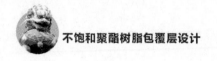

因此,不饱和聚酯树脂的固化反应速率方程可写为

$$\frac{\mathrm{d}\alpha}{\mathrm{d}t} = Af(\alpha)\exp[-E/(RT)] \tag{7-2}$$

根据 DSC 测试原理:

$$\beta = \mathrm{d}T/\mathrm{d}t \tag{7-3}$$

则式(7-2)可写成

$$\beta\frac{\mathrm{d}\alpha}{\mathrm{d}t} = Af(\alpha)\exp[-E/(RT)] \tag{7-4}$$

其中,机理函数是计算的关键。由于固化反应十分复杂,机理模型很难确定。学术界通常利用 DSC 数据进行多元回归求得各动力学参数,通常采用 Kissinger 方程、Ozawa 方程和 Crane 方程联合计算反应级数和反应活化能。

Kissinger 方程:

$$\frac{\mathrm{dln}\left(\frac{\beta}{T_\mathrm{p}^2}\right)}{\mathrm{d}\left(\frac{1}{T_\mathrm{p}}\right)} = \frac{-E}{R} \tag{7-5}$$

Ozawa 方程:

$$\frac{\mathrm{d}\beta}{\mathrm{d}\left(\frac{1}{T_\mathrm{p}}\right)} = -1.052\frac{E}{R} \tag{7-6}$$

Crane 方程:

$$\frac{\mathrm{dln}\beta}{\mathrm{d}\left(\frac{1}{T_\mathrm{p}}\right)} = \frac{-E}{nR} + 2T_\mathrm{p} \tag{7-7}$$

式中:R 为气体常数;n 为反应级数。

在一组不同加热速率 DSC 曲线中找出所对应的峰值温度,采用 Kissinger 方程和 Ozawa 方程作线性回归,求得固化反应活化能。然后将所得活化能 E 值代入 Crane 方程,可得到体系的固化反应级数。将所得到的 E 和 n 值按照 Kissinger 方法,由式(7-8)近似求得固化反应体系的频率因子。

配方 1# ~ 配方 6# 固化反应的 DSC 数据 β、T_p、$\frac{1}{T_\mathrm{p}}$、$\ln\frac{\beta}{T_\mathrm{p}^2}$ 和 $\ln\beta$ 列于表 7.2,

由 Kissinger 方程,将 $\ln \dfrac{\beta}{T_p^2}$ 对 $\dfrac{1}{T_p}$ 作图,得到图 7 - 4。

从 Kissinger 方程可知,以 $\ln \dfrac{\beta}{T_p^2}$ 对 $\dfrac{1}{T_p}$ 作图可得到一条直线,而这条直线拟合后所得的斜率即为 $-\dfrac{E}{R}$,因此可进一步通过拟合曲线的斜率求得表观活化能。6 种配方固化反应的表观活化能列于表 7.2。

$$A = \frac{E_a \exp\left(\dfrac{E_a}{RT_p}\right)}{RT_p^2} \qquad (7-8)$$

表 7.2　配方 $1^{\#}$ ~ 配方 $6^{\#}$ 的固化反应动力学参数

配方编号	$\beta/$ (℃·min^{-1})	T_p/K	$\dfrac{1}{T_p}$	$\ln\dfrac{\beta}{T_p^2}$	$\ln\beta$	A /10^5	$\overline{A}$ /10^5	E /(kJ·mol^{-1})	n
1#	5	370.33	0.002 7	−10.34	1.61	5.24	4.97	58.65	0.847 9
	10	375.51	0.002 663	−10.09	2.30	5.10			
	15	383.09	0.002 61	−9.75	2.71	4.89			
	20	393.41	0.002 542	−9.22	3.00	4.64			
2#	5	380.35	0.002 629	−10.37	1.61	4.33	4.13	51.21	0.595 7
	10	384.09	0.002 604	−10.21	2.30	4.24			
	15	393.41	0.002 542	−9.84	2.71	4.04			
	20	399.95	0.002 5	−9.57	3.00	3.91			
3#	5	375.62	0.002 662	−10.37	1.61	4.06	3.80	46.93	0.643 6
	10	386.64	0.002 586	−10.09	2.30	3.83			
	15	392.52	0.002 548	−9.64	2.71	3.72			
	20	399.97	0.002 5	−9.51	3.00	3.58			
4#	5	381.69	0.002 62	−10.47	1.61	3.72	3.56	44.41	0.464 9
	10	386.88	0.002 585	−10.29	2.30	3.62			
	15	393.76	0.002 54	−10.01	2.71	3.49			
	20	399.59	0.002 503	−9.86	3.00	3.39			

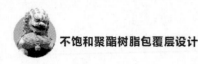
续表

配方编号	$\beta/$ ($℃\cdot min^{-1}$)	T_p/K	$\dfrac{1}{T_p}$	$\ln\dfrac{\beta}{T_p^2}$	$\ln\beta$	A $/10^5$	$\overline{A}$ $/10^5$	E $/(kJ\cdot mol^{-1})$	n
5#	5	383.39	0.002 608	−10.39	1.61	7.03			
	10	390.22	0.002 563	−10.32	2.30	6.79	6.70	83.71	0.894 9
	15	395.77	0.002 527	−9.35	2.71	6.59			
	20	402.6	0.002 484	−9.21	3.00	6.37			
6#	5	368.87	0.002 711	−10.31	1.61	4.55			
	10	374.37	0.002 671	−10.14	2.30	4.41	4.33	50.58	0.574 5
	15	380.81	0.002 626	−9.85	2.71	4.26			
	20	387.85	0.002 578	−9.51	3.00	4.11			

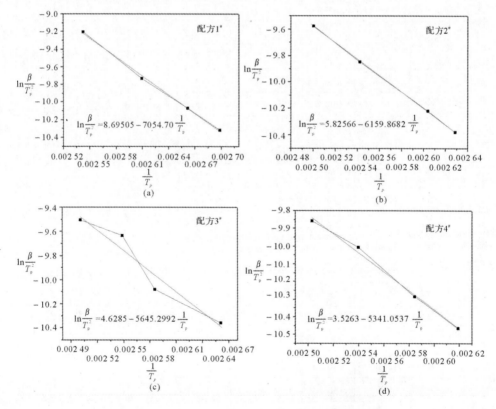

图 7.4　配方 $1^{\#}$～配方 $6^{\#}$ 固化反应的 $\ln\dfrac{\beta}{T_p^2}$ - $\dfrac{1}{T_p}$ 曲线

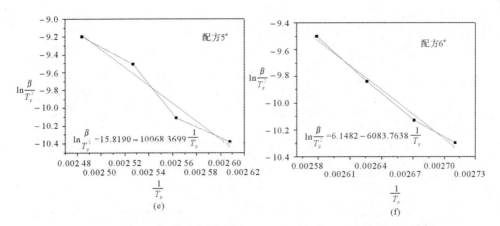

续图 7.4　配方 1$^\#$ ～配方 6$^\#$ 固化反应的 $\ln\dfrac{\beta}{T_p^2}$-$\dfrac{1}{T_p}$ 曲线

热固性树脂的固化反应是一个非常复杂的化学反应过程,涉及到各个支链和官能团的交联聚合,其反应级数可由 Crane 方程计算得出。在通常情况下,$\dfrac{E}{nR} \gg 2T_p$,则式(7-7)可简化为:

$$\frac{\mathrm{d}\ln\beta}{\mathrm{d}\left(\dfrac{1}{T_p}\right)} = \frac{-E}{nR} \tag{7-9}$$

以 $\ln\beta$ 对 $\dfrac{10^3}{T_p}$ 作图得到相应的直线,如图 7-5 所示。拟合后得到直线斜率即为 $\dfrac{E}{nR}$,结合上述求得的表观活化能,即可求出对应不饱和聚酯树脂包覆层配方体系的固化反应级数,数据列于表 7.2。

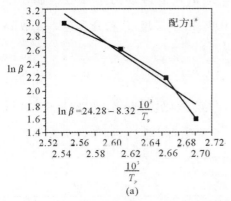

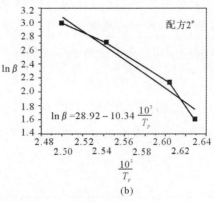

图 7-5　配方 1$^\#$ ～配方 6$^\#$ 固化反应的 $\ln\beta$-$\dfrac{10^3}{T_p}$ 曲线

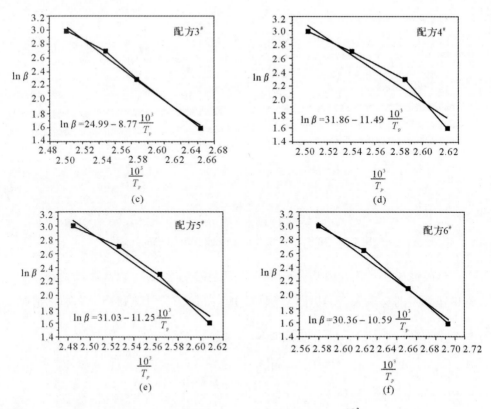

续图 7-5　配方 1$^{\#}$ ～配方 6$^{\#}$ 固化反应的 $\ln\beta - \dfrac{10^3}{T_p}$ 曲线

4.特征固化温度的确定

特征固化温度(包括凝胶温度、固化温度和后固化温度)是制定树脂固化工艺的重要依据之一,受反应级数和反应活化能等动力学参数控制。由 DSC 测试得到的数据受到升温速率的影响;由于温度 T 和升温速率 β 成线性关系,其变化规律符合下式:

$$T = A + B\beta \tag{7-10}$$

分别以 T_i、T_p 和 T_f 对 β 作图,得到三条直线(见图 7-6),外推至 $\beta = 0$ 时,可获得 6 种不饱和聚酯树脂包覆层配方的特征固化温度,列于表 7.3。

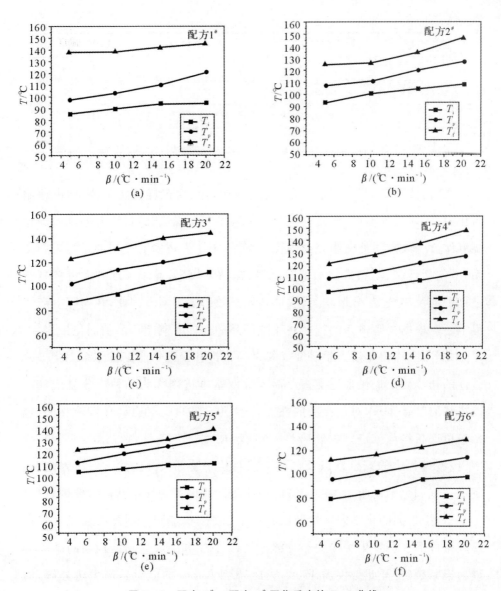

图 7 – 6 配方 1# ～配方 6# 固化反应的 T - β 曲线

表 7.3 配方 1# ～配方 6# 的特征固化温度

配方编号	凝胶温度/℃	固化温度/℃	后固化温度/℃
1#	73.63	78.38	114.69
2#	79.29	89.29	113.71

续表

配方编号	凝胶温度/℃	固化温度/℃	后固化温度/℃
3#	82.11	90.96	112.28
4#	89.81	102.34	110.77
5#	79.02	94.21	115.63
6#	72.61	89.13	105.83

通常,按照热固性树脂特征固化温度可以制定最佳固化工艺,即由起始固化温度(即凝胶温度)缓慢升温至固化温度并恒温固化,最后升温至后固化温度保持一段时间使树脂完全固化。然而,由于上述实验使用的是纯树脂体系,不包括纤维、填料等添加剂,且所用样品量较小,并未考虑到大批量制造过程中涉及热效应、分散均匀性、填料填充效应等因素。因此,在实际生产过程中还应根据树脂体系的特性并兼顾产品的性能来制定产品的固化工艺。

此外,上述固化动力学研究仅仅是为不饱和聚酯树脂配方体系固化工艺条件的初步确定提供理论支撑。但改性双基推进剂作为一种成分复杂且性能特殊的复合体系,对包覆层的性能及包覆工艺的要求也具有特殊要求,包括包覆层材料与推进剂的相容性、包覆层成型工艺条件对推进剂性能的影响、包覆过程中的安全性以及包覆工艺对整个装药尺寸的影响等。因此,在制定不饱和聚酯树脂包覆层配方的固化工艺时应考虑以下几点重要因素:

(1)推进剂的化学安定性及贮存性能:改性双基推进剂即使在通常贮存温度条件下也会发生缓慢的热分解。例如,NG 和 NC 分子结构中的硝酸酯键易于断裂(打开此键仅需 $150.5 \sim 167.2$ kJ/mol 的能量),产生热分解,放出大量热量,加速热分解,从而形成自催化过程;NG 和 NC 的热分解还会产生 NO 和 NO_2 气体,造成药柱内部气体积累,形成很大的内应力,使药柱破裂,严重影响推进剂的力学性能、结构完整性及贮存寿命。

(2)推进剂及包覆工艺的安全性:过高固化的温度会加速推进剂中 NG 和 NC 等硝酸酯组分的热分解,会导致推进剂药柱内部产生热量积累,当热量积累达到一定程度时将会引起推进剂自动加热甚至着火,发动机装药发生燃烧或爆炸。

(3)推进剂装药的尺寸:改性双基推进剂是以线性分子 NC 为基的,其在推进剂固化塑溶过程中并为形成分子链之间的化学交联,所以在较高温度下分子之间可产生滑移,推进剂药柱的模量降低,塑性提高,易产生塑性形变。因此,若在高温下进行不饱和聚酯树脂包覆层的固化成型,会导致推进剂药柱及整个装药在包覆温度和贮存温度条件下的尺寸存在较大差异,无法满足装药尺寸的设计要求。

综上所述,在改性双基推进剂包覆过程中,通常要求包覆层的施工温度应控制在 20~40℃ 范围内,施工温度越低,对推进剂的化学安定性和贮存性能、推进剂及装药包覆工艺安全性及装药尺寸的影响越小。

7.3.2　不饱和聚酯树脂包覆层的固化反应动力学

前述研究了不加任何功能助剂的不饱和聚酯树脂的固化反应动力学,本节以 1,3,5 -三(2 -烯丙基苯氧基)- 2,4,6 -三苯氧基环三磷腈(TAPPCP)和六(2 -烯丙基苯氧基)环三磷腈(HAPPCP)为耐烧蚀改性填料,研究改性不饱和聚酯树脂包覆的固化反应动力学。

改性不饱和聚酯树脂包覆层的制备过程:称取 100 份不饱和聚酯树脂,按 5 份、10 份、15 份和 20 份的添加量分别加入 TAPPCP 和 HAPPCP 进行手工搅拌预混,然后采用三辊研磨机进行研磨精混,反复 3 次,每次研磨 10 min。待胶料混合均匀后,下辊,并按 1 份和 0.4 份的添加量分别加入过氧化环己酮和环烷酸钴混合均匀,经真空干燥箱脱泡后浇注、固化成试样。

7.3.2.1　TAPPCP 在 UPR 中的分散性

图 7 - 7 所示分别为添加 5 份、10 份、15 份和 20 份 TAPPCP 的不饱和聚酯树脂(UPR)固化物的磷元素面分布。

续 表

混合体系	DSC 法			VST 法	相容性等级
	$T_{pm}/℃$	$T_{pl}/℃$	$\Delta T_p/℃$	$\Delta V/mL$	
UP-2/NC	179.6	178.1	−1.5	2.2	相容性好
UP-2/NG	179.4	178.1	−1.3	2.3	相容性好
UP-2/RDX	178.8	178.1	−0.7	2.1	相容性好
UP-2/HMX	179.6	178.1	−1.5	1.9	相容性好
UP-3/NC	207.6	208.8	1.2	2.4	相容性好
UP-3/NG	196.3	197.8	1.5	2.2	相容性好
UP-3/RDX	225.3	224.1	−1.2	2.6	相容性好
UP-3/HMX	225.8	224.1	−1.7	2.3	相容性好
UP-4/NC	208.3	208.8	0.5	2.1	相容性好
UP-4/NG	196.2	197.8	1.6	2.4	相容性好
UP-4/RDX	227.5	228.4	0.9	1.8	相容性好
UP-4/HMX	228.2	228.4	0.2	1.4	相容性好

由表 6.12 中的 DSC 和 VST 相容性数据可见，UP-1、UP-2、UP-3 和 UP-4 与改性双基推进剂的主要组分 NC、NG、RDX 和 HMX 均具有良好的化学相容性。

为了更加全面地考察四种不饱和聚酯树脂包覆层配方 UP-1、UP-2、UP-3 和 UP-4 与改性双基推进剂多组分混合体系的相容性，利用 VST 法研究了四种不饱和聚酯树脂包覆层与浇注改性双基推进剂、粒铸改性双基推进剂药浆的相容性。选用的改性双基推进剂基础配方为：NC 25%～30%；NG 30%～33%；HMX 30%～33%；Al 4%～8%；DINA 2%～8%；其他：4.5%。四种不饱和聚酯树脂包覆层与浇注改性双基推进剂、粒铸改性双基推进剂多组分混合体系的 VST 相容性数据见表 6.13。

表 6.13　不饱和聚酯树脂包覆层与改性双基推进剂多组分混合体系的 VST 相容性数据

样品名称	VST		相容性等级
	放气量/mL	净增放气量/mL	
UP-1	1.1	—	—

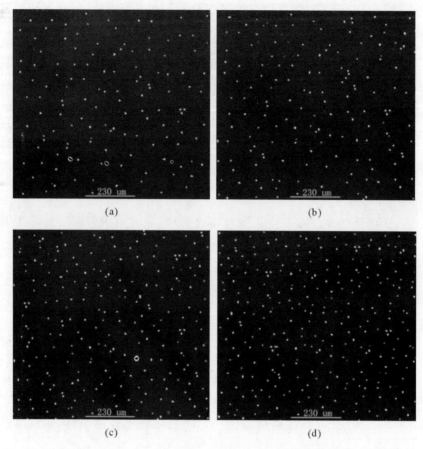

图 7 - 7　UPR/TAPPCP 固化物的磷元素面分布

(a)100 份 UPR/5 份 TAPPCP；　(b)100 份 UPR/10 份 TAPPCP；

(c)100 份 UPR/15 份 TAPPCP；　(d)100 份 UPR/20 份 TAPPCP

　　由图 7.7 可见,随着 TAPPCP 添加量的提高,固化物中磷元素的分布密度随之增大,而且磷元素的分布较为均匀,没有发生明显的团聚现象。这说明经手工搅拌预混和三辊研磨机精混步骤,可使 TAPPCP 均匀地分散在 UPR 中,且有利于 TAPPCP 与 UPR 分子的共聚交联反应,能够保证包覆层的结构完整性和均一性。

7.3.2.2　非等温固化反应参数

　　采用 DSC 研究 UPR 的非等温固化反应参数。图 7 - 8 所示为纯 UPR、

100 份 UPR/10 份 TAPPCP 和 100 份 UPR/10 份 HAPPCP 固化过程的动态 DSC 曲线。

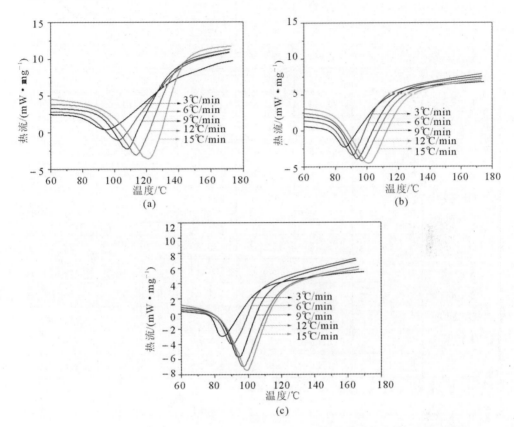

图 7 - 8　不同 β 下 UPR、UPR/TAPPCP 和 UPR/HAPPCP 体系的非等温 DSC 曲线

(a)UPR；　(b)100 份 UPR/10 份 TAPPCP；　(c)100 份 UPR/10 份 HAPPCP

由图 7.8 可见,UPR、100 份 UPR/10 份 TAPPCP 和 100 份 UPR/10 份 HAPPCP 体系在不同的 β 下固化反应过程均为单一的放热峰,说明 TAP-PCP 和 HAPPCP 均可与 UPR 同时进行自由基共聚反应,从而证明了填料在基体中分散的均匀性。这与 X 射线衍射的研究结果一致。

表 7.4 中为 UPR、100 份 UPR/10 份 TAPPCP 和 100 份 UPR/10 份 HAPPCP 体系的特征固化温度参数和固化反应热效应。

表 7.4　100 份 UPR/10 份 TAPPCP 和 100 份 UPR/10 份 HAPPCP
体系的特征固化温度参数和热效应

固化体系/份	$\beta/(\text{℃}\cdot\text{min}^{-1})$	$T_i/\text{℃}$	$T_p/\text{℃}$	$T_f/\text{℃}$	$(T_f-T_i)/\text{℃}$	$\Delta H/(\text{J}\cdot\text{g}^{-1})$
UPR	3	63.23	92.45	112.22	48.99	197.67
	6	67.35	103.66	127.61	60.26	230.54
	9	71.04	109.83	130.56	59.52	237.95
	12	72.38	112.67	135.78	63.40	226.33
	15	74.11	120.31	141.34	67.23	225.61
100 UPR/10 TAPPCP	3	68.35	87.23	105.64	37.29	193.25
	6	72.48	92.74	120.12	47.64	188.71
	9	74.72	95.86	129.33	54.61	204.89
	12	76.87	97.58	133.51	56.64	181.33
	15	78.45	101.34	138.69	60.24	178.37
100 UPR/10 HAPPCP	3	69.22	83.67	104.22	35.00	191.22
	6	73.48	90.56	117.54	44.06	186.75
	9	76.13	94.44	123.67	47.54	202.38
	12	78.55	97.13	128.95	50.40	179.56
	15	81.29	99.87	136.46	55.17	176.48

注：T_i 为起始固化温度，T_p 为固化反应峰温，T_f 为终止固化温度，T_f-T_i 为固化温度范围。

由表 7.4 中数据可见，三种体系的固化反应特征温度与 β 关系密切。随着 β 的提高，T_i、T_p 和 T_f 均向高温方向移动；而 (T_f-T_i) 增大，即固化温度范围变宽，说明固化反应时间缩短。这是因为 β 提高，dH/dt 增大，单位时间产生的反应热越大。此外，从反应热效应的变化可以看出，随着 β 的提高，ΔH 呈现出先增大后降低的变化趋势。当 β 为 9℃/min 时，ΔH 达到最大值，说明在该升温速率时固化反应程度最高。而当 $\beta > 9$℃/min 时，由于热惯性较大，作用于反应的温差范围较大，反应速率较快，热耗散速率高，导致记录的 ΔH 较少。

7.3.2.3　特征固化温度

特征固化温度（即 T_i、T_p 和 T_f）是制定树脂固化反应参数的重要依据之一,受反应级数和反应活化能等动力学参数控制。由 DSC 测试得到的数据受到升温速率的影响,故分别以 T_i、T_p 和 T_f 对 β 作图,得到三条直线(见图 7-9),外推至 $\beta = 0$ 时,可得不同填料用量下 UPR/TAPPCP 和 UPR/HAPPCP 体系的特征固化温度,列于表 7.5 和表 7.6。

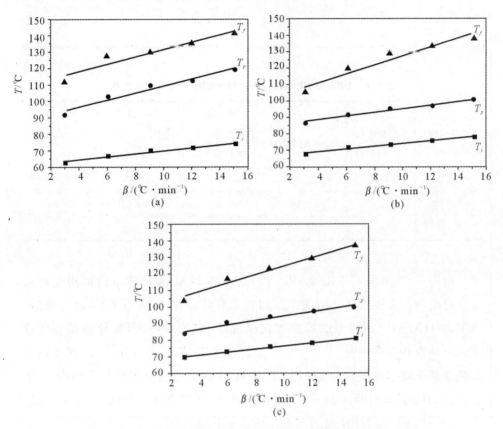

图 7-9 UPR/TAPPCP 和 UPR/HAPPCP 体系特征固化温度-β 曲线

(a)UPR; (b)100 份 UPR/10 份 TAPPCP; (c)100 份 UPR/10 份 HAPPCP

表 7.5 UPR 和 UPR/TAPPCP 体系的静态特征固化温度

特征温度	UPR	100 份 UPR/5 份 TAPPCP	100 份 UPR/10 份 TAPPCP	100 份 UPR/15 份 TAPPCP	100 份 UPR/20 份 TAPPCP
T_i/℃	67.59	67.85	66.80	67.91	68.31

续表

特征温度	UPR	100 份 UPR/5 份 TAPPCP	100 份 UPR/10 份 TAPPCP	100 份 UPR/15 份 TAPPCP	100 份 UPR/20 份 TAPPCP
T_p/℃	88.37	87.33	85.03	84.63	83.58
T_f/℃	109.58	103.94	101.61	100.22	99.42

表 7.6　UPR 和 UPR/HAPPCP 体系的静态特征固化温度

特征温度	UPR	100 份 UPR/5 份 TAPPCP	100 份 UPR/10 份 TAPPCP	100 份 UPR/15 份 TAPPCP	100 份 UPR/20 份 TAPPCP
T_i/℃	67.59	67.27	62.97	68.78	68.02
T_p/℃	88.37	83.26	81.44	80.87	79.28
T_f/℃	109.58	101.59	99.40	97.79	96.15

由图 7-9 可见,UPR/TAPPCP 和 UPR/HAPPCP 体系特征固化温度与 β 的线性相关性较高。由表 7.5 和表 7.6 可见,在相同的 β 下,加入 TAPPCP 和 HAPPCP 后体系的特征固化温度 T_p 和 T_f 比纯 UPR 体系的特征固化温度均有相应的降低,且 T_p 和 T_f 随着 TAPPCP 和 HAPPCP 添加量的提高而逐渐下降。这是因为 TAPPCP 和 HAPPCP 均具有体型分子结构,不饱和双键均位于体型分子结构的表面,且反应活性较高,有助于降低 TAPPCP、HAPPCP 与 UPR 发生共聚反应的活化能。

7.3.2.4　非等温固化反应动力学

为了获得不饱和聚酯树脂配方的最佳固化反应参数,需要对其进行固化动力学参数分析,主要包括表观活化能、反应级数等。其中,表观活化能的大小直接决定了固化反应的难易程度,固化体系只有获得大于表观活化能的能量时,固化反应才能正常进行;反应级数是反应复杂与否的宏观表征,通过反应级数的计算可以初步得到固化反应方程。

利用 DSC 数据进行多元回归求得各动力学参数,采用 Kissinger 方程和

Crane 方程联合计算反应级数和反应活化能。在一组不同加热速率 DSC 曲线中找出所对应的峰值温度,以 $-\ln(\beta/T_p^2)$ 对 $10^3/T_p$ 作图可得一条直线,如图 7-10 和图 7-11 所示。

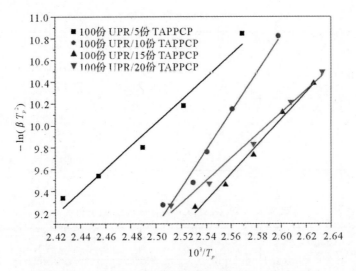

图 7-10　UPR/TAPPCP 体系的 $-\ln(\beta/T_p^2)$-$10^3/T_p$ 曲线

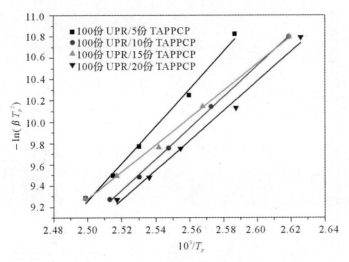

图 7-11　UPR/HAPPCP 体系的 $-\ln(\beta/T_p^2)$-$10^3/T_p$ 曲线

以 $\ln\beta$ 对 $10^3/T_p$ 作图得到相应的直线,拟合后得到直线斜率即为 $-E/$

nR,结合表观活化能,即可求出固化反应级数。UPR/TAPPCP 和 UPR/HAPPCP 体系的表观反应活化能、指前因子、反应级数分别见表 7.7 和表7.8。

表 7.7　UPR/TAPPCP 固化体系的 E、A 和 n

固化反应动力学参数/份	UPR	100 UPR/5 TAPPCP	100 UPR/10 TAPPCP	100 UPR/15 TAPPCP	100 UPR/20 TAPPCP
$E/(\text{kJ} \cdot \text{mol}^{-1})$	99.55	97.05	93.45	92.04	86.05
$A/10^{-10}$	1.65	1.85	2.97	6.51	13.87
n	0.917 3	0.847 9	0.894 9	0.913 5	0.926 4

表 7.8　UPR/HAPPCP 固化体系的 E、A 和 n

固化反应动力学参数/份	UPR	100 UPR/5 TAPPCP	100 UPR/10 TAPPCP	100 UPR/15 TAPPCP	100 UPR/20 TAPPCP
$E/(\text{kJ} \cdot \text{mol}^{-1})$	99.55	91.34	90.65	90.21	89.78
$A/10^{-10}$	1.65	2.36	5.38	9.97	15.41
n	0.917 3	0.905 6	0.912 8	0.953 3	0.947 7

树脂的固化反应程度 α 可由下式求得

$$\alpha = (\Delta H_0 - \Delta H_t)/\Delta H_0 \qquad (7-11)$$

式中,ΔH_t 和 ΔH_0 分别为固化反应进行到 t 时和完全固化时的反应热。

根据质量作用定律方程式(7-12)和 Arrhenius 公式(7-13)可求得反应速率 $d\alpha/dt$,见式(7-14)。

$$d\alpha/dt = k(1-\alpha)^n \qquad (7-12)$$

$$k = A\exp(-E/RT) \qquad (7-13)$$

$$d\alpha/dt = A\exp(-E/RT)(1-\alpha)^n \qquad (7-14)$$

式中,k 为反应速率常数;n 为反应级数。

将计算得到的 E、A 和 n 代入式(7-17),可求得不同填料添加量的

UPR/TAPPCP 和 UPR/HAPPCP 体系的固化反应动力学方程，具体见表7.9。

表 7.9　UPR/TAPPCP 和 UPR/HAPPCP 体系的固化反应动力学方程

固化体系/份	固化反应动力学方程
UPR	$d\alpha/dt = 1.65 \times 10^{10} \exp(-99.55 \times 10^3/8.314T)(1-\alpha)^{0.9173}$
100 UPR/5 TAPPCP	$d\alpha/dt = 1.85 \times 10^{10} \exp(-97.05 \times 10^3/8.314T)(1-\alpha)^{0.8479}$
100 UPR/5 TAPPCP	$d\alpha/dt = 2.97 \times 10^{10} \exp(-93.45 \times 10^3/8.314T)(1-\alpha)^{0.8949}$
100 UPR/5 TAPPCP	$d\alpha/dt = 6.51 \times 10^{10} \exp(-92.04 \times 10^3/8.314T)(1-\alpha)^{0.9135}$
100 UPR/5 TAPPCP	$d\alpha/dt = 13.87 \times 10^{10} \exp(-93.05 \times 10^3/8.314T)(1-\alpha)^{0.9264}$
100 UPR/5 HAPPCP	$d\alpha/dt = 2.36 \times 10^{10} \exp(-91.34 \times 10^3/8.314T)(1-\alpha)^{0.9056}$
100 UPR/5 HAPPCP	$d\alpha/dt = 5.38 \times 10^{10} \exp(-90.65 \times 10^3/8.314T)(1-\alpha)^{0.9128}$
100 UPR/5 HAPPCP	$d\alpha/dt = 9.97 \times 10^{10} \exp(-90.21 \times 10^3/8.314T)(1-\alpha)^{0.9533}$
100 UPR/5 HAPPCP	$d\alpha/dt = 15.41 \times 10^{10} \exp(-89.78 \times 10^3/8.314T)(1-\alpha)^{0.9477}$

将表 7.9 中的 E 分别对 TAPPCP 和 HAPPCP 的添加量作图，如图 7 - 12 所示。

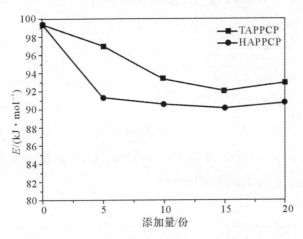

图 7 - 12　E 与 TAPPCP、HAPPCP 添加量的关系

由表 7.9 和图 7 - 12 可见，UPR/TAPPCP 和 UPR/HAPPCP 固化体系比纯 UPR 体系的 E 都低，而当 TAPPCP 和 HAPPCP 添加量达到 15 份/100

份 UPR 时,两种体系的 E 最低。这说明,由于 TAPPCP 和 HAPPCP 的不饱和双键在体型结构分子的表面,它们的加入促进了 UPR 聚合反应的进行。当 TAPPCP 和 HAPPCP 添加量低于 15 份/100 份 UPR 时,体系 E 逐渐降低;当 TAPPCP 和 HAPPCP 添加量高于 15 份/100 份 UPR 时,体系 E 又逐渐升高,这可能是由于随着 TAPPCP 和 HAPPCP 添加量的提高,TAP-PCP 和 HAPPCP 与 UPR 发生了较高程度的交联,致使分子链运动受阻,导致 E 升高。但固化体系的 A 值则随着填料添加量的提高会显著增大。根据 Arrhenius 公式中 A 的定义可知,A 仅由反应本性决定,而与反应温度以及反应物的浓度无关。此外,由动力学方程可知,固化体系的反应级数在 0. 847 9~0.953 3 之间,变化不大,且对 TAPPCP 和 HAPPCP 的添加量无明显的依赖性,进一步说明 $d\alpha/dt$ 既与反应温度有关,也与体系的 α 有关。反应温度越高,α 越小,则反应速率越快。

7.4 不饱和聚酯树脂包覆层固化工艺对力学性能的影响

固化工艺主要包括包覆层配方的确定、固化温度、凝胶时间、放热峰温度、固化时间、后固化时间等。前文已经研究了不饱和聚酯树脂包覆层的配比、交联剂种类和用量、引发促进剂种类和用量以及不饱和聚酯树脂包覆层配方的固化动力学。固化工艺研究方面,主要研究引发促进剂配比和用量对树脂凝胶时间及固化时间的影响;树脂固化温度、固化时间、后固化温度及后固化时间对包覆层力学性能的影响。

7.4.1 配方设计

设计试验配方见表 7.10 和表 7.11。

表 7.10　不饱和聚酯树脂包覆层研究配方设计(力学性能Ⅴ)

配方编号	树脂用量/份	引发促进剂用量/份		其他用量/份
		过氧化环己酮	环烷酸钴	
1#	191#树脂/100	1	0.5	填料:氢氧化铝/40 纤维:短切碳纤维 (5 mm)/5
		2	0.5	
		3	0.5	
		4	0.5	
		5	0.5	
2#	3200#树脂/100	1	0.5	增塑剂:磷酸三氯乙 酯/7 份 交联剂:苯乙烯/30
		2	0.5	
		3	0.5	
		4	0.5	
		5	0.5	

表 7.11　不饱和聚酯树脂包覆层研究配方设计(力学性能Ⅵ)

配方编号	树脂用量/份	引发促进剂用量/份		其他用量/份
		过氧化环己酮	环烷酸钴	
3#	191#树脂/100	4	0.5	填料:氢氧化铝/40 纤维:短切碳纤维 (5 mm)/5
		4	0.75	
		4	1.0	
		4	1.25	
		4	1.5	
4#	3200#树脂/100	4	0.5	增塑剂:磷酸三氯乙 酯/7 交联剂:苯乙烯/30
		4	0.75	
		4	1.0	
		4	1.25	
		4	1.5	

7.4.2　引发促进剂配比和用量对凝胶时间及固化时间的影响

图 7-13 和图 7-14 所示为不同过氧化环己酮和环烷酸钴用量对凝胶时间及固化时间的影响关系。

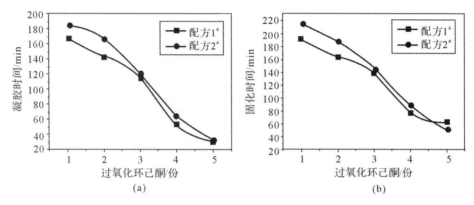

图 7-13　过氧化环己酮用量对凝胶时间和固化时间的影响

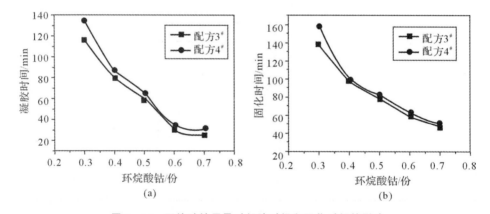

图 7-14　环烷酸钴用量对凝胶时间和固化时间的影响

前文已经研究了过氧化环己酮和环烷酸钴用量对包覆层力学性能的影响，也初步确定了过氧化环己酮的推荐用量为 4～5 份/100 份树脂，环烷酸钴的推荐用量为 0.4～0.5 份/100 份树脂。由图 7-13 和图 7-14 也可以看出，当过氧化环己酮的用量为 4～5 份/100 份树脂，环烷酸钴用量为 0.4～0.5 份/100 份树脂时，树脂的凝胶时间和固化时间均在 100 min 以内。因此，综合分析过氧化环己酮和环烷酸钴对包覆层力学性能和工艺性能的影响,可确定过氧化环己酮和环烷酸钴的最佳用量分别为 4～5 份/100 份树脂和 0.4～0.5 份/100 份树脂。

7.5 功能添加剂对包覆层胶料粘度和凝胶时间的影响

随着固体推进剂技术的不断发展,对包覆层提出了越来越高的技术要求,需要满足力学性能、耐烧蚀性能、粘接性能、相容性等要求。要获得综合性能优良的包覆层,除了选择合适的基体材料外,还需要加入填料、纤维等功能添加剂加以改性。但各种功能添加剂的加入会明显改变包覆层胶料的粘度和凝胶、固化时间,使得包覆层的工艺性能严重恶化,直接影响包覆层的成型质量和隔热限燃效果,严重时甚至会危及推进剂装药的结构完整性和发动机的工作可靠性。因此,需要针对功能添加剂对包覆层工艺性能的影响展开研究。本节主要讨论填料、纤维以及增塑剂对不饱和聚酯树脂包覆层粘度及凝胶时间的影响。

7.5.1 填料对不饱和聚酯树脂包覆层胶料粘度的影响

选择 191# 通用型不饱和聚酯树脂作为基体,考察氢氧化铝[$Al(OH)_3$]、层状硅酸盐(MMT)、氧化锌(ZnO)、三氧化二锑(Sb_2O_3)、六(4-醛基苯氧基)环三磷腈(PNCHO)、八苯基聚倍半硅氧烷(POSS)6 种填料对不饱和聚酯树脂包覆层胶料粘度的影响。设计试验配方见表 7.12。

表 7.12 不饱和聚酯树脂包覆层试验配方设计(工艺性能 Ⅰ)

配方编号	填料	树脂型号	引发剂用量/份	促进剂用量/份	纤维用量/份	增塑剂用量/份	交联剂用量/份
1	$Al(OH)_3$	191# 树脂/100 份	短切碳纤维(5mm)/5	磷酸三氯乙酯/7	过氧化环己酮/4	环烷酸钴/0.5	苯乙烯/30
2	MMT						
3	ZnO						
4	Sb_2O_3						
5	PNCHO						
6	POSS						

六种填料对不饱和聚酯树脂包覆层粘度的影响变化趋势如图 7 - 15 所示。

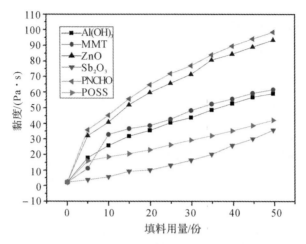

图 7 - 15 填料对不饱和聚酯树脂包覆层粘度的影响

（未加填料的空白试样的粘度为 **1.56 Pa·s**）

由图 7 - 15 可知,随着填料用量的增大,不饱和聚酯树脂包覆层胶料粘度均比空白试样的粘度明显提高。其中 PNCHO 和 MMT 对包覆层胶料粘度的影响最大,Sb_2O_3 的影响最小,$Al(OH)_3$ 和 ZnO 的作用相当,它们对包覆层胶料粘度的影响介于 MMT 和 POSS 之间。上述差异主要与填料的粒度及其表面性质相关。其中,PNCHO 的分子构型为磷氮六元杂环为母体的立体结构,其对不饱和聚酯树脂分子链的运动位阻较大。此外,PNCHO 分子结构中的醛基可与不饱和聚酯树脂分子链端的羟基和羧基等极性基团发生相互作用,最终导致 PNCHO 填充不饱和聚酯树脂包覆层胶料粘度升高更为明显;MMT 的粒度最小(粒径为 $50\sim100$ nm),且已进行了有机物插层处理,经过高速搅拌后,不饱和聚酯树脂可以充分充填到 MMT 颗粒层间,增大了树脂粘接剂分子的运动阻力,导致树脂粘度大幅提高。$Al(OH)_3$、Sb_2O_3、ZnO 均为表面相对惰性的超细粉体填料,其中 $Al(OH)_3$、ZnO 粒度为 $30\sim50$ μm,而 Sb_2O_3 的粒度为 $50\sim70$ μm,因此,加入 Sb_2O_3 的料浆粘度最小,而加入 $Al(OH)_3$ 和 ZnO 的料浆粘度相当,且均大于含 Sb_2O_3 的料浆粘度。

7.5.2 纤维对不饱和聚酯树脂包覆层胶料粘度的影响

选择 191# 通用型不饱和聚酯树脂作为基体,氢氧化铝 $Al(OH)_3$ 为填料,考察短切碳纤维(5 mm)、聚酰亚胺纤维和芳纶纤维对不饱和聚酯树脂包覆层胶料粘度的影响。设计试验配方见表 7.13。

表 7.13 不饱和聚酯树脂包覆层试验配方设计(工艺性能 Ⅱ)

配方编号	纤维	树脂用量/份	填料用量/份	增塑剂用量/份	引发剂用量/份	促进剂用量/份	交联剂用量/份
1	短切碳纤维	191# 树脂/100	$Al(OH)_3$/40	磷酸三氯乙酯/7	过氧化环己酮/4	环烷酸钴/0.5	苯乙烯/30
2	聚酰亚胺纤维						
3	芳纶纤维						

上述三种纤维对不饱和聚酯树脂包覆层粘度的影响变化趋势如图 7 - 16 所示。

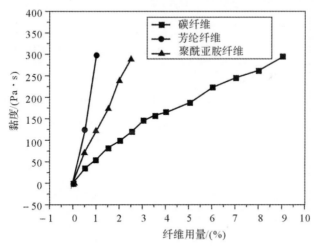

图 7 - 16 纤维对不饱和聚酯树脂包覆层粘度的影响
(未加纤维的空白试样的粘度为 1.52 Pa·s)

由图 7.16 可知,随着芳纶纤维含量的增加,不饱和聚酯树脂包覆层胶料粘度呈现缓慢上升的变化趋势。当芳纶纤维含量为 1% 时,其粘度已达到

298 Pa·s,流平困难,不能应用浇注工艺进行推进剂包覆;短切碳纤维加入不饱和聚酯树脂包覆层胶料中,体系的粘度基本呈线性上升,当含量为 6% 时,其粘度为 225 Pa·s,浇注的包覆层极易出现工艺气泡;聚酰亚胺纤维对不饱和聚酯树脂包覆层胶料粘度的影响大小介于芳纶纤维和短切碳纤维之间。出现上述现象的原因可能与纤维自身特性有关,三种纤维均为蓬松的团状物,在高速搅拌作用下刚性被均匀分散在与树脂基体当中,形成纤维、树脂紧密缠绕的"微胶团"形态。随纤维含量增大,含有纤维的"微胶团"彼此接近,距离缩短,刚性纤维胶团间彼此碰撞、缠绕,显著增加了基体料浆的流动阻力,使得树脂的流动能力降低,粘度显著增大。因此,芳纶纤维、聚酰亚胺纤维和短切碳纤维均会显著影响不饱和聚酯树脂包覆层胶料粘度。故在配方研制中,为提高包覆层耐烧蚀性能,不能单纯依靠添加短切纤维来实现,否则将严重影响料浆的工艺性能,难以制备高质量的装药包覆层。

7.5.3 增韧剂对不饱和聚酯树脂包覆层胶料粘度的影响

不饱和聚酯树脂包覆层具有刚性有余,韧性不足的特点,作为装药包覆层表现为与推进剂的力学性能和线胀系数不匹配,引起包覆层开裂或装药内部损伤。因此,需要对包覆层进行增韧处理。为增韧 UP 树脂,多采用与弹性体共混的方式,其中端羧基液体丁腈橡胶(CTBN)和弹性体树脂(FUP)是常用的增韧剂,此外,低分子增塑剂如磷酸三氯乙酯(P1)也可以提高包覆层的柔韧性。本节研究 P1、CTBN 和 FUP 对不饱和聚酯树脂包覆层胶料粘度的影响。

设计试验配方见表 7.14。

表 7.14 不饱和聚酯树脂包覆层试验配方设计(工艺性能.Ⅲ)

配方编号	增韧剂	树脂用量/份	填料用量/份	纤维用量/份	引发剂用量/份	促进剂用量/份	交联剂用量/份
1	P1	191# 树脂/100	Al(OH)₃/40	短切碳纤维(5mm)/5	过氧化环己酮/4	环烷酸钴/0.5	苯乙烯/30
2	CTBN						
3	FUP						

上述三种增韧剂对不饱和聚酯树脂包覆层粘度的影响变化趋势见图 7 – 17。

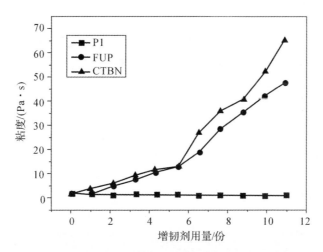

图 7 – 17　增韧剂对不饱和聚酯树脂包覆层粘度的影响

（未加增韧剂的空白试样的粘度为 2.56 Pa·s）

由图 7 – 17 可以看出,随着增韧剂 FUP 和 CTBN 含量的增加,不饱和聚酯树脂包覆层胶料的粘度逐渐增大,而 P1 则可适当降低不饱和聚酯树脂包覆层胶料的粘度。此类增韧剂可以降低不饱和聚酯树脂基体的交联密度,还起到分子间润滑的作用,增强分子的运动能力,也降低了不饱和聚酯树脂包覆层的玻璃化转变温度。而 FUP 和 CTBN 的相对分子质量比不饱和聚酯树脂基体大,粘度也相对较大,因此与不饱和聚酯树脂混合后会增大包覆层体系的粘度。小相对分子质量的 P1 可以增大不饱和聚酯树脂分子的自由体积,起到了一定的稀释作用,从而可以降低不饱和聚酯树脂包覆层胶料的粘度。因此,P1 是一种效果较好的阻燃剂和增韧助剂。

7.5.4　填料、纤维和增韧剂对不饱和聚酯树脂包覆层凝胶时间的影响

填料、纤维和增韧剂化学性质各不相同,均会对不饱和聚酯树脂包覆层胶料的凝胶时间产生明显的影响。图 7 – 18～图 7 – 20 所示分别为不同填

料、纤维和增韧剂对不饱和聚酯树脂包覆层胶料凝胶时间的影响变化趋势。

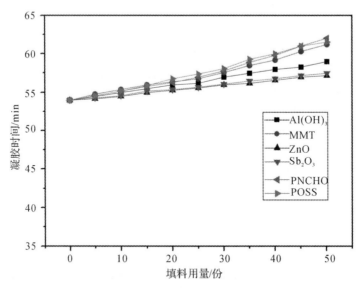

图 7 - 18　填料对不饱和聚酯树脂包覆层凝胶时间的影响

（凝胶时间为 54 min）

由图 7 - 18 可见，Sb_2O_3、ZnO 和 $Al(OH)_3$ 对不饱和聚酯树脂包覆层胶料的凝胶时间影响不大，而 MMT、PNCHO 和 POSS 对不饱和聚酯树脂胶料具有一定的阻聚作用。这是因为 PNCHO 制备过程中采用对羟基苯甲醛为反应原料，由于后处理工艺以及产品纯度的原因，PNCHO 中可残存部分游离酚羟基，会对自由基聚合反应起到阻聚作用；而 MMT 的粒度较小，经过高速搅拌后，不饱和聚酯树脂可以充分充填到 MMT 颗粒层间，增大了树脂粘接剂分子的运动阻力，从而降低了不饱和聚酯树脂自由基聚合反应的速率；POSS 具有笼状立体结构和较大的表面能和分子空穴效应，可在一定程度上捕获不饱和聚酯树脂基体中的自由基，从而相对延缓了不饱和聚酯树脂的自由基聚合反应。

由图 7 - 19 可以看出，碳纤维对不饱和聚酯树脂凝胶时间的影响不明显，随着碳纤维含量的增加，凝胶时间略有增加，这主要缘于碳纤维表面活性基团与不饱和聚酯树脂分子链之间的相互作用，而聚酰亚胺纤维和芳纶纤维均可显著缩短不饱和聚酯树脂的凝胶时间。这是因为聚酰亚胺纤维和芳纶纤维中分别含有的微量对苯二胺和亚胺基,这二者均可与钴盐等发生协同促进作用,降低引发剂的引发温度,促使有机过氧化物在室温下产生游离基,加速自由基聚合反应,缩短凝胶时间。

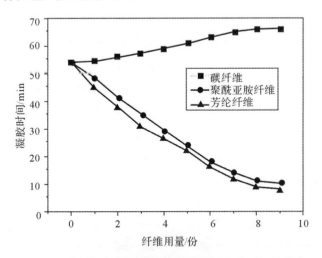

图 7 - 19　纤维对不饱和聚酯树脂包覆层凝胶时间的影响

(凝胶时间为 54 min)

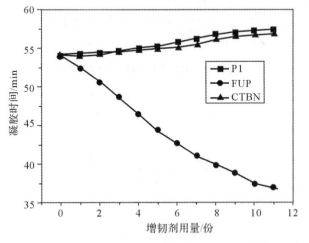

图 7 - 20　增韧剂对不饱和聚酯树脂包覆层凝胶时间的影响

(凝交时间为 54 min)

由图 7-20 可以看出,增韧剂 P1 和 CTBN 的加入会对不饱和聚酯树脂包覆层胶料的固化过程产生微弱的阻聚作用,而弹性体树脂 FUP 则能够明显促进不饱和聚酯树脂的自由基聚合反应。这是因为 FUP 分子结构中含有一定量的不饱和双键和氨基甲酸酯键,其中不饱和双键可与不饱和聚酯树脂发生自由基共聚反应,而氨基甲酸酯键则能与环烷酸钴产生协同增效作用,降低自由基聚合反应的活化能垒,从而加快自由基聚合反应速率。

综上所述,引发剂、促进剂和填料、纤维及增韧剂等功能助剂的结构和用量对不饱和聚酯树脂包覆层胶料的粘度、凝胶时间等工艺特性以及包覆层的力学性能将会产生明显的影响。因此,在不饱和聚酯树脂包覆配方设计时,应根据填料、纤维和增韧剂的不同适当调整固化工艺参数,保证包覆层胶料具有合理的工艺适用期。

参 考 文 献

[1] 李玲. 不饱和聚酯树脂及其应用[M]. 北京:化学工业出版社,2012.

[2] 沈开猷. 不饱和聚酯树脂及其应用[M]. 北京:化学工业出版社,2005.

[3] 杨波,苏建伟. 不饱和聚酯树脂合成工艺及成型工艺进展[J]. 辽宁化工,2017,46(6):623-625.

[4] 杨士山,张伟,王吉贵. 功能添加剂对不饱和聚酯树脂包覆剂粘度和凝胶时间的影响[J]. 火炸药学报,2011,34(4):75-82.

[5] 杨士山. 改性不饱和聚酯包覆层的合成与配方研究[D]. 西安:西安近代化学研究所,2003.

[6] 达文纳斯. 固体火箭推进技术[Z]. 北京:航天工业总公司第三十一研究所,1995.

[7] 陈国辉,李军强,杨士山,等. OPS 化合物对不饱和聚酯树脂包覆层性能影响的研究[J]. 化工新型材料,2019,47(11):125-127.

[8] 史爱娟,刘晨,强伟. 纳米填料对不饱和聚酯树脂包覆层性能影响[J]. 化工新型材料,2017,45(3):122-123,127.

[9] 吴淑新,刘剑侠,邵重斌,等. 不饱和聚酯树脂包覆层在固体推进剂中

的应用[J]. 化工新型材料,2020,48(3):6-8.

[10] KISSINGER H E. Reaction kinetics in differential thermal analysis [J]. Anal Chem,1957,29(11):1702-1706.

[11] CRANE L W. Analysis of curing kinetics in polymer composites[J]. Polym Sci Polym,1973,11(8):533.

[12] 边城,张艳,时艺娟,等. 固体推进剂包覆技术研究进展[J]. 火炸药学报,2019,42(3):213-222.

[13] 周杰,曹国荣,王巍,等. DSC 法研究不饱和聚酯树脂的固化反应动力学及其固化过程[J]. 玻璃纤维,2011,(5):16-24.

[14] 宫文娟,戚嵘嵘,史子兴. DSC 法研究 UP 树脂及增韧剂改性 UP 树脂的固化行为[J]. 工程塑料应用,2008,36(12):51-54.

[15] 李淑荣,高俊刚,孔德娟. MAP-POSS 改性不饱和聚酯树脂的固化反应[J]. 合成树脂及塑料,2008,25(4):27-31.

[16] 杨士山,张伟,王吉贵. 聚氨酯增韧不饱和聚酯包覆层的研究[J]. 现代化工,2011,31(4):59-61.

[17] 杨睿,潘安徽,赵世琦. 不饱和聚酯树脂的原位同时增韧和降收缩研究. 高分子材料科学与工程,2003,19(4):140-143.

[18] Abbate M,Martuscelli E,Musto P. Novel reactive liquid rubber with maleimide end groups for the toughening of unsaturated polyester resins. J Appl Polym Sci,1996,62(12):2107-2119.

[19] Raquosta G,Bombace M,Musto P. Novel compatibilizer for the toughening of unsaturated polyester resins[J]. J Mater Sci,1999,34(5):1037-1044.

[20] Agrawal J P,Venugopalan S,Athar J,et al. Polysiloxane-Based Inhibition System for Double-Base Rocket Propellants[J]. Journal of Applied Polymer Science,1998,(69):7-12.

[21] 李东林,曹继平,王吉贵. 不饱和聚酯树脂包覆层的耐烧蚀性能[J]. 火炸药学报,2006,29(3):17-19.

[22] 曹继平,李东林,王吉贵. 不饱和聚酯包覆含 DNT 双基推进剂的研究[J]. 火炸药学报,2006,29(4):41-46.

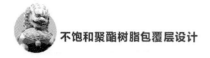

[23] 皮文丰,杨士山,曹继平,等. APP/层状硅酸盐填充 UPR 包覆层的耐烧蚀机理[J]. 火炸药学报,2009,32(5):62 – 65.

[24] 杨士山,陈友兴,武秀全,等. 聚合物熔体混合状态的超声波表征[J]. 塑料工业,2010,38(3):50 – 56.

[25] 陈国辉,周立生,杨士山,等. 磷腈阻燃剂对不饱和聚酯树脂包覆层性能影响[J]. 工程塑料应用,2020,48(4):129 – 133.

[26] Agrawal J P, Chowk M P, Satpute R S, et al. The role of alumina trihydrate filler on semiflexible unsaturated polyester resin – 4 and inhibition of double – base rocket propellants[J]. Propellants, Explosives, Pyrotechnics, 1985,10(3):77 – 81.

[27] 凌绳. 不饱和聚酯树脂及其成型工艺进展[J]. 热固性树脂,1996,(1):49 – 52.

[28] 皮文丰,王吉贵. 包覆红磷在 UPR 包覆层耐烧蚀改性中的应用[J]. 火炸药学报,2009,32(3):54 – 57.

[29] Agrawal J P, Chowk M P, Satpute R S. Study on mixed glycols – based semi – flexible unsaturated polyester resins for inhibition of rocket propellants [J]. British Polymer Journal, 1982, 14 (1): 29 – 34.

[30] 周菊兴,董永祺. 不饱和聚酯树脂—生产及应用[M]. 北京:化学工业出版社,2000.

第 8 章

展 望

　　本章在不饱和聚酯树脂包覆层性能缺陷分析的基础上，提出了通过基体分子结构改性、纳米填料改性、包覆层配方优化设计和性能调控对不饱和聚酯树脂包覆层进行改性的技术途径，并对不饱和聚酯树脂包覆层未来的发展趋势进行了展望。

不饱和聚酯树脂包覆层在我国现阶段乃至未来自由装填改性双基推进剂装药领域仍将占据主要地位。相比于聚氨酯、环氧树脂、硅橡胶以及丁腈橡胶、三元乙丙橡胶等其他几类包覆层，不饱和聚酯树脂包覆层具有强度高、室温可固化且固化过程无副产物、包覆工艺简单、与推进剂粘接性能良好、成本低廉等众多优点，在双基、改性双基推进剂中具有广阔的应用前景。然而，多年的工程实践经验表明，不饱和聚酯树脂包覆层由于基体材料分子结构和元素组成等因素的限制，其自身也存在的一定的技术缺陷，主要体现在以下三个方面。

1. 固化收缩率大

不饱和聚酯树脂包覆层在固化成型过程中的体积收缩率高达 5%～8%，严重影响推进剂装药尺寸的稳定性。此外，高收缩率会导致包覆层在固化成型过程中在包覆层内部及装药界面处产生较大的内应力，不仅降低了装药的抗变形能力，而且对装药界面的粘接质量可靠性会产生消极影响，甚至导致界面产生弱粘、脱粘等缺陷。

2. 脆性大，低温延伸率不足

不饱和聚酯树脂包覆层脆性大，低温延伸率不足，线膨胀系数与推进剂的匹配性较差。当推进剂装药在运输、贮存以及服役过程中经受高低温循环载荷作用时，容易导致装药界面产生脱粘或包覆层开裂，严重影响推进剂装

药的使用寿命。

3.耐烧蚀性差

不饱和聚酯树脂属于脂肪族高分子材料,在推进剂燃气烧蚀和冲刷过程中难以形成结构完整、连续致密的高强度炭化层,无法有效阻隔燃气对下层材料的进一步烧蚀和冲刷。正是由于不饱和聚酯树脂包覆层的耐烧蚀性较差,限制了其在高能推进剂装药、长航时发动机装药中的应用。

因此,为了进一步提高不饱和聚酯树脂包覆层的综合性能,拓宽不饱和聚酯树脂包覆层的应用领域,需要在不饱和聚酯树脂包覆层低收缩率改性、增韧改性和耐烧蚀改性三个方面开展深入、系统地研究,通过基体分子结构改性、纳米填料改性、包覆层配方优化设计和性能调控等技术途径,解决制约不饱和聚酯树脂包覆层发展过程中存在的瓶颈问题,以满足未来武器装备对高性能不饱和聚酯树脂包覆层的需求。